机床电气控制与 PLC

（第 2 版）

曲尔光　弓　锵　主　编

刘春艳　张　洁　蒋　荣　郭英桂　副主编

U0216734

电子工业出版社

Publishing House of Electronics Industry

北京·BEIJING

内 容 简 介

本书内容包括三部分，共 14 章。第一部分，详细阐述了机床电气控制电路及其分析和设计方法；第二部分，详细介绍了 PLC 基本原理、PLC 控制系统设计、PLC 应用、常用的 PLC 等；第三部分，详细介绍了实验的目的、要求、原理和电路、内容及步骤等。本书从工程应用的角度考虑教材的编写，举例时力求结合工程应用实际，并注意建立健全基本资料体系。本书也注意从研究性教学的角度考虑教材的编写，注重加强实验教学，尽量增加设计性和综合性实验。同时，本书还注重案例教学方式、启发式教学方式的建设和开拓。

本书可作为应用技术型本科院校和高职高专自动控制、电气和机电一体化等专业的教材，也可以作为广大电气工程师及相关从业者的自学和参考书。

图书在版编目（CIP）数据

机床电气控制与 PLC/曲尔光，弓镝主编. —2 版. —北京：电子工业出版社，2015.8
普通高等教育"十二五"机电类规划教材
ISBN 978-7-121-26049-0

Ⅰ. ①机…　Ⅱ. ①曲…　②弓…　Ⅲ. ①机床－电气控制－高等学校－教材②plc 技术－高等学校－教材
Ⅳ. ①TG502.35②TM571.6

中国版本图书馆 CIP 数据核字（2015）第 098699 号

策划编辑：李　洁
责任编辑：刘真平
印　　刷：北京七彩京通数码快印有限公司
装　　订：北京七彩京通数码快印有限公司
出版发行：电子工业出版社
　　　　　北京市海淀区万寿路 173 信箱　邮编　100036
开　　本：787×1 092　1/16　印张：17.75　字数：489 千字
版　　次：2010 年 6 月第 1 版
　　　　　2015 年 8 月第 2 版
印　　次：2023 年 7 月第 11 次印刷
定　　价：39.80 元

凡所购买电子工业出版社图书有缺损问题，请向购买书店调换。若书店售缺，请与本社发行部联系，联系及邮购电话：（010）88254888，88258888。

质量投诉请发邮件至 zlts@phei.com.cn，盗版侵权举报请发邮件至 dbqq@phei.com.cn。

本书咨询联系方式：lijie@phei.com.cn。

前言（第2版）

针对理工类本科院校应用技术型人才培养模式的需要，本书在保持第 1 版特色的基础上，进一步突出应用技术型特点：为提高读者对知识的感性认知程度，在第 2 版中增加了部分电气元件实物图例；更新原版中陈旧的知识内容，以适应技术的发展；增加综合训练环节，以培养读者解决实际问题的能力；修正第 1 版中存在的知识老化问题。具体表现为：

1. 在第 1 章中增加智能系统/器件等新知识内容。

2. 删减第 1 版第 2 章中直流调速控制、第 3 章中组合机床和第 7 章编程器的内容。

3. 新增第 5 章继电器-接触器控制系统综合训练和第 12 章 PLC 控制系统综合训练，以提高学习者对理论知识的综合应用能力。

4. 以 OMRON 公司 CPM 系列 PLC 为对象，重新编撰 PLC 部分章节，增加 CPM 系列硬件和软件指令介绍，修正 PLC 梯形图。

5. 新增 PLC 系统设计方法介绍，系统介绍 PLC 控制系统的设计过程。

6. 新增第 7 章 PLC 通信。

7. 增加 PLC 机型/系统图片，提高教材可读性。

8. 修正了第 1 版中出现的其他问题。

全书共 14 章，分为三部分。第一部分为继电器－接触器控制技术，包括第 1～5 章，重点介绍继电器－接触器控制系统的设计、典型的继电器－接触器控制单元、典型的通用机床电气控制电路；第二部分为 PLC 控制技术，包括第 6～12 章，重点介绍 PLC 控制系统的原理、CPM 系列 PLC 指令和设计方法；第三部分为实验，包括第 13、14 章，对继电器－接触器控制电路和 PLC 控制电路实验进行详细介绍。

本书由运城学院机电工程系曲尔光教授、弓锵副教授组织编写，曲尔光、弓锵（运城学院）任主编，刘春艳（运城学院）、张洁（运城学院）、蒋荣（南京工程学院）、郭英桂（晋中学院）任副主编。其中蒋荣编写第 1 章，弓锵编写第 2 章、第 3 章，曲尔光编写第 4 章，郭英桂编写第 5 章，刘春艳编写第 6 章、第 10 章，张慧鹏编写第 7 章，张洁编写第 8 章、第 9 章（9.1～9.3节）、第 11 章（11.1～11.3 节）、第 13 章、第 14 章，王新海编写第 12 章，乔守全编写 9.4 节，卫旋编写 11.4 节。全书由弓锵统稿和初审，曲尔光教授审定。

限于编者的水平，书中错误与不妥之处在所难免，敬请广大教师、读者批评指正。

编 者

2015 年 1 月

前言（第1版）

本书是普通高等教育"十二五"规划教材和面向 21 世纪的课程教材，是为适应应用型本科教学的需求而编写的。

以继电器-接触器逻辑控制和可编程控制器（PLC）为主要组成部分的电气控制技术，在现代工业领域特别是机电设备控制技术中有着不可替代的作用。在传统的机床电气控制系统中，继电器-接触器逻辑控制是主要的控制方式。随着技术的进步和生产过程的日益复杂，PLC 技术得到迅速发展，其应用范围也日益广泛，PLC、机器人、CAD/CAM 技术已成为现代工业自动化的三大支柱。由于 PLC 技术是在继电器-接触器逻辑控制技术的基础上发展起来的，学习继电器-接触器逻辑控制技术对学习 PLC 技术具有支撑与促进作用。因此，本书首先介绍继电器-接触器逻辑控制技术，在此基础上再介绍 PLC 技术。

本课程是机电专业专业基础课之一，在专业领域内，对提高学生工程实践和增强专业分析问题、解决问题的能力具有重要作用。因此，在编写中，我们从工程应用角度出发，结合工程实际举例，尽可能真实地反映本专业的工程实际。

全书共分 12 章。在内容安排上，首先，从低压电器元件、继电器-接触器控制电路和电动机调速 3 方面，较为详细地介绍了机床电气控制技术，分析了常见机床设备的典型电气控制电路，讲述了电气控制系统的一般设计方法。其次，在 PLC 技术方面，在介绍了 PLC 内部结构和工作原理的基础上，以欧姆龙（OMRON）公司 C 系列 P 型机为例重点分析 PLC 特点及 PLC 控制系统的设计过程，并从工程应用角度详细介绍了数控机床及机电控制系统、机械手的控制系统、大电动机的 Y-△启动控制系统、运料小车控制系统等，同时，也对其他公司的常用 PLC 产品系列进行了简要介绍。最后，给出了机床电气控制技术与 PLC 实验项目，每一个实验的目的、要求、内容、步骤和设备都十分明确，提供的参考电路和程序对这些实验具有实践指导作用。

本书由运城学院机电工程系曲尔光教授组织编写，曲尔光、弓镎（运城学院）任主编，刘春艳（运城学院）、张洁（运城学院）、蒋荣（南京工程学院）任副主编。其中，蒋荣编写第 1 章，弓镎编写第 2 章、第 3 章，曲尔光编写第 4 章，张洁编写第 6 章、第 8 章、第 10 章、第 11 章、第 12 章，刘春艳编写第 5 章、第 7 章、第 9 章。全书由曲尔光教授审定和统稿。

限于编者的水平，书中疏漏与不妥之处在所难免，敬请广大教师、读者批评指正。

编　者

目录

<<<<< CONTENTS

第 1 章　常用机床控制电器

1.1　控制电器概述 ………………………… 1
1.2　低压隔离电器 ………………………… 2
　1.2.1　刀开关 ………………………… 2
　1.2.2　组合开关 ………………………… 3
　1.2.3　低压断路器 ………………………… 4
1.3　主令电器 ………………………… 6
　1.3.1　按钮 ………………………… 6
　1.3.2　行程开关 ………………………… 7
　1.3.3　凸轮控制器 ………………………… 8
　1.3.4　主令控制器 ………………………… 9
1.4　熔断器 ………………………… 10
　1.4.1　熔断器的工作原理 ………………………… 10
　1.4.2　常用熔断器的种类与技术数据 ………… 10
　1.4.3　熔断器的选择 ………………………… 11
1.5　接触器 ………………………… 12
　1.5.1　结构 ………………………… 12
1.5.2　工作原理 ………………………… 13
1.5.3　交、直流接触器的特点 ………………… 13
1.5.4　技术参数 ………………………… 13
1.6　继电器 ………………………… 14
　1.6.1　电压继电器 ………………………… 14
　1.6.2　电流继电器 ………………………… 15
　1.6.3　中间继电器 ………………………… 16
　1.6.4　时间继电器 ………………………… 16
　1.6.5　热继电器 ………………………… 18
　1.6.6　速度继电器 ………………………… 19
　1.6.7　压力继电器 ………………………… 19
　1.6.8　温度继电器 ………………………… 20
　1.6.9　其他继电器 ………………………… 20
1.7　新型智能化低压电器 ………………… 22
思考与练习题 ………………………… 23

第 2 章　电动机基本电气控制电路

2.1　电气控制电路的绘制 ………………… 24
　2.1.1　常用电气图形符号和文字符号 …… 24
　2.1.2　电气控制系统图 ………………… 24
2.2　启动与点动控制电路 ………………… 27
　2.2.1　三相异步电动机启动控制电路 …… 27
　2.2.2　三相异步电动机点动控制电路 …… 30
2.3　制动控制电路 ………………………… 30
　2.3.1　反接制动控制电路 ……………… 30
　2.3.2　电磁机械制动电路 ……………… 31
　2.3.3　能耗制动控制电路 ……………… 33
2.4　可逆及循环运行控制电路 …………… 35
　2.4.1　可逆运行控制电路 ……………… 35
　2.4.2　循环运行控制电路 ……………… 36
2.5　其他典型控制电路 …………………… 37
2.5.1　双速电动机的变极调速控制
　　　电路 ……………………………… 37
2.5.2　多地控制电路 …………………… 38
2.5.3　多台电动机同时启停控制电路 …… 39
2.5.4　顺序启停控制电路 ……………… 39
2.6　参量控制技术 ………………………… 41
　2.6.1　行程原则控制 …………………… 41
　2.6.2　时间原则控制 …………………… 41
　2.6.3　速度原则控制 …………………… 42
　2.6.4　电流原则控制 …………………… 42
2.7　对电动机控制的保护环节 …………… 43
　2.7.1　联锁控制 ………………………… 44
　2.7.2　短路保护 ………………………… 44
　2.7.3　过载保护 ………………………… 45

2.7.4 零压和欠压保护 ……………… 45　　　　思考与练习题 ………………………… 46
2.7.5 弱磁保护 ……………………… 45

第 3 章　典型机床电气控制线路分析

3.1 机床电气控制线路识图步骤 ……… 48　　3.3.3 M7475B 型平面磨床 ………… 65
3.2 普通车床电气控制系统分析 ……… 48　　3.4 摇臂钻床电气控制系统分析 ……… 71
3.2.1 CA6140 型卧式车床 ………… 48　　　3.4.1 Z35 型摇臂钻床 …………… 71
3.2.2 CW6136A 型卧式车床 ……… 50　　　3.4.2 Z3040 型摇臂钻床 ………… 74
3.2.3 C650 型卧式车床 …………… 52　　3.5 常用铣床电气控制系统分析 ……… 77
3.2.4 C5225 型立式车床 ………… 54　　　3.5.1 XA6132 型卧式铣床 ……… 77
3.3 磨床电气控制系统分析 …………… 61　　　3.5.2 其他铣床 …………………… 80
3.3.1 M7130 型卧轴矩台平面磨床 … 61　　思考与练习题 ………………………… 81
3.3.2 M1432 型万能外圆磨床 …… 62

第 4 章　电气控制线路设计基础

4.1 电气设计的主要内容 ……………… 83　　4.2.5 控制方式的选择 …………… 86
4.1.1 电气设计的一般内容 ……… 83　　　4.2.6 电动机的选择 ……………… 86
4.1.2 电气设计的技术条件 ……… 84　　　4.2.7 常用电气元件的选择 ……… 87
4.2 电气设计的一般要求和步骤 ……… 84　　4.3 电气控制线路的设计方法 ………… 90
4.2.1 电气设计的一般要求 ……… 84　　　4.3.1 经验设计法 ………………… 90
4.2.2 电气设计的一般步骤 ……… 84　　　4.3.2 逻辑设计法 ………………… 94
4.2.3 机床电气传动方案的确定 … 84　　　4.3.3 电气控制图的 CAD 制图 … 95
4.2.4 电气控制方案的确定 ……… 85　　思考与练习题 ………………………… 97

第 5 章　继电器-接触器控制系统综合训练

5.1 设计任务 …………………………… 98　　5.3 电气控制线路设计 ………………… 99
5.2 主要运动形式及控制要求 ………… 98　　　5.3.1 主电路设计 ………………… 99
5.2.1 主运动 ……………………… 98　　　5.3.2 控制电路设计 …………… 100
5.2.2 进给运动 …………………… 98　　　5.3.3 信号指示与照明电路 …… 101
5.2.3 辅助运动 …………………… 98　　5.4 电气元件选择 …………………… 101
5.2.4 电动机型号 ………………… 99　　5.5 绘制电气控制图 ………………… 102

第 6 章　PLC 基本原理

6.1 概述 ………………………………… 104　　6.2.2 PLC 输入/输出接口电路 …… 109
6.1.1 PLC 的定义和发展史 …… 104　　　6.2.3 特殊继电器 ……………… 110
6.1.2 PLC 的应用领域与发展方向 …… 105　　　6.2.3 特殊功能单元 …………… 111
6.1.3 PLC 的分类 ……………… 106　　　6.2.4 编程器和其他外设 ……… 111
6.1.4 PLC 控制系统与电气控制系　　　6.3 PLC 的编程语言 ………………… 112
　　统的比较 …………………… 107　　　6.3.1 梯形图语言 ……………… 112
6.2 PLC 的硬件组成及各部分功能 …… 107　　　6.3.2 语句表语言 ……………… 112
6.2.1 PLC 的基本组成 ………… 107　　　6.3.3 逻辑图语言 ……………… 113

6.3.4 功能表图语言 ·············· 113
6.3.5 高级语言 ·················· 116
6.4 PLC 的工作原理 ·················· 116
6.4.1 PLC 控制系统的等效电路 ··· 116

6.4.2 PLC 的工作过程 ·············· 117
6.4.3 PLC 的扫描周期及响应时间 ······· 118
思考与练习题 ·························· 119

第 7 章　PLC 通信

7.1 通信方式 ·························· 121
7.1.1 串行通信与并行通信 ······· 121
7.1.2 单工通信与双工通信 ······· 121
7.1.3 异步通信与同步通信 ······· 122
7.1.4 基带传输与频带传输 ······· 122
7.2 通信介质 ·························· 123
7.2.1 双绞线 ···················· 123

7.2.2 同轴电缆 ···················· 123
7.2.3 光纤 ························· 124
7.3 常用通信接口 ······················ 125
7.3.1 RS-232C ···················· 125
7.3.2 RS-422 ····················· 126
7.3.3 RS-485 ····················· 127
思考与练习题 ·························· 128

第 8 章　欧姆龙 CPM 系列 PLC

8.1 CPM 系列 PLC 的系统组成及特点 ······ 129
8.1.1 CPM 系列 PLC 的系统组成 ··· 129
8.1.2 CPM 系列 PLC 的功能和适用
范围 ······················ 129
8.2 系统配置 ·························· 131
8.2.1 型号表示及 I/O 扩展配置 ··· 131
8.2.2 通道及存储器的分配 ········ 134
8.2.3 技术指标 ·················· 144

8.3 CPM 系列 PLC 指令系统 ············· 145
8.3.1 概述 ························ 145
8.3.2 基本指令 ···················· 145
8.3.3 功能指令 ···················· 151
8.3.4 运算指令 ···················· 156
8.3.5 特殊指令 ···················· 161
思考与练习题 ·························· 162

第 9 章　PLC 控制系统设计

9.1 设计过程 ·························· 164
9.1.1 列出系统的控制要求和工作
流程 ······················ 165
9.1.2 确立控制方案 ·············· 166
9.1.3 系统设计 ·················· 166
9.1.4 系统调试 ·················· 169
9.1.5 系统的试运行 ·············· 170
9.1.6 编写系统技术文件 ·········· 170
9.2 机型的选择 ······················ 171
9.2.1 PLC 机型选择的原则 ········ 171
9.2.2 PLC 功能要求 ·············· 172
9.2.3 响应速度 ·················· 175
9.2.4 指令系统 ·················· 175

9.2.5 机型选择的工程应用考虑 ······· 176
9.3 I/O 模块的选择 ···················· 177
9.3.1 开关量输入模块的选择 ········ 178
9.3.2 开关量输出模块的选择 ········ 179
9.3.3 模拟量模块的选择 ············ 180
9.3.4 智能 I/O 模块的选择 ·········· 181
9.4 PLC 控制系统设计方法 ·············· 181
9.4.1 逻辑设计法 ·················· 181
9.4.2 时序图设计法 ················ 184
9.4.3 顺序控制设计法 ·············· 184
9.4.4 经验设计法 ·················· 186
9.4.5 替代法 ····················· 186
思考与练习题 ·························· 187

第 10 章　PLC 应用

10.1 数控机床及机电控制系统概述 ·········· 188

10.1.1 数控机床的组成 ············· 188

10.1.2 PLC 在数控机床中的应用 ……… 189
10.1.3 机电控制技术 ……………………… 193
10.1.4 机电控制系统的基本要素和
功能 ………………………………… 194
10.1.5 现代生产的三大类型 ……… 199
10.2 机械手的控制 ……………………… 200
10.2.1 控制要求 ………………………… 201
10.2.2 机械手控制的顺序功能图 ……… 201
10.2.3 机械手控制的 I/O 地址分配表 … 201
10.2.4 机械手控制的梯形图 ………… 202
10.3 大电动机的 Y-△ 启动控制 ……… 203
10.3.1 控制要求 ………………………… 203
10.3.2 大电动机 Y-△ 启动控制的 I/O
地址分配表 ………………… 204
10.3.3 大电动机 Y-△ 启动控制的梯
形图程序 ……………………… 204
10.4 三层电梯的自动控制 …………… 205
10.4.1 控制要求 ………………………… 205

10.4.2 三层电梯自动控制的顺序功
能图 …………………………………… 206
10.4.3 三层电梯自动控制的 I/O 地址
分配表 ……………………………… 207
10.4.4 三层电梯的梯形图程序 ……… 207
10.5 运料小车控制 ……………………… 210
10.5.1 控制要求 ………………………… 210
10.5.2 运料小车控制的顺序功能图 …… 210
10.5.3 运料小车控制的 I/O 地址分
配表 …………………………………… 211
10.5.4 运料小车控制的梯形图 ……… 211
10.6 钻孔动力头的控制 ……………… 212
10.6.1 控制要求 ………………………… 212
10.6.2 钻孔动力头控制的顺序功
能图 …………………………………… 212
10.6.3 钻孔动力头控制的 I/O 地址
分配表 ……………………………… 213
10.6.4 钻孔动力头控制的梯形图 ……… 213

11.1 OMRON 公司 C 系列 PLC ……… 215
11.1.1 C 系列 P 型机的特点与功能 …… 215
11.1.2 系统配置 ………………………… 216
11.2 西门子公司 SIMATIC S7 系列 PLC … 221
11.2.1 S7-200 系列 PLC 的特点与
功能 …………………………………… 222
11.2.2 系统配置 ………………………… 224
11.3 三菱公司 FX 系列 PLC ………… 231

11.3.1 FX 系列 PLC 的特点与功能 …… 232
11.3.2 系统配置 ………………………… 234
11.4 GE FANUC 公司 Series 90™ PLC
家族 ……………………………………… 237
11.4.1 Series 90™ PLC 家族的特点
与功能 ……………………………… 237
11.4.2 型号及功能参数 ……………… 238
思考与练习题 ……………………………… 242

12.1 设计任务 ………………………… 243
12.2 功能分析 ………………………… 243
12.3 方案设计 ………………………… 243
12.3.1 总体方案设计 ……………… 243
12.3.2 供料系统 ……………………… 244
12.3.3 搬运机械手系统 …………… 244
12.3.4 物料传送系统 ……………… 244
12.3.5 分拣机构系统 ……………… 245
12.4 系统硬件设计 …………………… 245

12.4.1 硬件选型明细 ……………… 245
12.4.2 气动机构设计 ……………… 246
12.4.3 机械部件设计 ……………… 246
12.4.4 PLC 和变频器 ……………… 248
12.4.5 PLC 端口地址分配 ……… 248
12.4.6 硬件连线设计图 …………… 249
12.5 程序设计 ………………………… 249
12.5.1 PLC 控制程序设计 ……… 249
12.5.2 系统测试 …………………………252

13.1　三相异步电动机单向点动及启动
　　　控制 ···································· 254
　　13.1.1　实验目的 ··················· 254
　　13.1.2　实验要求 ··················· 254
　　13.1.3　实验设备及电气元件 ······ 254
　　13.1.4　实验原理和电路 ·········· 254
　　13.1.5　实验内容和步骤 ·········· 255
13.2　三相异步电动机正反转控制及行程
　　　控制 ···································· 256
　　13.2.1　实验目的 ··················· 256
　　13.2.2　实验要求 ··················· 256
　　13.2.3　实验设备及电气元件 ······ 256
　　13.2.4　实验原理和电路 ·········· 256

　　13.2.5　实验内容和步骤 ·········· 258
13.3　三相异步电动机 Y-△降压启动控制 ···258
　　13.3.1　实验目的 ··················· 258
　　13.3.2　实验要求 ··················· 258
　　13.3.3　实验设备及电气元件 ······259
　　13.3.4　实验原理和电路 ·········· 259
　　13.3.5　实验内容和步骤 ·········· 260
13.4　三相异步电动机制动控制 ··············260
　　13.4.1　实验目的 ··················· 260
　　13.4.2　实验要求 ··················· 261
　　13.4.3　实验设备及电气元件 ······ 261
　　13.4.4　实验原理和电路 ·········· 261
　　13.4.5　实验内容和步骤 ·········· 262

14.1　PLC 演示实验 ···················· 264
　　14.1.1　演示一 ····················· 264
　　14.1.2　演示二 ····················· 265
　　14.1.3　演示三 ····················· 265
14.2　用 PLC 控制交流异步电动机的正反
　　　转及停止 ························· 267
　　14.2.1　实验目的 ··················· 267
　　14.2.2　实验要求 ··················· 267
　　14.2.3　实验设备及电气元件 ······ 267
　　14.2.4　实验内容 ··················· 267
　　14.2.5　实验步骤 ··················· 268
14.3　用 PLC 控制交通信号灯 ·········· 269

　　14.3.1　实验目的 ··················· 269
　　14.3.2　实验要求 ··················· 269
　　14.3.3　实验设备及电气元件 ······ 269
　　14.3.4　实验内容 ··················· 269
　　14.3.5　实验步骤 ··················· 271
14.4　用 PLC 控制电梯运行 ··············271
　　14.4.1　实验目的 ··················· 271
　　14.4.2　实验要求 ··················· 272
　　14.4.3　实验设备及电气元件 ······ 272
　　14.4.4　实验内容 ··················· 272
　　14.4.5　实验步骤 ··················· 274

第 1 章　常用机床控制电器

1.1　控制电器概述

控制电器是机床电气控制系统的重要组成元件。它是通过接通和断开电路中的电流，来实现对电路或非电对象切换、控制、保护、检测、变换以及调节的电气设备，其最基本和最典型的功能就是"开"和"关"。

1．控制电器的概念与分类

机床控制电器指的是用于机床电气自动控制系统领域的低压电器，通常指工作在交流电压小于 1200V、直流电压小于 1500V 的电路中起通断、保护、控制或调节作用的电气设备。

控制电器的种类繁多，可以按照不同的分类原则进行分类。

按用途可分为低压配电电器和低压控制电器两大类。

按电器在电气控制系统中的作用可分为执行元件和信号元件。

按动作性质可分为自动切换电器和非自动切换电器。自动切换电器的动作依靠本身或外来信号自动进行；非自动切换电器又称手动电器，靠人工直接操作进行切换。

按执行机能可分为有触点电器和无触点电器。

根据使用环境可分为一般用途低压电器（也称基本系列）、防爆电器、船用电器、化工电器、牵引电器等。

低压电器一般都有两个基本部分。一是感受部分，能感受外界信号，通过转换、放大和判断，做出有规律的反应。在非自动切换电器中，感受部件有操作手柄、顶杆等多种形式；在有触点的自动切换电器中，感受部件大多是电磁机构。二是执行机构，根据感受部分的指令，对电路执行"开"、"关"等任务。

2．配电电器

低压配电电器主要用于配电电路，对电路及设备进行保护及通断控制、转换电源和负载。

主要包括刀开关、转换开关、熔断器和自动开关。

3．控制电器

低压控制电器主要用于控制受电设备，使其达到预期的工作状态。

主要包括控制继电器、接触器、启动器、控制器、主令电器、电阻器。

4．执行元件

执行元件是用来带动生产机械运行和保持机械装置在固定位置上的一种执行电器。

主要包括电磁阀、电磁离合器和电磁制动器。

5. 信号元件

信号元件又称信号控制开关，是将模拟量转换为开关量的控制电器。
主要包括按钮开关、行程开关、电流及电压继电器和速度继电器。

1.2　低压隔离电器

1.2.1　刀开关

刀开关俗称闸刀开关，是一种结构简单、应用最广泛的手动电器，主要用于接通和切断长期工作设备的电源及不经常启动及制动、容量小于 7.5kW 的异步电动机。

刀开关主要由操作手柄、触刀、触点座和底座组成，依靠手动来实现触刀插入触点座与脱离触点座的控制。按刀数可分为单极、双极和三极，有时也称单刀、双刀和三刀。

图 1-1 所示为刀开关的图形和文字符号。图 1-2 所示为刀开关的型号含义。

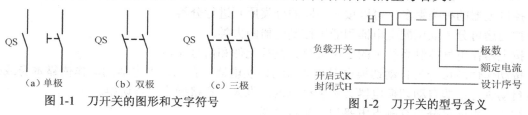

图 1-1　刀开关的图形和文字符号

图 1-2　刀开关的型号含义

常见的刀开关一般有胶盖刀开关和铁壳刀开关两种类型，其结构示意图如图 1-3 所示。

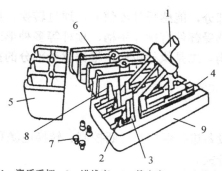

1—瓷质手柄；2—进线座；3—静夹座；4—出线座；
5—上胶盖；6—下胶盖；7—胶盖固定螺母；
8—熔丝；9—瓷底座

（a）胶盖刀开关

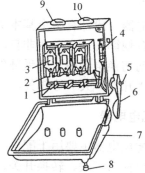

1—U 形动触刀；2—静夹座；3—瓷插式熔断器；
4—速断弹簧；5—转轴；6—操作手柄；7—开关盖；
8—开关盖锁紧螺栓；9—进线孔；10—出线孔

（b）铁壳刀开关

图 1-3　刀开关的结构示意图

胶盖刀开关主要用于工频 380V、60A 以下的电力线路中，作为一般照明、电热等电路的控制开关，也可作为分支线路的配电开关。适用于接通或断开有电压而无负载电流的电路，适当降低容量时可用于不频繁启动的小型电动机，常用型号有 HK1、HK2 等系列。

　　铁壳刀开关（熔断器式刀开关）应用于配电线路，起到电源开关、隔离开关及电路保护作用，一般不用于直接通断电动机，常用型号有 HR5、HH10、HH11 等系列。

　　刀开关主要技术参数有以下三项：

　　（1）额定电压。指在规定条件下，保证电器正常工作的电压值。国产刀开关额定电压一般为交流工频 500V 以下，直流 440V 以下。

　　（2）额定电流。指在规定条件下，保证电器正常工作的电流值。目前生产的刀开关额定电流为 10A、15A、20A、30A、60A、100A、200A、400A、600A、1000A 及 1500A 等，特别型号可达 5000A。

　　（3）通断能力。指在规定条件下，能在额定电压下接通和分断的电流值。

　　刀开关在选择时应使其额定电压等于或大于电路额定电压，其电流应等于或大于电路额定电流。当用刀开关控制电动机时，其额定电流要大于电动机额定电流的 3 倍。

　　刀开关在安装时，手柄应向上，不得倒装或平装，避免由于重力自由下落而引起误动作和合闸。接线时应将电源线接在上端，负载线接在下端，这样拉闸后刀片与电源隔离，防止可能发生的意外事故。

1.2.2　组合开关

　　组合开关又称转换开关，常用于交流 380V 以下、直流 220V 以下的电气线路中，供手动不频繁地接通或分断电路，可控制小容量交、直流电动机。一般控制的异步电动机容量小于 5kW，每小时接通次数不超过 15～20 次。

　　组合开关由若干个分别装在数层绝缘体内的双断点桥式动触片、与盒外接线柱相连的静触点、绝缘方轴、手柄等组成。其结构如图 1-4 所示。

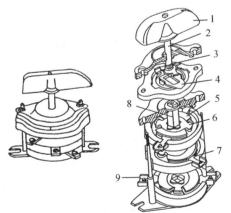

1—手柄；2—转轴；3—弹簧；4—凸轮；5—绝缘垫板；6—动触点；7—静触点；8—绝缘方轴；9—接线柱

图 1-4　HZ-10/3 型组合开关

　　动触点装在附有手柄的绝缘方轴上，方轴随手柄而转动，动触点随转动并变更与静触点分合的位置。组合开关实际上是一个多触点、多位置、可以控制多个回路的开关电器。

　　组合开关分为单极、两极和三极三种。图 1-5（a）所示为三极组合开关用作隔离开关时的图形符号，图 1-5（b）所示为三极组合开关用作转换开关时的图形符号，图 1-5（c）所示为图 1-5（b）所示状态下触点导通状态表。组合开关的型号含义如图 1-6 所示。

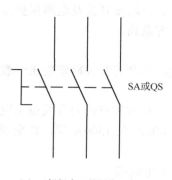

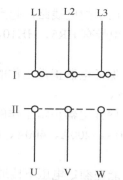
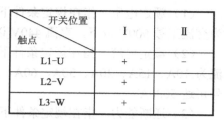

（a）三极组合开关用作隔离开关　　（b）三极组合开关用作转换开关　　（c）触点导通状态表

图 1-5　组合开关的图形和文字符号

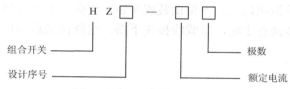

图 1-6　组合开关的型号含义

组合开关的主要参数有额定电压、额定电流、极数、允许操作次数等。其中额定电流有 10A、20A、40A、60A 等几个等级，常用型号有 HZ5、HZ10、HZ15 等系列。

具体选用时需注意以下情况：

（1）用于照明或电热，组合开关的额定电流应等于或大于被控电路中各负载电流的总和。

（2）用于电动机控制电路时，组合开关的额定电流一般取电动机额定电流的 1.5～2.5 倍。

（3）组合开关通断能力较低，当用于控制电动机做可逆运转时，必须在电动机完全停止转动后方可反向接通。

（4）当操作频率过高或负载的功率因数较低时，转换开关要降低容量使用，否则会影响开关寿命。

1.2.3　低压断路器

低压断路器也称自动空气开关，用于分配电能、不频繁地启动异步电动机以及对电源线路及电动机等的保护。当发生严重过载、短路或欠电压等故障时能自动切断电路。它是低压配电线路应用非常广泛的一种保护电器。

低压断路器主要由三个基本部分组成：触头、灭弧系统和各种脱扣器。脱扣器包括过电流脱扣器、失压（欠电压）脱扣器、热脱扣器、分励脱扣器和自由脱扣器。图 1-7 所示为低压断路器的结构原理图。开关是靠操作机构拖动或电动合闸的，并由自由脱扣机构将主触头锁在合闸位置上。

过电流脱扣器的线圈、热脱扣器的热元件与主电路串联；失压脱扣器的线圈与主电路并联。当电路发生短路或严重过载时，过电流脱扣器的衔铁被吸合，使自由脱扣机构动作。当电路过载时，热脱扣器的热元件产生的热量增加，双金属片向上弯曲，推动自由脱扣机构动作。当电路失压时，失压脱扣器的衔铁释放，也使自由脱扣机构动作。分励脱扣器则作为远距离控制分断电路之用。

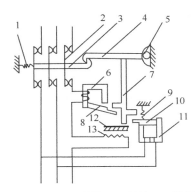

1—弹簧；2—三相触点；3—锁键；4—搭钩；5—转轴；6—过电流脱扣器；7—杠杆；

8、10—衔铁；9—弹簧；11—欠电压脱扣器；12—双金属片；13—电阻丝

图 1-7　低压断路器的结构原理图

图 1-8 所示为低压断路器图形和文字符号。图 1-9 所示为低压断路器的型号含义。

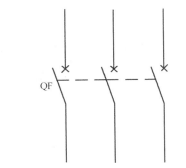

图 1-8　低压断路器图形和文字符号

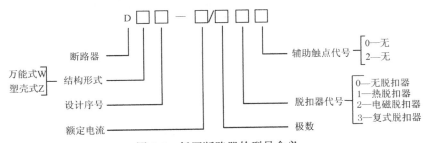

图 1-9　低压断路器的型号含义

　　选择低压断路器时，其额定电压与额定电流应不小于电路正常工作时的电压和电流，热脱扣器及过电流脱扣器的整定电流与负载额定电流一致。

　　低压断路器在安装使用时应注意：当断路器与熔断器配合使用时，熔断器应装在断路器之间，以利安全；电磁脱扣器的整定值不允许随意更改，使用一段时间后应检查其动作的准确性；断路器在分断电路后，应在切除前级电源的情况下及时检查触点，如有严重电灼痕迹，可用干布擦去，如发现触点烧毛，可用砂纸或细锉小心修整。

1.3　主令电器

主令电器是自动控制系统中用于发送和转换控制命令的电器。主令电器用于控制电路，不能直接分合主电路。

1.3.1　按钮

按钮是一种结构简单、使用广泛的手动电器，在控制电路中用于手动发出控制信号以控制接触器、继电器等。

按钮一般由按钮帽、复位弹簧、触点和外壳等部分组成。其结构示意图如图 1-10 所示，其图形和文字符号如图 1-11 所示，型号含义如图 1-12 所示。

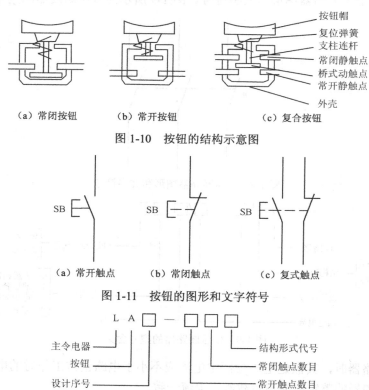

（a）常闭按钮　　　　（b）常开按钮　　　　　　（c）复合按钮

图 1-10　按钮的结构示意图

（a）常开触点　　　　（b）常闭触点　　　　（c）复式触点

图 1-11　按钮的图形和文字符号

图 1-12　按钮的型号含义

根据需要，按钮的触点形式和数量可装配成 1 常开 1 常闭到 6 常开 6 常闭的形式。接线时，也可只接常开或常闭触点。当按下按钮时，先断开常闭触点，再接通常开触点。按钮放开后，在复位弹簧的作用下触点复位。

除了有直上直下的揿按式按钮外，还有自锁式、紧急式、钥匙式和旋钮式等多种形式，有些按钮还带有指示灯。

为方便使用，按钮帽会根据其作用采用不同颜色，表 1-1 所示为按钮颜色及其含义，图 1-13 所示为各种按钮的形象化符号，图 1-14 所示为各种按钮的外形。

表 1-1　按钮颜色及其含义

颜　色	含　义	典　型　应　用
红色	危险情况下的操作	紧急停止
	停止或分断	停止一台或多台电动机, 停止一台机器的一部分, 使电气元件失电
黄色	应急或干预	抑制不正常情况或中断不理想的工作周期
绿色	启动或接通	启动一台或多台电动机, 启动一台机器的一部分, 使电气元件得电
蓝色	上述几种颜色未包括的任一种功能	—
黑色、灰色、白色	无专门指定功能	可用于停止和分断上述以外的任何情况

启动；闭合　　停止；断开　　点动；仅在　　启动停止公用　　直线运动　　自动循环；
　　　　　　　　　　　　　　按下时动作　　　　　　　　　　　　　　　　　自动

　泵　　　　　冷却泵　　　　液压泵　　　　润滑泵　　　　转动　　　　半自动循
　　　　　　　　　　　　　　　　　　　　　　　　　　　　　　　　　　环；自动

图 1-13　各种按钮的形象化符号

 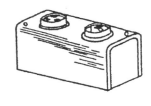

（a）单联按钮　　　　　　　　　　　　　　　　　　（b）双联按钮

图 1-14　各种按钮的外形

　　按钮的主要参数有外观形式及安装孔尺寸、触点数量及触点的电流容量。常见的按钮型号有 LA10、LA20、LA25 等系列。

1.3.2　行程开关

　　行程开关又称限位开关，是一种利用生产机械某些运动部件的碰撞来发出控制命令的主令电器，是用于控制生产机械的运动方向、速度、行程大小或位置的一种自动控制器件。

　　行程开关的动作示意图见图 1-15，图形和文字符号见图 1-16。

　　行程开关种类很多，常用的行程开关有按钮式、单轮旋转式和双轮旋转式，其外形见图 1-17。这些种类的行程开关基本结构大体相同，都是由操作头、触点系统和外壳组成。操作头接收机械设备发出的动作指令或信号，并将其传递到触点系统，触点系统通过本身结构功能将传来的指令或信号转换成电信号，输出到有关控制回路。

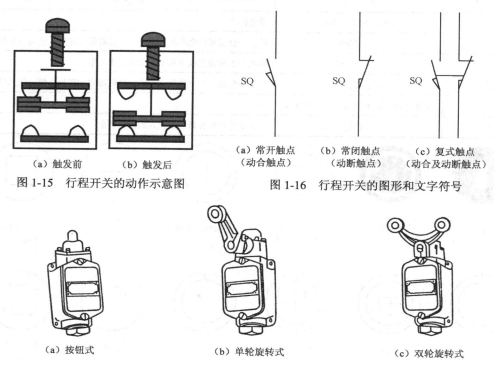

（a）触发前　　（b）触发后

图 1-15　行程开关的动作示意图

（a）常开触点　　（b）常闭触点　　（c）复式触点
（动合触点）　　（动断触点）　　（动合及动断触点）

图 1-16　行程开关的图形和文字符号

（a）按钮式　　　　　　　（b）单轮旋转式　　　　　　　（c）双轮旋转式

图 1-17　各种行程开关的外形

　　行程开关在选择使用时要根据安装环境选择防护形式（开启式或防护式）；根据控制回路的电压和电流决定选用的系统种类；根据机械与行程开关的传力与位移选择合适的头部结构。

　　行程开关的型号含义见图 1-18。

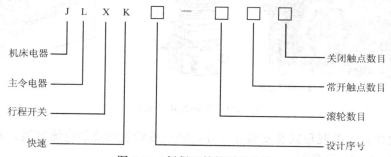

图 1-18　行程开关的型号含义

　　由于行程开关采用的是机械撞击触发形式，长期使用时有可能因机械部件磨损而影响信号的正常传递，且行程开关对安装位置准确度要求较高，随着元器件技术的不断发展，在一些较为精确的自动化设备系统中，行程开关正逐渐被接近开关和光电开关所替代。

1.3.3　凸轮控制器

　　凸轮控制器又称万能转换开关，是一种多挡位、多回路的开关电器。一般用于各种配电装置的远距离控制，也可用作电气测量仪表的换相开关或用于小容量电动机自启动、制动、调速和换向控制。凸轮控制器可换接的线路多，用途广泛。

凸轮控制器由凸轮机构、触点系统和定位装置等部分组成。它依靠操作手柄带动转轴和凸轮转动，使触点动作或复位，从而按预定的顺序接通与分断电路，同时由定位装置确保其动作的准确可靠。

凸轮控制器某一层的结构如图 1-19 所示，其图形和文字符号如图 1-20 所示。

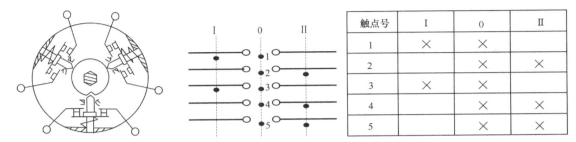

触点号	Ⅰ	0	Ⅱ
1	×	×	
2		×	×
3	×	×	
4		×	×
5		×	×

图 1-19　凸轮控制器某一层的结构图　　　图 1-20　凸轮控制器的图形和文字符号

常用的凸轮控制器有 LW8、LW6 系列。

1.3.4　主令控制器

主令控制器是用于频繁切断复杂多回路控制电路的一种主令电器，其触点容量较小，不能直接控制主电路，而是经过接通、切断接触器或继电器的线圈电路，间接控制主电路。

常用的主令控制器有 LK14、LK15 系列等。机床上用到的十字形转换开关也属于主令控制器，这种开关一般用于多电动机拖动或需多重联锁的控制系统中，如 X62W 万能铣床工作台垂直方向和横向进给运动控制，摇臂钻床摇臂的上升和下降、放松和夹紧等动作控制都使用了主令控制器。图 1-21 所示为主令控制器的结构原理图。

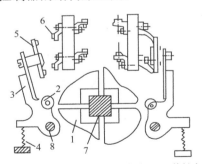

1—凸轮；2—滚子；3—杠杆；4—弹簧；5—动触点；6—静触点；7—转轴；8—轴

图 1-21　主令控制器的结构原理图

手柄通过转轴带动固定在轴上的凸轮，以操作触点的断开和闭合。当凸轮的凸起部分压住滚子时，杠杆受压克服弹簧力，绕轴转动，使装在杠杆末端的动触点离开静触点，电路断开。当凸轮的凸起部分离开滚子时，在复位弹簧作用下，触点闭合，电路接通。

1.4 熔断器

熔断器俗称"保险丝"，基于电流热效应原理和发热元件热熔断原理设计，具有一定的瞬动特性。在低压配电线路中主要作为短路和严重过载保护用。它具有结构简单、体积小、重量轻、工作可靠、价格低廉等特点，应用十分广泛。

1.4.1 熔断器的工作原理

熔断器主要由熔体和放置熔体的绝缘管或绝缘底座（亦称熔壳）组成。熔体常做成丝状或片状。在小电流电路中，常用铅锡合金和锌等低熔点金属做成圆截面熔丝；在大电流电路中，则用银、铜等较高熔点金属做成薄片，便于灭弧。

图 1-22 熔断器的图形和文字符号

当熔断器串入电路时，负载电流流过熔体，熔体电阻损耗使其发热，温度上升。当电路正常工作时，其发热温度低于熔化温度，故可长期工作。当电路发生过载或短路时，流经熔体的电流大于熔体允许的正常发热电流，熔体温度急剧上升，超过熔点而熔断，从而切断电路，保护电路中的其他设备。

图 1-22 所示为熔断器的图形和文字符号。

1.4.2 常用熔断器的种类与技术数据

熔断器的种类很多，如图 1-23 所示，可分为以下几大类：

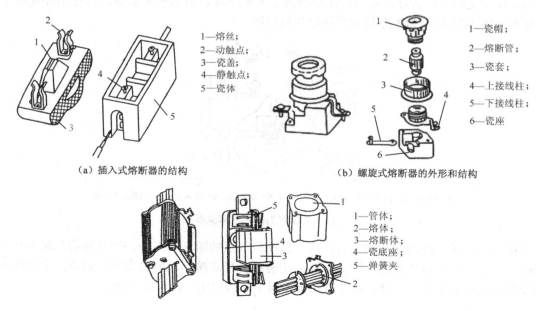

1—熔丝；
2—动触点；
3—瓷盖；
4—静触点；
5—瓷体

（a）插入式熔断器的结构

1—瓷帽；
2—熔断管；
3—瓷套；
4—上接线柱；
5—下接线柱；
6—瓷座

（b）螺旋式熔断器的外形和结构

1—管体；
2—熔体；
3—熔断体；
4—瓷底座；
5—弹簧夹

（c）有填料管式熔断器的外形和结构

图 1-23 常见熔断器

（1）插入式熔断器。常用产品有 RC1A 系列，主要用于低压分支电路的短路保护，常用在民用和照明电路。

（2）螺旋式熔断器。常用产品有 RL6、RL7 等系列。具有较高的分断能力，常用于机床配电线路中。

（3）封闭管式熔断器。该种熔断器分为无填料、有填料和快速三种。RM10 系列为无填料熔断器，多用于低压电力网络成套配件，作短路保护和连续过载保护。RT12、RT14、RT15 系列为有填料熔断器，具有较大分断能力，多用于较大电流的电力输配电系统中。RS3 系列为快速熔断器，主要用于保护半导体器件。

（4）自复式熔断器。这是采用金属钠作为熔体的一种新型熔断器。当电路发生短路时，金属钠汽化，电阻变得很高，从而限制短路电流。当故障消除后，温度下降，金属钠重新固化，恢复导电性能，电路重新接通。但在线路中只能限制故障电流，不能切断电路，一般与断路器配合使用。常用产品有 RZ1 系列。

图 1-24 所示为熔断器的型号含义。

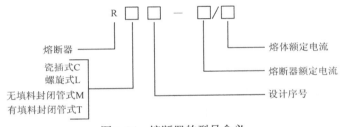

图 1-24 熔断器的型号含义

熔断器的技术参数主要有以下几项：

（1）额定电压。指熔断器能长期工作和分断后能承受的电压，其值一般等于或大于电气设备的额定电压。

（2）熔体额定电流。指熔体长期通电而不会熔断的最大电流。

（3）熔断器额定电流。指熔断器长期工作所允许的由温升决定的电流。该额定电流应不小于所选熔体的额定电流。在此额定电流范畴内不同规格的熔体可装入同一熔断器壳体内。

（4）极限分断能力。指熔断器所能分断的最大短路电流。它取决于熔断器的灭弧能力，与熔体的额定电流无关。

1.4.3 熔断器的选择

熔断器的选择包括熔断器类型的选择和熔体额定电流的选择两大部分。

1．熔断器类型的选择

选择熔断器的类型时，主要依据负载的保护特性和短路电流的大小。例如，用于保护照明和电动机的熔断器，一般考虑其过载保护，熔断器的熔化系数适当选小，常用 RC1A 系列。大容量照明和电动机，首先考虑短路时分断短路电流能力，所以当短路电流较小时，选用 RC1A 系列；当短路电流较大时，选用 RL1 系列；当短路电流相当大时，适用有限流作用的 RT0 或 RT12 系列。

2．熔体额定电流的选择

（1）保护照明、电热设备，熔体额定电流等于或大于负载额定电流。

（2）保护单台长期工作的电动机，熔体额定电流应为电动机额定电流的 $1.5\sim2.5$ 倍。

（3）保护频繁启动的电动机，熔体额定电流应为电动机额定电流的 $3\sim3.5$ 倍。

（4）保护多台电动机，熔体额定电流应满足下述关系：

$$I_{re} \geq (1.5\sim2.5)I_{emax} + \Sigma I_e$$

式中　I_{re}——熔断器额定电流；

　　　I_{emax}——多台电动机中容量最大一台的额定电流；

　　　ΣI_e——其余电动机额定电流之和。

（5）为防止越级熔断，上、下级（供电干、支线）熔断器间应使上级熔体额定电流比下级大 $1\sim2$ 个级差。

（6）熔断器额定电压应等于或大于所在电路的额定电压。

1.5　接触器

接触器是用于接通或分断电动机主电路或其他负载电路的控制电器。用它可以实现远程控制，由于它体积小、价格低、寿命长、维护方便，因而用途十分广泛。

1.5.1　结构

图 1-25 所示为接触器的结构示意图。它由五个主要部分组成：电磁机构、主触点、辅助触点、复位弹簧装置、支架和底座。

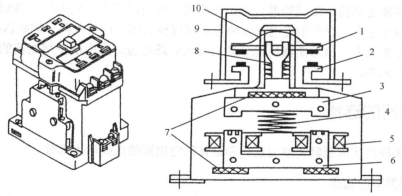

1—动触桥；2—静触点；3—衔铁；4—缓冲弹簧；5—电磁线圈；6—铁芯；7—垫毡；8—触点弹簧；9—灭弧罩；10—触点压力弹簧片

图 1-25　接触器的结构示意图

电磁机构由线圈、铁芯和衔铁组成。

主触点根据容量大小，有桥式触点和指形触点两种结构，且直流接触器和电流在 20A 以上的交流接触器均有灭弧装置，有的还有栅片或磁吹灭弧装置。

辅助触点有常开和常闭两种触点，结构上均为双断电形式，容量较小。辅助触点不设灭弧装置，一般不能用于主电路。

复位弹簧装置由释放弹簧和触点弹簧组成，均不可进行弹簧松紧调节。

支架和底座用于接触器的固定和安装。

1.5.2　工作原理

当接触器线圈两端施加额定电压时，铁芯上产生电磁力，衔铁在吸引力作用下向下移，带动主触点和辅助触点下移，使动合触点闭合接通电路，动断触点断开切断电路。

当接触器线圈断电时，铁芯失去电磁力，衔铁在复位弹簧的作用下向上复位，主触点及辅助触点恢复常态。

1.5.3　交、直流接触器的特点

交、直流接触器的结构与工作原理基本相同，不同之处主要在电磁机构上。

交流接触器由于存在铁芯磁滞和涡流损耗，其铁芯采用硅钢片叠压而成。线圈一般呈矮胖型，设有骨架，与铁芯隔离，以利于铁芯与线圈散热。

直流接触器铁芯不发热，只有线圈发热，其铁芯用整块钢材或工程纯铁制成。其线圈一般制成高而薄的瘦高型，不设线圈骨架，线圈与铁芯直接接触，散热性能良好。另外，由于直流接触器在电流过大时，如断开电路会产生强烈电弧，故多装有磁吹式灭弧装置，通过磁吹线圈产生磁吹磁场，使电弧拉长并拉断，从而达到灭弧的目的。

1.5.4　技术参数

图 1-26 所示为接触器的图形和文字符号。图 1-27 所示为交流接触器的型号含义。

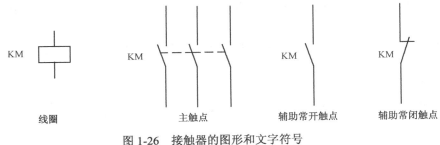

图 1-26　接触器的图形和文字符号

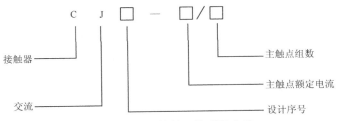

图 1-27　交流接触器的型号含义

接触器的技术参数主要有以下几项：

（1）额定电压。指主触点的额定电压。

（2）额定电流。指主触点的额定电流。

（3）负载种类。交流负载时应选用交流接触器，直流负载时应选用直流接触器，但交流负载频繁动作时可采用直流线圈的交流接触器。

（4）接通和分断能力。指主触点在规定条件下能可靠地接通和分断的电流值。在此电流下，接通时主触点应发生熔焊，分断时不应发生长时间燃弧。

（5）额定操作频率。指每小时操作次数。交流接触器最高为 600 次/h，直流接触器最高为 1200 次/h。操作频率直接影响接触器的寿命及交流接触器的线圈温升。

1.6 继电器

继电器是根据某种输入信号来接通或断开小电流控制电路，实现远距离控制和保护的自动控制电器。其输入信号可以是电流、电压等电量，也可以是温度、时间、速度、压力等非电量，其输出是触点的动作或电路参数的变化。

1.6.1 电压继电器

电压继电器是一种反映电压变化的控制电器，其触点动作与线圈的电压大小相关，多用于电力拖动系统的电压保护和控制，是一种电磁式继电器，其工作原理与电磁式接触器相似。使用时继电器与负载并联，动作触点串联在控制电路中。

电压继电器按线圈电流的种类可分为交流电压继电器和直流电压继电器；按动作电压大小可分为过电压继电器、欠电压继电器和零电压继电器。

过电压继电器是指当电路中电压超过某一值时，过电压继电器动作，切断电路电源。直流电路不会产生波动较大的过电压，故没有直流过电压继电器。交流过电压继电器在电路中起电压保护作用。

欠电压继电器是指当电路中电压低于某一值时，欠电压继电器动作，切断电路电源。特点是释放电压很低，在电路中做低电压保护。

零电压继电器则是当电路中电压降低接近零时动作，切断电路电源。

图 1-28 所示为电压继电器的图形和文字符号。图 1-29 所示为电压继电器的型号含义。

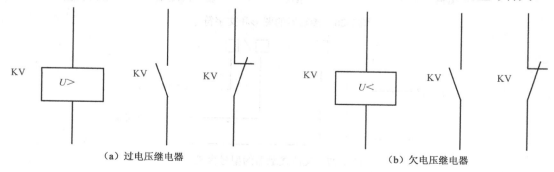

（a）过电压继电器   （b）欠电压继电器

图 1-28 电压继电器的图形和文字符号

在选用电压继电器时，首先要注意线圈电流的种类和电压等级应与控制电路一致。另外，根据在控制电路中的作用（过电压、欠电压、零电压）选型。最后，要按控制电路的要求选择触点类型（常开或常闭）和数量。

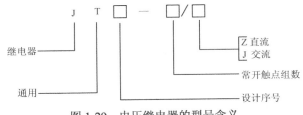

图 1-29　电压继电器的型号含义

实际上，交流继电器、中间继电器本身也具有欠电压和零电压的保护功能，故在一般情况下，也可用交流接触器和中间继电器替代欠电压继电器和零电压继电器。

1.6.2　电流继电器

电流继电器是一种反映电流变化的控制电器，其触点动作与线圈的电流大小相关，是一种电磁式继电器，其工作原理与电磁式接触器相似。使用时与负载串联，动作触点串联在辅助电路中。

电流继电器按线圈电流的种类可分为交流电流继电器和直流电流继电器；按动作电流大小可分为过电流继电器、低（欠）电流继电器。其中，过电流继电器主要用于重载或频繁启动的场合，作为电动机过载和短路保护；欠电流继电器主要用于直流电动机、直流发电机励磁回路及其他需要欠电流保护的电路中。

过电流继电器是指当电路中电流超过某一值时，过电流继电器动作，切断电路电源。

欠电流继电器是指当电路中电流低于某一值时，欠电流继电器动作，切断电路电源。当电流继续下降至小于某一规定值时，触点复位。

图 1-30 所示为电流继电器的结构示意图，图 1-31 所示为电流继电器的图形和文字符号，图 1-32 所示为电流继电器的型号含义。

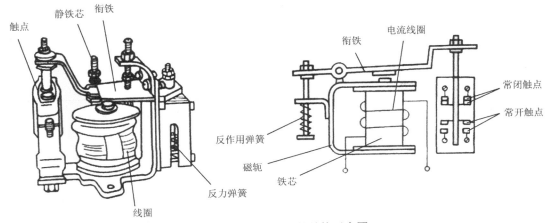

图 1-30　电流继电器的结构示意图

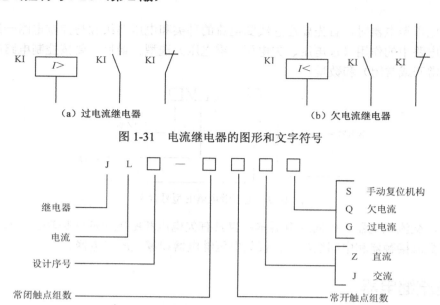

（a）过电流继电器　　　　　　　（b）欠电流继电器

图 1-31　电流继电器的图形和文字符号

图 1-32　电流继电器的型号含义

1.6.3　中间继电器

中间继电器是电路中的中间控制元件，一般用于控制各种电磁线圈，使信号得以放大，或将信号同时传给几个控制元件。

中间继电器实质上是一种电压继电器，但其触点数量很多，容量很小。它在电路中的作用是扩展控制触点数量和增加触点容量。

中间继电器的结构与接触器相同，但中间继电器的触点无主辅之分，各触点允许通过的电流一般为 5A。

图 1-33 所示为中间继电器的图形和文字符号，图 1-34 所示为中间继电器的型号含义。

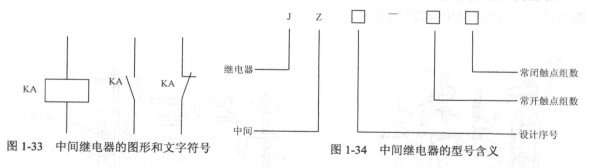

图 1-33　中间继电器的图形和文字符号　　　图 1-34　中间继电器的型号含义

1.6.4　时间继电器

时间继电器是一种按时间原则动作的继电器，它在电路中起到对控制信号延时的作用。从得到输入信号（线圈通电或断电）开始，经过一定的延时后输出信号（触点的闭合或断开）控制电路。

时间继电器的延时方式有两种：通电延时和断电延时。

通电延时：接收输入信号后延迟一定的时间，输出信号才发生变化；当输入信号消失后，输出瞬间复原。

断电延时：接收输入信号时，瞬间产生相应的输出信号；当输入信号消失后，延迟一定时间，输出才复原。

时间继电器的结构示意图见图 1-35，图形和文字符号见图 1-36。图 1-37 所示为时间继电器的型号含义。

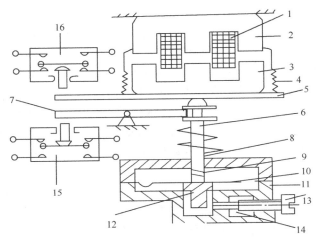

1—线圈；2—铁芯；3—衔铁；4—复位弹簧；5—推板；6—活塞板；7—杠杆；8—塔形弹簧；9—弱弹簧；

10—橡皮膜；11—空气室壁；12—活塞；13—调节螺杆；14—进气孔；15、16—微动开关

图 1-35　时间继电器的结构示意图

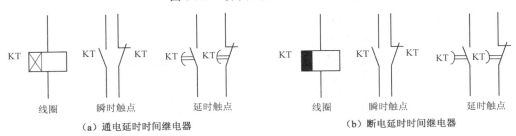

（a）通电延时时间继电器　　　　　　（b）断电延时时间继电器

图 1-36　时间继电器的图形和文字符号

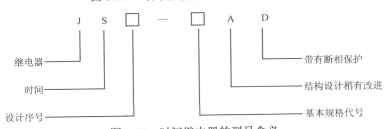

图 1-37　时间继电器的型号含义

时间继电器的种类很多，常用的有空气阻尼式、电磁式、电动式和晶体管式。近年来电子式时间继电器得到很大发展，它具有延时时间长、精度高、调节方便等优点，有的还具有数字显示功能，所以应用很广泛，常用的型号有 JS14P、JS14S、JSS1、JS11ST、JS11 系列。

此外，国际市场上已出现 ST 系列超级时间继电器，它装有时间继电器超大规模集成电路，

并使用高质量薄膜电容器和金属陶瓷可变电阻器，采用了高精度振荡电路和高频分频电路，保证了高精度和长延时，具有很广泛的应用前景。

1.6.5　热继电器

热继电器是一种利用流过热元件的电流所产生的热效应以及热元件热膨胀原理而反时限动作的保护电器，主要用于电动机的过载保护、断相保护、电流不平衡运行及其他电气设备发热状态的控制。

需要注意的是，由于热元件有热惯性，热继电器不能做瞬时过载保护，更不能做短路保护。但正因为有热惯性，电动机在启动或短时过载时，热继电器并不会误动作。

热继电器主要由热元件、双金属片、动作机构和触点系统、电流整定装置、温度补偿和复位机构组成。当电路中负载过载时，流过热元件的电流增加，热元件发热量增加，使得热膨胀系数不同的双金属片产生弯曲，压迫动作机构使触点系统动作，接通或断开电路。热继电器动作后，流过串接在电路中的热元件的电流为 0，双金属片在空气中自然冷却逐渐恢复原状，此时热继电器的辅助触点复位，为下一次重新启动做好准备，这一过程称为热继电器的自动复位。热继电器的复位也可手动进行。

热继电器的工作电流可在一定范围内进行调速，称为整定。整定电流值应与被保护电动机额定电流值相等，其大小可通过整定电流旋钮调节。

热继电器有两相和三相之分。三相热继电器又可分为带断相保护型和不带断相保护型。

热继电器的外形和结构见图 1-38，图形和文字符号见图 1-39，其型号含义见图 1-40。

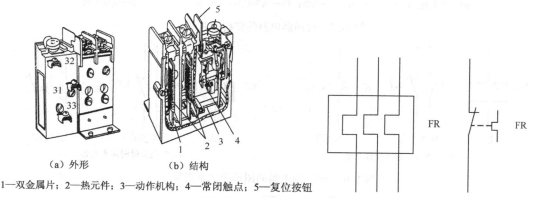

（a）外形　　（b）结构

1—双金属片；2—热元件；3—动作机构；4—常闭触点；5—复位按钮

图 1-38　热继电器的外形和结构　　　　　图 1-39　热继电器的图形和文字符号

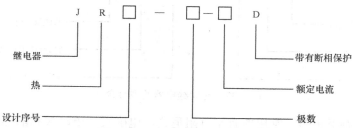

图 1-40　热继电器的型号含义

1.6.6　速度继电器

速度继电器是一种按速度原则动作的继电器，在电路中用于反映电动机转速的变化量，其输入信号为转速，可根据被控电动机的转速的大小使控制电路接通或断开。速度继电器常与接触器配合，实现电动机反接制动。

一般情况下，速度继电器有两对常开触点和两对常闭触点，分别叫正转常开触点、正转常闭触点和反转常开触点、反转常闭触点。

速度继电器转子与被控电动机同轴运行，当转子正向转速达到某一值时，定子在感应电流和力矩作用下跟随转动，到达一定角度时，装在定子轴上的摆锤推动动触点动作，使正转常闭触点断开、常开触点闭合；当转子转速小于某一值时，定子产生的转矩减小，触点在簧片作用下返回原位，对应正转触点复位。当电动机反向运行时，反转触点动作情况与正转类似。

速度继电器的外形和结构如图 1-41 所示，图形和文字符号如图 1-42 所示。速度继电器的型号含义如图 1-43 所示。

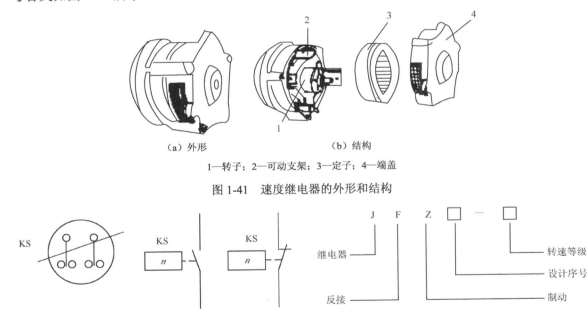

（a）外形　　　　　　（b）结构

1—转子；2—可动支架；3—定子；4—端盖

图 1-41　速度继电器的外形和结构

图 1-42　速度继电器的图形和文字符号　　　　图 1-43　速度继电器的型号含义

1.6.7　压力继电器

压力继电器在机床电路中主要用于反映机床液压系统的压力，其输入信号为压力源的压力，输出为向其他控制元件发出的控制信号。压力继电器一般用于机床的液压测量，在机床运行前或运行中，通过测量不同压力源的压力变化，以控制电气运行。

压力继电器的结构示意图见图 1-44，图形和文字符号见图 1-45。常用的压力继电器有 YJ0、YJ1 型。

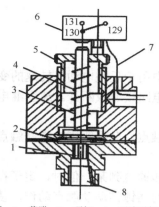

1—缓冲器；2—薄膜；3—顶杆；4—压缩弹簧；5—调节螺母；

6—微动开关；7—电线；8—气体或液体通道

图1-44 压力继电器的结构示意图

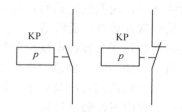

图1-45 压力继电器的图形和文字符号

1.6.8 温度继电器

温度继电器是一种当外界温度达到给定值时而动作的继电器，常用于监控电路中重要电气元件温度变化情况。当电动机因非电流增大而导致绕组温度升高（如电网电压升高、电动机环境温度过高或通风不良）时，热继电器往往不能正常反映电动机的故障状态，而温度继电器却可以根据绕组温度进行动作，从而对电动机进行保护。

温度继电器大体上有两种类型：双金属片式温度继电器和热敏电阻式温度继电器。

常用温度继电器型号有 JW2 系列，这是一种双金属片式温度继电器，其工作原理是根据热膨胀系数不同的双金属片受热产生弯曲，带动触点动作。双金属片式热继电器用作电动机保护时，需将其埋设在电动机发热部位。

温度继电器的结构示意图如图 1-46 所示，其图形和文字符号如图 1-47 所示。

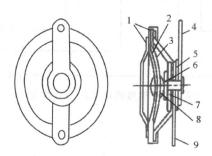

1—外壳；2—双金属片；3—导电片；4、9—连接片；

5、7—绝缘垫片；6—静触点；8—动触点

图1-46 温度继电器的结构示意图

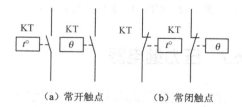

（a）常开触点　　　　（b）常闭触点

图1-47 温度继电器的图形和文字符号

1.6.9 其他继电器

继电器除了有上述传统类型外，近年来随着技术的发展，出现了一些新型继电器，其中的

代表有舌簧继电器和固态继电器。

　　舌簧继电器借助于磁场的变化控制采用烧结方式封闭的一对舌簧片触点接通和断开，具有结构简单、体积小、开关速度快（小型舌簧继电器的接通和断开时间低于 1ms）、工作可靠性高、功耗小等优点，适宜与电子线路的动作配合，在通信、检测与计算机技术中得到广泛应用。图 1-48 所示为有一对触点的舌簧继电器的结构及工作原理图，图 1-49 所示为采用永磁铁驱动舌簧继电器示意图，图 1-50 所示为某型舌簧中间继电器外形图。

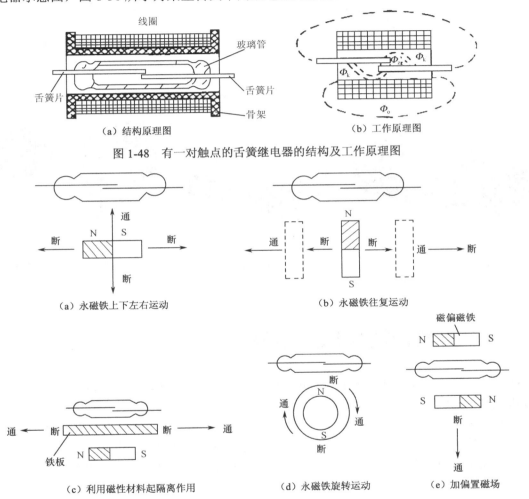

图 1-48　有一对触点的舌簧继电器的结构及工作原理图

图 1-49　永磁铁驱动舌簧继电器示意图

图 1-50　某型舌簧中间继电器外形图

固态继电器是一种采用固体半导体元件组装成的无触点继电器，具有控制功率小、开关速度快、工作频率高等特点，目前在许多自动控制装置中得到广泛应用。图1-51所示为常见的交、直流型固态继电器电路原理图，图1-52所示为常见的几种固态继电器外形图。

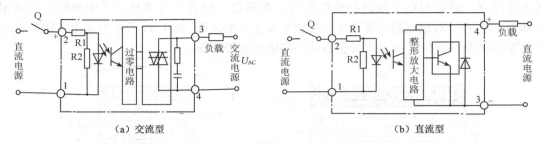

（a）交流型　　　　　　　　　　　　　　　　（b）直流型

图1-51　常见的交、直流型固态继电器电路原理图

图1-52　常见的几种固态继电器外形图

此外，采用晶闸管无触点开关、逻辑电路无触点开关也能实现传统继电器的许多功能。这些新型继电器或具有继电器功能的低压控制器件正得到越来越广泛的应用。

1.7　新型智能化低压电器

随着计算机技术和传感器技术的不断发展，近年来在低压电器领域出现了一系列新型智能化低压电器。这些智能化低压电器在功能上普遍具有四个基本特征：保护功能非常齐全，能够测量现实电流参数，具有故障记录与显示能力，具有内部故障自诊断能力。图1-53所示为智能化低压电器的组成框图。尽管到目前为止，国内还没有对智能化低压电器进行标准化的定义，但是，智能化的低压电器这一说法已经被低压电器研发人员、设计人员、制造商及工程设计人员以及使用部门所广为接受。

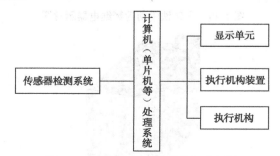

图1-53　智能化低压电器的组成框图

与普通电器相比，智能化低压电器具有以下优点：

（1）普通配电电器会使配电系统产生高次谐波，而智能配电电器能够消除输入信号中的高次谐波，从而避免高次谐波造成的误操作。

（2）智能过载电器可以保护具有多种启动条件的电动机，具有很高的动作可靠性，例如，电动机过载与断相保护、接地保护、三相不平衡保护以及反相或低电流保护等。

（3）智能保护继电器具有监控、保护和通信功能。

（4）智能电器可以实现中央计算机集中控制，提高了配电系统的自动化程度，使配电、控制系统的调度和维护达到新的水平。

（5）智能电器采用数字化的新型监控元件，使配电系统和控制中心提供的信息最大幅度增加，且接线简单、便于安装，提高了工作的可靠性。

（6）智能电器可以实现数据共享，可以减少信息重复和信息通道。

可以预见，随着技术的不断发展，智能化低压电器将在不远的将来逐步成为低压电器的主体，也将在控制系统中承担更为重要的作用。

思考与练习题

1．试说明低压电器适用的电压范围。

2．试说明刀开关的适用范围。

3．试说出转换开关、行程开关和按钮的区别，并画出它们的图形符号与文字符号。

4．试说明按钮的颜色各代表什么含义。

5．试说明按钮开关的工作原理，其与电磁式接触器工作原理有何异同？

6．简述电磁式接触器的原理及作用。电磁式接触器能否实现失压保护？请说明原因。

7．交流电磁式接触器与直流电磁式接触器在结构上有什么区别？

8．热继电器与熔断器保护功能有什么不同？装有热继电器后是否可以不再装熔断器？

9．试说明双金属片式热继电器的结构与工作原理。

10．中间继电器与接触器在使用范围上有什么不同？

11．电气控制原理图中，QS、FU、KM、KA、SB、FR、SQ 各代表什么电气元件？

12．请根据时间继电器延时情况，试说明其分类。

第 *2* 章　电动机基本电气控制电路

机床控制系统中应用最广泛的电气控制电路是继电器–接触器控制电路，它由各种有触点的接触器、继电器、按钮、行程开关等组成，能实现对电动机的启动、制动、反向、调速和保护等功能。

2.1　电气控制电路的绘制

电气控制电路是由许多电气元件按一定的要求连接而成的。为了表达电气控制系统的结构、原理等设计意图，便于电气系统的安装、调试、使用和维护，将电气控制系统中各电气元件及连接电路用一定的图形表达出来，这就是电气控制系统图。

电气控制系统图一般有三种：电气原理图、电气设备安装图和电气设备接线图。在图上用不同的图形符号来表达各种电气元件。用不同的文字符号来说明图形符号所代表的电气元件的基本名称、用途、主要特征及编号等。各种图有其不同的用途和规定画法，应根据简明易懂的原则，采用统一规定的图形符号、文字符号和标准画法来绘制。

2.1.1　常用电气图形符号和文字符号

电气控制系统图中电气元件的图形符号和文字符号必须符合国家标准规定。中国国家标准局参照国际电工委员会（IEC）标准，制定了《电气图常用图形符号》、《机床电气设备通用技术条件》、《电气制图》等我国电气设备的国家标准，对电气控制电路中的图形和文字符号进行了规定。

2.1.2　电气控制系统图

电气控制系统图一般有三种：电气控制原理图、电气设备安装图和电气设备接线图。这三种图用途不同，绘制原则也有差异。

1. 电气控制原理图

电气控制原理图的目的是便于阅读和分析控制电路，根据结构简单、层次分明清晰的原则，采用电气元件展开形式绘制，应能反映电气控制的原理和各元件的控制关系，不反映元件的实际大小和位置。

图 2-1 所示为某机床电气控制原理图。

绘制电气控制原理图时应遵循以下原则：

（1）电气控制原理图分主电路和控制电路。主电路用粗线，一般画在左侧，控制电路用细线，一般画在右侧。

（2）同一电器各导电部件可不画在一起，但必须采用同一文字标明。

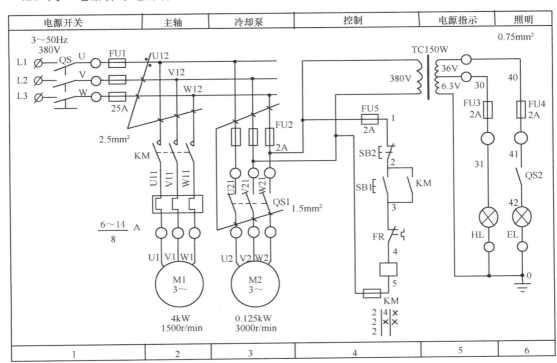

图 2-1　机床电气控制原理图

（3）全部触点均采用"平常"状态。

"平常"状态是指：接触器、继电器线圈未通电时的触点状态；按钮、行程开关未受外力时的触点状态；主令控制器手柄置于"0"位时的各触点状态。

（4）应尽量减少连线，尽可能避免连接线交叉。各导线之间有电联系时，导线交叉处画实心圆点。根据图面布置需要，可将图形符号逆时针旋转 90°，但文字符号不能倒置。

在较复杂的电气控制原理图中，由于接触器、继电器的线圈和触点在电气原理图中不是画在一起，其触点分布在图中所需的各个图区，为了便于阅读，在接触器、继电器线圈的文字符号下方可标注其触点位置的索引，在触点文字符号下方也可标注其线圈位置的索引。

符号位置的索引可采用"图号/页次·图区号"的组合索引法。

当与某一元件相关的各符号元素出现在不同图号的图样上，而当每个图号仅有一页图样时，索引可省去页次；当与某一元件相关的各符号元素只出现在同一图号的图样上时，索引代号可省去图号；当与某一元件相关的各符号元素只出现在一张图样的不同图区时，索引代号只用图区表示。

对于接触器线圈，索引中各栏含义如下：

左　栏	中　栏	右　栏
主触点所在图区号	辅助常开触点所在图区号	辅助常闭触点所在图区号

对于继电器，索引中各栏含义如下：

左　栏	右　栏
辅助常开触点所在图区号	辅助常闭触点所在图区号

例如，图 2-1 中接触器 KM 线圈下方的文字是触点的索引。对未使用的触点可采用"×"表示，也可省略。

2. 电气设备安装图

电气设备安装图的目的是用于表示各种电气设备在机床机械设备和电气控制柜的实际安装位置。图 2-2 所示为某机床电气设备安装图。

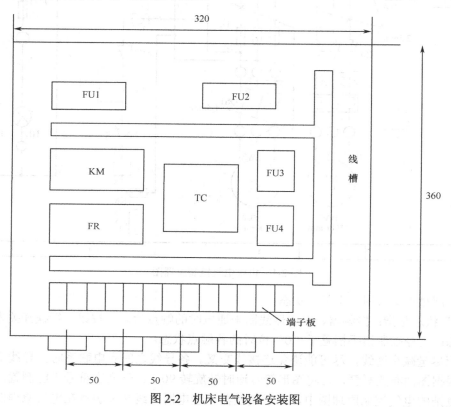

图 2-2　机床电气设备安装图

3. 电气设备接线图

电气设备接线图用于表示各电气设备之间的实际接线情况。它在绘制时应遵循以下原则：

（1）外部单元同一电器的各部件画在一起，其布置尽可能符合电器实际情况。

（2）各电气元件的文字符号、元件连接顺序、线路号码编制必须与原理图一致。

（3）不在同一控制箱和同一配电盘上的各电气元件的连接，必须经接线端子板进行。接线图中的电器互连关系用线束表示，连接导线应注明导线规格（数量、截面积），一般不表示实际走线途径。

（4）对于控制装置的外部连接线应在图上或用接线表表示清楚，并注明电源的引入点。

图 2-3 所示为某机床电气设备接线图。

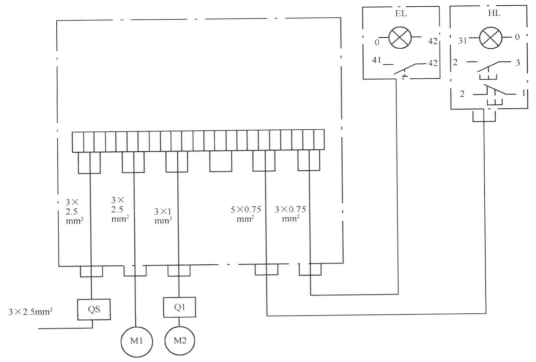

图 2-3　某机床电气设备接线图

2.2　启动与点动控制电路

2.2.1　三相异步电动机启动控制电路

三相异步电动机有全压启动和降压启动两种方式。全压启动也称为直接启动。

1. 全压启动控制电路

图 2-4 所示为三相笼型异步电动机全压启动控制电路。

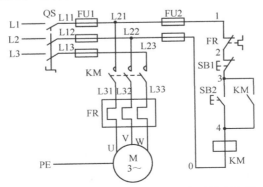

图 2-4　三相笼型异步电动机全压启动控制电路

由电路结构可知：按下启动开关 SB2，控制回路接通，接触器线圈 KM 通电，KM 常开触点（主电路、控制电路）闭合，此时主电路导通，电动机启动。当放开启动开关 SB2 时，由于并联在开关 SB2 上的 KM 常开触点仍闭合，主电路、控制电路处于持续导通状态。

按下停止按钮 SB1 后，控制电路断开，接触器线圈 KM 失电，KM 常开触点（主电路、控制电路）断开，主电路断电，电动机停止工作。此时放开停止开关 SB1，主电路、控制电路处于持续断开状态，电动机停止。

电路中熔断器 FU1、FU2 起短路保护作用，热继电器 FR 起过载保护作用（当电动机长期过载运行时，热继电器 FR 动作，常闭触点断开，切断控制电路，进而切断主电路，导致电动机停止）。

当主电路电压低于临界值，即欠压、失压状态时，接触器触点在弹簧作用下断开，切断控制电路，进而切断主电路，导致电动机停止。

单向全压启动控制电路结构较简单，操作方便，可持续保持主电路工作状态，可进行较远距离控制，对电动机有一定的保护作用。

2．降压启动控制电路

对于容量较大的电动机，为减小启动时较大的启动转矩对机械部件的伤害，一般不允许采用直接启动方式，多采用降压启动。常见的机床电动机降压启动方式有：Y-△降压启动和定子串电阻降压启动两种。

1）Y-△降压启动

图 2-5 所示为 Y-△降压启动控制电路，适用于电动机正常运行时定子绕组采用△形连线的三相笼型电动机。

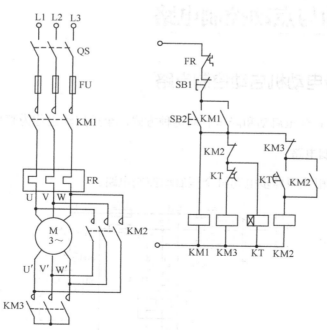

图 2-5 Y-△降压启动控制电路

由图可知，控制电路采用三个接触器和一个时间继电器，其工作原理如下：

$$\text{按 SB2} - \left\{ \begin{array}{l} \text{KM1 通电} \\ \text{KM3 通电} \\ \text{KT　通电} \end{array} \right\} \text{Y 形连接启动}$$

$$\overline{\text{延时}} \left\{ \begin{array}{l} \text{KM3 断电} \\ \text{KM2 通电} \\ \text{KM1 仍通电} \end{array} \right\} \triangle \text{形连接运行}$$

需要注意的是，如果在运行过程中接触器 KM2、KM3 同时通电，会导致电源短路，因此需对 KM2、KM3 进行互锁处理。在接触器 KM2 和 KM3 的支路中各串入对方的一个常闭触点，这样当一个接触器通电时，其常闭触点会切断另一接触器电路，防止同时通电。

2）定子串电阻降压启动

除了 Y-△ 降压启动外，另一种较常见的降压启动方式是定子串电阻降压启动。其电路如图 2-6 所示。

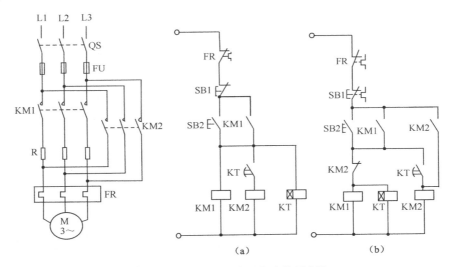

图 2-6　定子串电阻降压启动控制电路

此种方式是启动时在电动机定子回路中串接电阻，以降低定子绕组启动电压，当电动机正常运行时，再将定子回路中的电阻短路，使电动机工作在正常电压下。

该种启动方式不受电动机接线形式限制，设备简单，常用于中小型机床，也多用于限制点动调整时的启动电流。

当需要电动机启动时，按下启动按钮 SB2，接触器 KM1 通电自锁，时间继电器 KT 也通电，此时电动机通过定子回路中的电阻降压启动。一段时间后，时间继电器延时结束，KT 延时闭合触点闭合，接触器 KM2 通电，电动机定子回路所串电阻被短路，电动机正常运行。按下停止按钮 SB1，所有接触器断电，电动机电源切断，停止运行。

控制电路（a）与（b）的区别在于，前者在稳定运行过程中接触器 KM1、时间继电器 KT 始终处于工作状态，但其对主电路不产生影响，增大了控制电路的能耗，减少了设备的有效寿命。后者在接触器 KM2 通电后，KM2 常闭触点断开，切断接触器 KM1 和时间继电器 KT 电源，这样可以延长 KM1 和 KT 的有效寿命。

2.2.2　三相异步电动机点动控制电路

　　机床在正常工作中经常需要处于点动工作状态。所谓点动，是指当按下按钮时，电动机得电工作；松开按钮后，电动机失电停止工作。点动控制多用于机床刀架、横梁、立柱的快速移动，也常用于机床的试车调速和对刀等场合。与机床持续工作控制电路不同，取消持续工作启动自锁触点或使自锁触点不起作用即可实现点动效果。

　　图 2-7 列出了实现点动控制的几种常见控制电路。

　　图（a）是基本的点动控制电路。

　　图（b）是带有手动开关 SA 的点动控制电路，打开 SA 将自锁触点断开，可实现点动控制；合上 SA 则可实现持续控制。

　　图（c）用中间继电器实现点动控制，点动时按 SB1，电动机点动；连续控制时，按 SB3，中间继电器 KA 的常开触点接通接触器 KM，使 KM 通电，电动机持续运动。

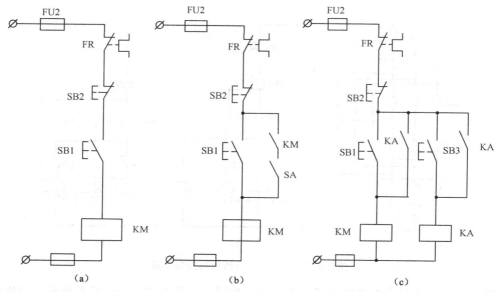

图 2-7　点动控制的几种常见控制电路

2.3　制动控制电路

2.3.1　反接制动控制电路

　　对于三相笼型异步电动机而言，从电工学知识可知，反接制动实质上是改变定子绕组中三相电源的相序，使转子产生反向转矩，从而可以实现电动机制动。

　　反接制动过程为：当需要反接制动时，首先将三相电源切换，然后当电动机转速接近 0 时，再切断电源。控制电路为实现这一要求常采用速度继电器来完成电源的切断。

反接制动控制电路如图 2-8 所示。

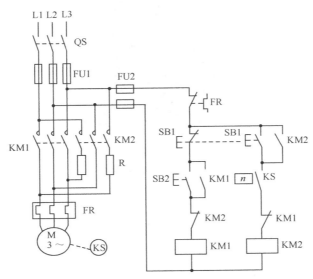

图 2-8　反接制动控制电路

当电动机启动时，合上电源开关 QS，按下启动按钮 SB2，接触器 KM1 线圈通电并自锁，电动机在全压下启动运行。当转速升到某一值（通常为大于 120r/min）以后，速度继电器 KS 的动合触点闭合，为制动接触器 KM2 的通电做准备。

停车时，按下按钮 SB1，接触器 KM1 断电释放，同时复合按钮 SB1 接通 KM2 支路，使 KM2 线圈通电动作并自锁，KM2 的动合触点闭合，改变了电动机定子绕组中电源的相序，电动机在定子绕组串入电阻 R 的情况下反接制动，电动机转速迅速下降，当转速低于 100r/min 时，速度继电器 KS 复位，KM2 线圈断电释放，制动过程结束。

由于反接制动时制动电流很大，故需在定子绕组中串接电阻 R，防止绕组过热。

反接制动时，旋转磁场的相对速度较大，定子电流也很大，制动效果显著。但在制动过程中有冲击，对传动部件有损害，且能量消耗大，因此主要用于不太经常制动的设备，如铣床、镗床、中型车床主轴的制动。

2.3.2　电磁机械制动电路

电磁机械制动包括电磁抱闸制动和电磁离合制动。

1．电磁抱闸制动

电磁抱闸制动的本质是通过电磁抱闸系统对电动机施加制动外力，使之迅速停止转动。

电磁抱闸分为断电制动和通电制动两种。通电制动是指线圈通电时，闸瓦紧紧抱住闸轮，实现制动；而断电制动是指当线圈断电时，闸瓦紧紧抱住闸轮，实现制动。

图 2-9 所示为电磁抱闸结构图。图 2-10 所示为电磁抱闸制动控制电路，图（a）为通电型电磁抱闸制动控制，图（b）为断电型电磁抱闸制动控制。

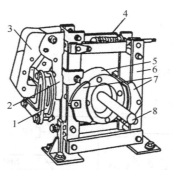

1—线圈；2—铁芯；3—衔铁；4—弹簧；5—闸轮；6—杠杆；7—闸瓦；8—轴

图 2-9　电磁抱闸结构图

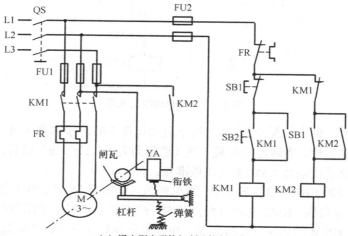

（a）通电型电磁抱闸制动控制电路

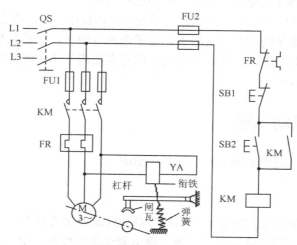

（b）断电型电磁抱闸制动控制电路

图 2-10　电磁抱闸制动控制电路

在图 2-10（a）所示的通电型电磁抱闸制动控制电路中，接触器 KM1 控制电动机 M 电源的接通和断开，接触器 KM2 主触点控制制动电磁铁 YA 线圈电源的接通和断开，按钮 SB1 为制动按钮，按钮 SB2 为启动按钮。当需要电动机启动时，按下 SB2，接触器 KM1 线圈通电并自锁，主电路接通，电动机 M 启动运行。当需要电动机制动时，按下 SB1，SB1 常闭触点首先断开，切断 KM1 供电，使主电路中 KM1 主触点断开，电动机电源切断，控制电路中 KM1 常闭触点复位闭合。与此同时，SB1 常开触点闭合，KM2 通电，主电路中制动电磁铁 YA 通电动作，克服制动装置弹簧的拉力带动机械抱闸紧紧抱住电动机 M 的转轴，使电动机迅速停止。

在图 2-10（b）所示的断电型电磁抱闸制动控制电路中，接触器 KM 主触点同时控制电动机 M 和制动电磁铁 YA 线圈电源的接通和断开。在电动机没有启动运转时，制动装置在弹簧的作用下将电动机转轴紧紧抱住，电动机被制动不能旋转。当需要电动机启动时，按下启动按钮 SB2，接触器 KM 线圈通电并自锁，主电路中电动机 M 的电源和制动电磁铁 YA 的电源同时接通。制动电磁铁 YA 通电动作，克服制动装置弹簧的拉力，带动机械抱闸松开对电动机 M 转轴的抱闸，电动机 M 启动运行。当需要电动机制动时，按下 SB1，切断 KM 供电，使主电路中 KM1 主触点断开，电动机和制动电磁铁 YA 断电，制动装置在弹簧的作用下，带动抱闸将电动机 M 转轴紧紧抱住，电动机迅速停止。

电磁抱闸制动具有制动转矩大，制动效果显著等特点，但由于电磁抱闸本身体积大，不适用于机床等需要频繁制动的场合。

2．电磁离合制动

电磁离合制动是控制电磁离合器线圈电源的通断，通过离合器与电动机同轴的摩擦来实现制动的。电磁离合器体积小，操作方便，运行可靠，制动方式比较平稳且迅速，并易于安装在机床一类的机械设备内部。

图 2-11 所示为电磁离合制动控制电路。电磁离合器 YC 的线圈接入控制电路。

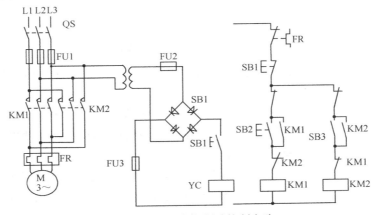

图 2-11　电磁离合制动控制电路

当按下 SB2 或 SB3 时，电动机正向或反向启动，由于电磁离合器的线圈 YC 没有得电，离合器不工作。

按下停止按钮 SB1，SB1 的常闭触点断开，将电动机定子电源切断，SB1 的常开触点闭合使电磁离合器 YC 得电吸合，将摩擦片压紧，实现制动，电动机惯性转速迅速下降。

松开按钮 SB1 时，电磁离合器线圈断电，结束强迫制动，电动机停转。

2.3.3　能耗制动控制电路

能耗制动控制的基本原理是：当需要电动机快速停止时，在切断三相电源的同时，立即在定子绕组接入一直流电源，直流电流就会在电动机定子绕组中产生一个静止的磁场，而转子由于惯性作用在继续旋转，并切割这个磁场，在转子绕组中产生感应电动势和电流，利用转子感应电流与静止磁场的相互作用产生电磁转矩，该转矩为制动转矩，使转子转速降低，达到迅速而准确制动的目的。

能耗制动的效果与通入直流电流的大小和三相绕组接法有关，但直流电流不能大于交流的启动电流，电动机停止时要立即断开直流电源。

能耗制动控制电路如图 2-12 所示。

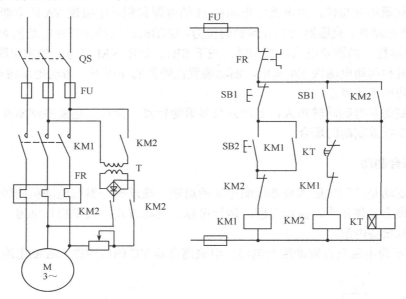

图 2-12　能耗制动控制电路

当电动机需要工作时，合上开关 QS，按下启动按钮 SB2，接触器 KM1 线圈通电自锁，其主触点闭合，电动机启动运转。

需要电动机停止工作时，按下停止按钮 SB1，其常闭触点断开，使 KM1 失电释放，电动机脱离交流电源。同时 SB1 的常开触点闭合，因 KM1 常闭触点复位，使制动接触器 KM2 及时间继电器 KT 线圈通电，KM2 的辅助触点用于自锁和互锁；KM2 的主触点闭合，交流电源经变压器和单相整流桥变为直流电并进入电动机定子绕组，产生静止磁场，与转动的转子相互切割感应电势，感生电流，电流与静止磁场共同作用，产生制动转矩，电动机在能耗制动下迅速停止。当电动机停止时，KT 的延时触点就应该终止延时并打开，使 KM2 失电释放，直流电源被切除，制动结束。

根据采用继电器的种类不同，可将能耗制动控制分为时间原则控制和速度原则控制。前者常用于负载稳定的电动机，后者用于负载变化的电动机。

需要注意的是，能耗制动作用的强弱与输入的电流强弱及电动机转速有关，在同样情况下，制动电流越大，制动作用越强。一般取直流电流为电动机空载电流的 3～4 倍，过大会使定子发热，影响寿命。

能耗制动具有准确、平稳、能耗小等优点，但需要直流电源，在低速时制动作用力小，适用于要求制动准确、平稳的场合。

2.4　可逆及循环运行控制电路

2.4.1　可逆运行控制电路

从电工学知识可知，对于三相笼型异步电动机而言，改变其定子绕组三相电源中任意两相电源相序，则电动机转向改变，这样就可以实现电动机的可逆运行控制。

可逆运行控制电路如图 2-13 所示。

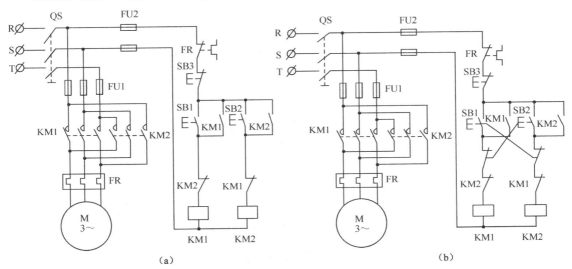

图 2-13　可逆运行控制电路

图 2-13（a）中，当按下正向启动按钮 SB1 时，接触器 KM1 通电吸合自锁，此时主电路中 KM1 触点闭合，导致电动机正向电源接通，电动机正向运转。同时，为了防止电动机在正向运行期间由于接触器 KM2 通电，使其主触点闭合，导致电动机发生电源短路，需要在控制电路中对接触器 KM2 线圈进行断电锁定，因此在 KM2 线圈支路中串入 KM1 的一个常闭触点，这样当 KM1 通电时，其常闭触点会断开 KM2 线圈支路，防止 KM2 同时接通。

当需要电动机反向运行时，首先必须终止电动机的正向运行，按下停止按钮 SB3，断开控制电路电源，使 KM1 断电，切断电动机正向电源。然后按下反向启动按钮 SB2，接触器 KM2 通电吸合自锁，主电路中 KM2 触点闭合，导致电动机反向电源接通，电动机反向运转。为了防止电源短路，同样在 KM1 线圈支路中串入互锁常闭触点 KM2。

显然接触器线圈支路中串入对方的常闭触点可以实现"互锁"，能保证电路安全。但上述电路在每次转换时都必须先停止电动机运行，否则即使按下反向按钮，也因为存在"互锁"而不能起作用。

图 2-13（b）所示电路采用复合按钮，当需要电动机反向运行时，按下反转按钮，同时切断正向电源，这样既可实现正反转控制，又方便操作。通过复合按钮与接触器触点互锁的共同使用，可以有效地提高电路的安全性，防止因主触点异常"烧焊"接触，导致互锁失效。

2.4.2　循环运行控制电路

生产实践中，有些生产机械的工作台需要自动往复运动，如龙门刨床、导轨磨床等。可以使用行程开关来实现自动往复运行控制，通常称此种控制为行程控制，图 2-14 所示为最基本的自动往复循环控制电路。

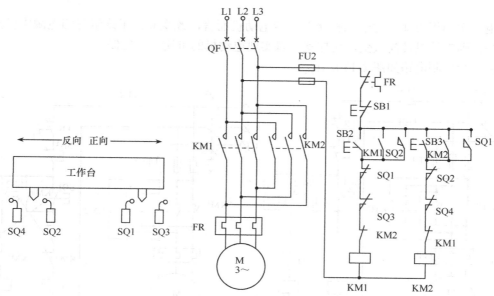

图 2-14　自动往复循环控制电路

限位开关 SQ1 放在右端需要反向的位置，SQ2 放在左端需要反向的位置，机械挡铁装在运动部件上。启动时利用正向或反向启动按钮，如按正转按钮 SB2，KM1 通电自锁，电动机做正向旋转并带动工作台右移。当工作台移至右端并触发 SQ1 时，SQ1 常闭触点断开，切断 KM1 线圈电路，同时 SQ1 常开触点闭合，接通反向接触器 KM2 线圈电路，此时电动机反向旋转，带动工作台向左移动，直至触发 SQ2，电动机由反转再转变为正转，工作台右移。这样工作台即可实现自动往复循环运动。

由上述控制过程可知，运动部件每经过一个自动往复循环，电动机要进行两次反接制动，会出现较大的反接制动电流和机械冲击。因此该电路仅适用于电动机容量较小，循环周期较长，电动机转轴具有足够刚性的拖动系统。另外，在选择接触器容量时应比一般情况下选择的容量大一些。

电路中除了利用限位开关实现往复运动外，还可以进行限位保护。图中 SQ3、SQ4 分别为左、右超限位保护用行程开关。

近年来，随着光电元件技术的不断发展，机械式行程开关正逐步被接近开关和光电开关所取代，这样可以避免因机械式行程开关容易损坏而导致控制失效。

2.5　其他典型控制电路

2.5.1　双速电动机的变极调速控制电路

双速电动机在车床、镗床和铣床等机床上都有很多应用。双速电动机是由改变定子绕组的极对数来改变转速的。三相交流电的电源频率固定以后，电动机的同步转速与它的极对数成反比，即 $n=60f/p$。变更电动机定子绕组的接线方式，使其在不同的极对数下运行，其同步转速便会随之改变，进而改变转子速度。

图 2-15 所示为 4/2 极单绕组双速电动机定子绕组接线示意图，图 2-15（a）中将电动机定子绕组的 U1、V1、W1 的三个接线端子接三相电源，而将电动机定子绕组的 U2、V2、W2 三个接线端子悬空，每相绕组的两个线圈串联，三相定子绕组为△形连接，此时磁极为 4 极，同步转速为 1500r/min，为低速接法。

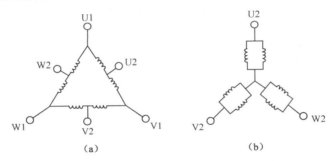

（a）　　　　　　　　　　　　　　　（b）

图 2-15　4/2 极单绕组双速电动机定子绕组接线示意图

若要电动机高速工作，则可按图 2-15（b）所示形式，将电动机定子绕组的 U2、V2、W2 三个接线端子接三相电源，而将另外三个接线端子 U1、V1、W1 连在一起，则原来三相定子绕组的△形连接立即变为 YY 形连接，此时每相绕组的两个线圈为并联，磁极为 2 极，同步转速为 3000r/min。可见电动机高速运转时的转速是低速时的 2 倍。

图 2-16 所示为双速电动机变极调速控制电路。

由图可知，接触器 KM1 的主触点构成电动机定子绕组△形连接的低速接法。接触器 KM2、KM3 的主触点则构成电动机定子绕组 YY 形连接的高速接法。

图（a）中，按钮 SB1 实现低速启动和运行。按钮 SB2 使 KM2、KM3 线圈通电自锁，用于实现 YY 形连接的变速启动和运行。

图（b）所示电路在高速运行时，先低速启动，后高速（YY）运行，以减小启动电流。

当选择开关 SA 向高速方向闭合时，时间继电器 KT 线圈通电，接触器 KM1 线圈通电，电动机 M 低速启动。当延时结束后时间继电器 KT 延时断开触点断开，KM1 线圈断电复位；KT 延时闭合触点闭合，KM2、KM3 线圈通电，电动机 M 做 YY 形连接高速运行。

如果选择开关 SA 向低速方向闭合，则接触器 KM1 线圈通电，电动机 M 低速转动。

当选择开关 SA 处于 0 位时，电动机停止运行。

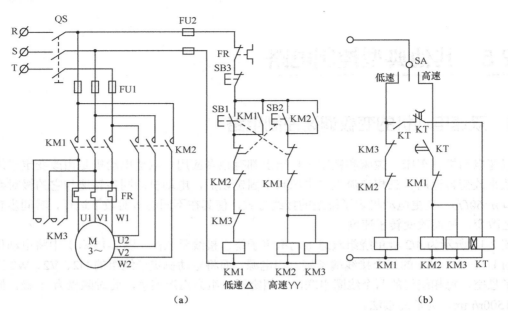

（a）　　　　　　　　　　　　　　（b）

图 2-16　双速电动机变极调速控制电路

2.5.2　多地控制电路

在较大的机床和设备上，经常要求能在机床的多个地点进行控制。

如果要求在两个或多个地点进行操作，可在各操作点各安装一套按钮，将分散在各操作点的启动按钮常开触点并联，停止按钮常闭触点串联，其控制电路如图 2-17 所示。

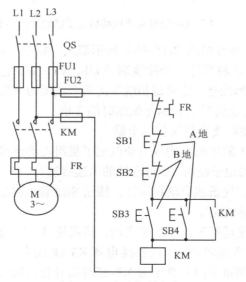

图 2-17　多地控制电路

对于多人操作的大型冲压设备，为保证操作安全，要求几个操作者都准备好后，当所有启动按钮都处于导通状态时设备才能启动，此时可将各个操作点的启动按钮的常开触点串联。

2.5.3　多台电动机同时启停控制电路

机床运行工作中，经常需要对多台电动机进行同时启停控制。图 2-18 所示为多台电动机同时启停控制电路。

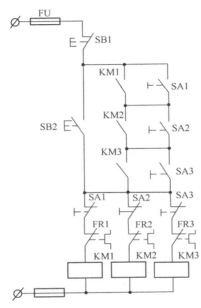

图 2-18　多台电动机同时启停控制电路

图中接触器 KM1、KM2、KM3 分别为三台电动机电源接触器。转换开关 SA1、SA2、SA3 分别为三台电动机单独工作调整开关。

当需要三台电动机同时启停时，将转换开关 SA1、SA2、SA3 调整为常开触点断开、常闭触点闭合状态，按下启动按钮 SB2，接触器 KM1、KM2、KM3 同时通电，且经过串联的 KM1、KM2、KM3 常开触点形成自锁，三台电动机同时启动。按下停止按钮 SB1，则电路电源切断，接触器 KM1、KM2、KM3 同时断电，三台电动机同时停止。

2.5.4　顺序启停控制电路

生产实践中常要求各种运动部件之间能按顺序工作。如车床正常工作时，一般要求润滑泵电动机比主轴电动机先启动、后停止，因此此类机床的控制电路中需要顺序启停控制环节，也称联锁环节，图 2-19（a）所示是以只有润滑泵电动机 M1 和主轴电动机 M2 为例的顺序启停主控电路。

电动机组启动时，合上 QS，按下 SB2，KM1 线圈通电自锁，M1 启动，同时与 KM2 线圈串联的 KM1 常开触点闭合。再按下 SB3，KM2 线圈导电自锁，M2 启动。

电动机组停车时，先按 SB4，KM2 线圈断电，M2 停止工作。再按下 SB1，KM1 线圈断电，M1 停止工作。如果先按下 SB1，KM1 线圈断电，M1 停止工作，同时与 KM2 线圈串联的 KM1 常开触点断开，KM2 线圈断电，M2 停止工作。

采用时间继电器也可以实现顺序启停控制。图 2-19（b）所示是采用时间继电器，按时间顺序启动的控制电路。主电路与图 2-19（a）相同，电路要求电动机 M1 启动 t 秒后 M2 自动启动。可利用时间继电器的延时闭合触点来实现。按启动按钮 SB2，KM1 线圈通电自锁，M1 启动，同时时间继电器 KT 线圈通电。延时 t 秒后，时间继电器延时闭合触点 KT 闭合，KM2 通电自锁，M2 启动，同时 KM2 的常闭触点切断时间继电器线圈电源，使时间继电器复位。

通过主电路控制也可以实现顺序控制，其电路如图 2-19（c）所示。图中电动机 M2 主接触器 KM2 串联在电动机 M1 的主接触器 KM1 触点下，故只有 M1 工作后 M2 才有可能工作。这样也实现了 M1 与 M2 的顺序启动控制。

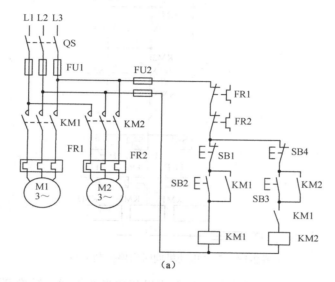

(a)

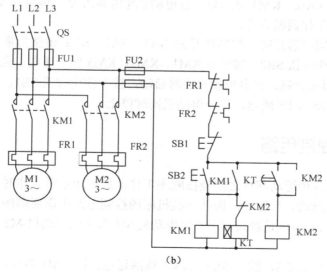

(b)

图 2-19　顺序启停控制电路

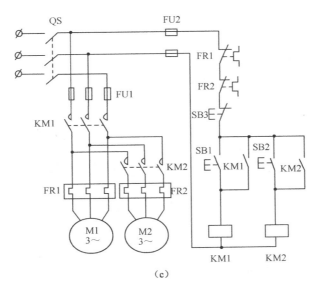

（c）

图 2-19　顺序启停控制电路（续）

2.6　参量控制技术

常见的电动机参量控制主要包括：行程原则控制、时间原则控制、速度原则控制、电流原则控制。

2.6.1　行程原则控制

采用行程开关按照机床运动部件的位置或机件的位置变化所进行的控制，称作行程原则控制。行程原则控制是机床和生产自动线应用最为广泛的控制方式之一。

图 2-20 所示为常见的采用行程原则控制电动机正反转控制电路，由电路图可知，通过固定在工作台上的撞块触发行程开关 SQ1、SQ2 可以切断 KM1 或 KM2 线圈电源，从而可以实现对电动机 M 的控制，这样就实现了行程原则控制。

2.6.2　时间原则控制

采用时间继电器按照时间规律进行的控制，称作时间原则控制。

图 2-21 所示为采用时间继电器控制绕线式电动机串电阻分级启动控制电路，就是采用时间原则控制。

图中三个时间继电器 KT1、KT2、KT3 分别控制三个接触器 KM1、KM2、KM3 按顺序依次吸合，自动切除转子绕组中的三级电阻，与启动按钮 SB1 串接的 KM1、KM2、KM3 三个常闭触点的作用是保证电动机在转子绕组中接入全部启动电阻的条件下才能启动。若其中任何一个接触器的主触点因熔焊或机械故障而没有释放，电动机就不能启动。

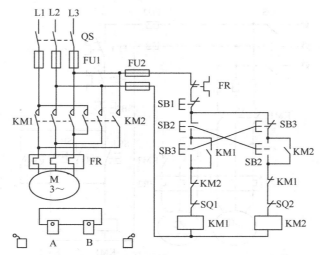

图 2-20　采用行程原则控制的电动机正反转控制电路

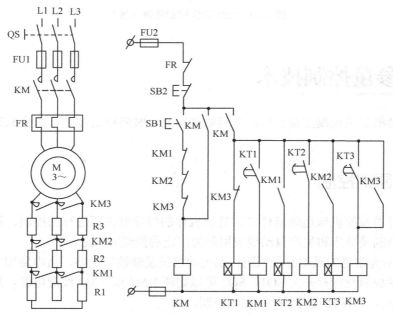

图 2-21　采用时间原则控制的绕线式电动机串电阻分级启动控制电路

2.6.3　速度原则控制

采用速度继电器按照速度规律进行的控制，称作速度原则控制。在 2.3.1 节反接制动控制电路中，图 2-8 所示电路正是使用速度原则进行控制的，其具体控制过程这里不再赘述。

2.6.4　电流原则控制

采用电流继电器按照电流变化规律进行的控制，称作电流原则控制。

图 2-22 所示为采用电流原则控制的转子串电阻分级启动控制电路。

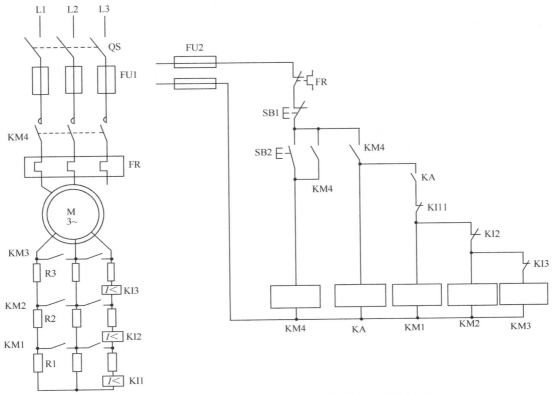

图 2-22　采用电流原则控制的转子串电阻分级启动控制电路

图中主电路电动机转子绕组上外串电阻 R1～R3，并串联转子电流检测用电流继电器 KI1～KI3，通过旁路接触器 KM1～KM3 来控制转子电阻的通断。

当按动启动按钮 SB2 时，接触器 KM4 线圈通电自锁，中间继电器 KA 线圈通电，此时电动机转子串全电阻启动。启动过程中随着电动机转速 n 升高，启动电流 I 不断下降。当启动电流 I 下降至一定值时，电流继电器 KI1 复位，接触器 KM1 线圈通电，主电路中转子电阻 R1 被短路，并使得启动电流 I 再次上升；随着电动机转速 n 继续升高，启动电流 I 继续下降，这样又会导致过流继电器 KI2 复位，接触器 KM2 线圈通电，转子电阻 R2 被短接，启动电流 I 第三次上升；重复这一过程，当接触器 KM3 线圈也通电后，电阻 R3 被短接，此时转速 n 上升直到电动机启动过程结束。

2.7　对电动机控制的保护环节

机床设备的电气控制系统不仅包括对电动机的各种控制单元，还必须包含对电动机的各种保护措施，否则会造成电动机、电网设备、电气设备事故，甚至会危及人身安全。保护环节是所有电气控制系统不可缺少的组成部分。

电气控制系统中常见的保护环节有联锁控制、短路保护、过载保护、零压和欠压保护以及弱磁保护。

2.7.1 联锁控制

联锁控制是电气控制中的重要环节，它是将接触器或继电器的触点通过两方或多方同时进行某个操作，或避免同时采用某个操作，实现对相应触点进行互相制约的控制方式。

例如，图 2-23（a）所示电路中 KM1 和 KM2 两接触器分别控制两台电动机 M1、M2，根据工作要求 M1、M2 不能同时接通。电路中当 KM1 通电后，它的常闭触点会将 KM2 接触器的线圈电路断开，这样防止了 KM2 再得电工作。同样，当 KM2 通电后，它也会切断 KM1 线圈电路。

在设备电路中，经常要求电动机顺序启动，如某些机床主轴必须在油泵工作后才能工作；龙门刨床工作台移动时，导轨内也必须有足够的润滑油；在铣床主轴旋转后，工作台方可移动，都要求有联锁关系，如图 2-23（b）所示，接触器 KM2 必须在接触器 KM1 工作后才能工作，即保证了所控电动机启动的先后顺序。

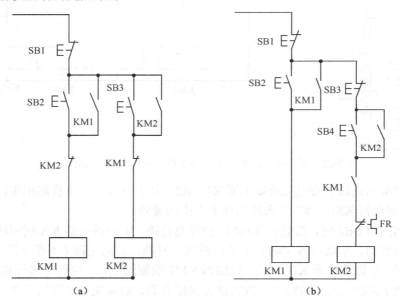

图 2-23 电动机的联锁控制电路

2.7.2 短路保护

电动机绕组的绝缘、导线绝缘损坏或电路发生故障，会产生短路电流并引起电气设备绝缘损坏和产生强大的电动力使电气设备损坏。因此在发生短路时，必须迅速切断电源，以便对电气设备进行及时有效的短路保护。常用的短路保护电器有熔断器和自动开关。

1）熔断器保护

熔断器比较适用于对动作准确性和自动化程度要求较差的系统中，如小容量的笼型电动机、一般的普通交流电源等。在发生短路时，很有可能发生一相熔断器熔断，造成单相运行。

2）自动开关保护

自动开关在发生短路时可将三相电路同时切断。由于自动开关结构复杂，操作频率低，故广泛用于控制要求较高的场合。

2.7.3　过载保护

电动机长期超载运行时，绕组温升会超过其允许值，会降低电动机绝缘材料的寿命，严重时会因绝缘失效导致电动机损坏。过载电流越大，达到允许温升的时间越短。常用的过载保护电器是热继电器。热继电器可以满足这样的要求：当电动机通以额定电流时，电动机为额定温升，热继电器不动作；当过载电流较大时，热继电器经过较短时间就会动作。

由于热惯性的存在，热继电器不会受电动机短时过载冲击电流或短路电流的影响而瞬间动作，所以在用热继电器做过载保护的同时，并不能省去短路保护。且短路保护的熔断器熔体额定电流应超过 4 倍热继电器发热元件的额定电流。

2.7.4　零压和欠压保护

当电动机正常运行时，如果电源电压因某种原因消失，电动机会停止运行；但当电源电压恢复时，电动机便会自动恢复启动，这样极易造成生产设备的损坏，甚至危及人身安全。对电网而言，如果同时有许多电动机及用电设备自动启动，也会造成不允许的过电流和瞬间电网电压下降，防止电压恢复时电动机自动启动的保护称作"零压保护"。

当电动机正常运行时，电源电压过分降低将会引起一些电器意外释放，造成控制电路不正常工作，有可能会产生事故，电源电压过分降低也会引起电动机转速下降甚至停止。因此需要在电源电压降到一定值以下时将电源切断，即"欠压保护"。

一般常用的电磁式继电器可以实现欠压保护。利用按钮的自动恢复作用和接触器的自锁作用，可以不必另外加设零压保护继电器。一般带有自锁环节的控制电路本身已兼备零压保护。

2.7.5　弱磁保护

对于他励直流电动机，由 $n = \dfrac{U_D}{C_E \Phi}$ 可知，当励磁回路电流突然降低，导致磁通 Φ 急剧减小时，如果电枢电压 U_D 保持不变，则电动机转速会在很短的时间内急剧上升，导致超速（"飞车"）现象出现，严重时会造成系统损伤。因此必须对他励直流电动机励磁回路进行保护，使得当励磁回路发生弱磁或失磁现象时，及时切断电动机电源。

常见的做法是在励磁回路串接一欠电流继电器，其常开触点接在控制回路中。当励磁电流突然消失或减小到规定值时，欠电流继电器动作，其在控制回路的常开触点断开，切断电动机电枢电源，从而使电动机停止运行，避免超速现象出现。

近年来，弱磁保护在同步发电机上也有较为广泛的应用。当同步发电机发生失磁故障时，其励磁电流逐渐衰减至零，感应电势 E_d 随着励磁电流的减小而减小，励磁转矩也小于原动机的转矩，引起转子加速，使发电机的功角 δ 增大。当 δ 超过静态稳定极限角时，发电机与系统失去同步，转为异步运行。此时发电机对本身及电网产生巨大的影响。

（1）需要从电网中吸收很大的无功功率以建立发电机磁场。

（2）由于从电力系统中吸收无功功率将引起电网的电压下降，如果电网的容量较小或无功储备不足，则可能使失磁的发电机端电压、升压变压器高压侧的母线电压及其他的邻近点的电压低于允许值，从而破坏了负荷与电源间的稳定运行，甚至引起电压崩溃而使电网瓦解。

（3）由于失磁发电机吸收了大量的无功功率，为了防止其定子绕组的过电流，发电机所发的有功功率将减小。

（4）失磁发电机的转速超过同步转速，因此，在转子及励磁回路中将产生频率为 $f_f - f_s$（f_s 为系统频率，f_f 为发电机频率）的交流电流，从而形成附加的损耗，使发电机转子和励磁回路过热。因此同步发电机不允许失磁，必须采取失磁保护措施。在大容量的同步发电机控制系统中，常采用微机控制的方法及专用的失磁保护装置来有效地进行失磁保护。

思考与练习题

1. 电气控制系统图包含哪几种图？分别用于表示什么内容？

2. 已知在电气控制原理图中某接触器和继电器线圈下分别出现图 2-24 所示的索引，试说明其代表的含义。

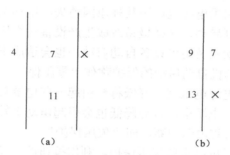

图 2-24　接触器和继电器线圈索引

3. 用电流表测量电动机电流时，为防止启动过程中电流表受到启动电流的冲击，一般需设计电流表控制保护电路。图 2-25 所示为一电流表控制保护电路，试分析其工作原理及时间继电器 KT 的作用。

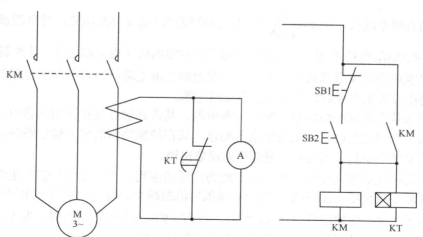

图 2-25　电流表控制保护电路

4. 图 2-26 所示为机床自动间歇润滑的控制原理图（主回路未画出），其中接触器 KM 为润滑泵电动机启停用接触器，试分析工作原理，并说明中间继电器 KA 和按钮 SB 的作用。

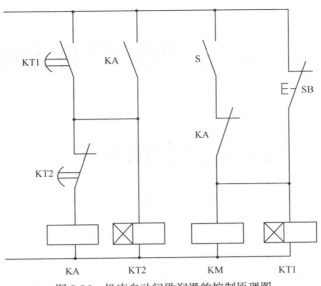

图 2-26　机床自动间歇润滑的控制原理图

5．试画出某机床主电动机（三相笼型异步电动机）控制原理图。要求：

（1）可正反转；

（2）可正向点动、两处启停；

（3）可反接制动；

（4）有短路保护和过载保护；

（5）有安全工作照明和电源指导信号灯。

6．试设计两台笼型电动机 M1、M2 的顺序启动、停止控制电路。要求：

（1）M1、M2 能顺序启动，并能同时或分别停止；

（2）M1 启动后 M2 启动，M1 可点动，M2 可单独停止。

7．笼型电动机接触器-继电器控制电路中一般应设哪些保护？各有什么作用？

8．三相笼型异步电动机有几种制动方式？各有什么特点？

第 3 章 典型机床电气控制线路分析

3.1 机床电气控制线路识图步骤

机床电气控制线路的识读步骤应从以下几个方面入手：

（1）划分主电路部分、控制电路部分、照明和信号及其他电路部分。

根据前面所学的基本控制电路知识，找出各电动机的主电路并进行对照，确定各属于何种类型的主电路，找出各主电动机的控制电路并对照，确定各属于何种类型的控制电路。同时找出照明、信号及其他电路部分。在划分中，找出主电路和控制电路的关键元件及互相关联的元件和电路。

（2）对主电路进行识图分析，逐一分析各电动机对应的控制主电路中每一个元器件在电路中的作用、功能，分析容易出现故障的元器件出现故障时对机床的影响。

（3）对控制电路进行识图分析。逐一分析各电动机对应的控制电路中每一个元器件的作用、功能，分析容易出现故障的元器件出现故障时对机床的影响。在分析时，可借助机床电气控制线路图上的功能文字说明框、区域符号、接触器或继电器线圈下面的触头表格协助识图。

（4）对照明、信号及其他电路部分进行识图分析。在识图分析中找出被控制电路部分和控制电路部分以及元器件在电路中的作用，分析容易出现故障的元器件出现故障时对机床的影响。

3.2 普通车床电气控制系统分析

3.2.1 CA6140 型卧式车床

CA6140 型卧式车床主要由床身、主轴变速箱、溜板箱、进给箱、溜板、丝杠、光杠与刀架等几部分组成。机床是由主轴电动机通过带传动到主轴变速箱再旋转的，其主传动力是主轴的运动，工件的进给运动也由主轴传递，由刀架快速电动机带动刀架运动。CA6140 型卧式车床电气控制原理图如图 3-1 所示。表 3-1 所示为 CA6140 型卧式车床电气元件目录表。

表 3-1 CA6140 型卧式车床电气元件目录表

符　号	名称及用途	符　号	名称及用途
QS	隔离开关　电源总开关及短路保护	SA1	转换开关　冷却泵电动机启停开关
FU FU1～FU4	熔断器　短路保护	SA2	转换开关　照明回路通断开关
M1	主轴电动机	KM1	接触器　主轴电动机启停控制
M2	冷却泵电动机	KM2	接触器　冷却泵电动机启停控制
M3	快速移动电动机	KM3	接触器　快速移动电动机启停控制

续表

符　号	名称及用途	符　号	名称及用途
SB1、SB2	主轴电动机启停按钮	HL	电源接通指示灯
SB3	快速移动电动机点动按钮	EL	照明灯
FR1	热继电器　主电动机过载保护	TC	控制变压器
FR2	热继电器　冷却泵电动机过载保护	FR3	热继电器　快速移动电动机过载保护

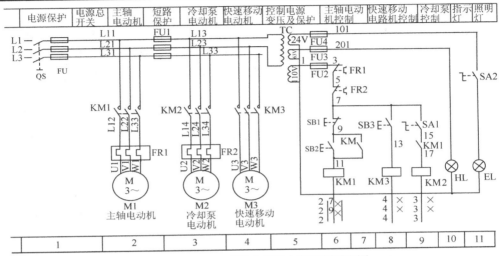

图 3-1　CA6140 型卧式车床电气控制原理图

1．主电路分析

主电路由三台电动机组成，M1 为主轴电动机，M2 为冷却泵电动机，M3 为快速移动电动机。

（1）电源开关及保护部分。该部分由熔断器 FU、FU1 及隔离开关 QS 组成。熔断器 FU 提供机床电路整体短路保护；隔离开关 QS 为主电路电源总开关；熔断器 FU1 为控制变压器 TC、冷却泵电动机 M2、快速移动电动机 M3 的短路保护。

由图 3-1 可知，FU、FU1、QS 中任意一个出现问题机床就不能启动。

（2）电动机 M1、M2、M3 主电路。M1、M2、M3 三台电动机主电路均为单向运转电路。接触器 KM1 控制主轴电动机 M1 电源的接通与切断；接触器 KM2 控制冷却泵电动机 M2 电源的接通与切断；接触器 KM3 控制快速移动电动机 M3 电源的接通与切断。

热继电器 FR1、FR2 分别对电动机 M1、M2 进行过载保护。

2．控制电路分析

（1）关闭电源总开关QS－电路电源接通－电源接通指示灯HL接通

（2）按下主轴电动机启动按钮SB2－$\begin{pmatrix} \text{KM1导通自锁} \\ \text{M1启动} \end{pmatrix}$－接通转换开关SA1－$\begin{pmatrix} \text{KM2接通} \\ \text{M2启动} \end{pmatrix}$

（3）按下快进点动按钮SB3－$\begin{pmatrix} \text{KM3接通} \\ \text{M3点动运行} \end{pmatrix}$

（4）打开工作台照明灯开关SA2－照明灯EL接通

（5）按压主轴电动机关闭按钮SB1－$\begin{pmatrix} \text{KM1断电－M1停止} \\ \text{KM2断电－M2停止} \end{pmatrix}$

由控制电路可知，只有当主接触器 KM1 的常开触点处于闭合状态时，冷却泵电动机控制电路才可能接通，这样就确保 M2 仅在 M1 工作时才能工作。

电路中，熔断器 FU2 承担控制电路短路保护作用；FU3 承担电源指示灯电路短路保护作用；FU4 承担照明电路短路保护作用。

3.2.2　CW6136A 型卧式车床

CW6136A 型卧式车床由两台电动机拖动，即主轴电动机 M1 和冷却泵电动机 M2。主轴电动机 M1 为机床的主动力，采用双速电动机，故调速范围较宽。M1 采用温度继电器 KT 对其进行过载保护，过载保护能力较好。CW6136A 型卧式车床电气控制原理图如图 3-2 所示，其电气元件目录表如表 3-2 所示。

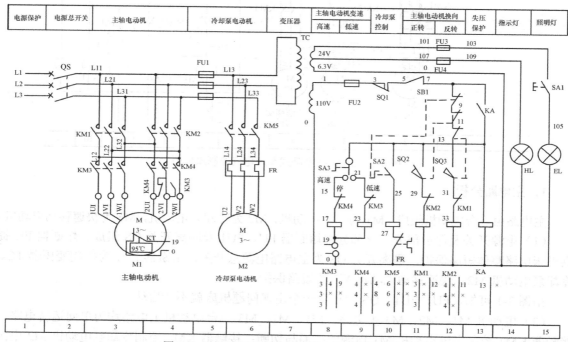

图 3-2　CW6136A 型卧式车床电气控制原理图

表 3-2　CW6136A 型卧式车床电气元件目录表

符　号	名称及用途	符　号	名称及用途
QS	隔离开关　电源总开关及短路保护	SA1	转换开关　照明回路通断开关
FU1～FU4	熔断器　短路保护	SA2、SA3	转换开关　主轴电动机高低速控制
M1	主轴电动机	KM1、KM2	接触器　主轴电动机正反转控制
M2	冷却泵电动机	KM3、KM4	接触器　主轴电动机高低速控制
SQ1	行程开关　端面保护	KM5	接触器　快速移动电动机启停控制
SQ2、SQ3	行程开关　主轴电动机正反转控制	KA	中间继电器
SB1	机床紧急停止按钮	HL	电源接通指示灯
FR	热继电器　冷却泵电动机过载保护	EL	照明灯
KT	温度继电器　主轴电动机过载保护	TC	控制变压器

1．主电路分析

（1）电源开关及保护部分。熔断器 FU1 为整个机床电路提供总的短路保护，同时承担主轴电动机 M1 的短路保护；电源开关 QS 为机床电源总开关并承担主轴电动机 M1 的过载保护；熔断器 FU1 为控制变压器 TC、冷却泵电动机 M2 提供短路保护。

（2）主轴电动机 M1 控制主电路。由图可知，主轴电动机 M1 主电路由一个典型的正反转控制主电路和双速电动机控制主电路组合而成。接触器 KM1、KM2 的主触点构成正反转控制主电路，接触器 KM3、KM4 的主触点构成双速电动机控制主电路。当接触器 KM1 主触点闭合，接触器 KM3 或 KM4 的主触点分别闭合时，主轴电动机 M1 绕组分别接成 YY 形或△形连接高速或低速正转；当接触器 KM2 主触点闭合，接触器 KM3 或 KM4 的主触点分别闭合时，主轴电动机 M1 绕组分别接成 YY 形或△形连接高速或低速反转。

主轴电动机 M1 绕组内部安装有温度继电器 KT，用于监控主轴电动机 M1 的过载情况。当 M1 过载时，绕组电流增大，温度上升至 95℃时，温度继电器 KT 常闭触点断开，切断接触器 KM3 或 KM4 线圈回路的电源通路，主轴电动机停止运行。

（3）冷却泵电动机 M2 控制主电路。由图可知，冷却泵电动机 M2 是典型单向运转控制主电路。采用中间继电器 KA1 的触点作为冷却泵电动机 M2 的接通触点；采用热继电器 FR 对 M2 进行过载保护。

2．控制电路分析

1）机床启动准备过程

当合上电源总开关 QS 后，控制变压器 TC 输出交流电压使中间继电器 KA1 线圈通电，并且由于 KA1 常开触点闭合使得中间继电器 KA1 通电自锁。这时即使转换开关 SA2，行程开关 SQ2、SQ3 的常闭触点分别断开，中间继电器 KA1 仍保持通电，机床处于准备启动状态。由图中可知，按钮 SB1 为机床紧急停止按钮，行程开关 SQ1 起端面保护行程开关作用，熔断器 FU2 为整个控制电路提供短路保护。

2）主轴电动机 M1 控制电路

在机床启动准备过程完成后，主轴电动机 M1 即可进行启动操作。转换开关 SA3 有高速、低速和停止三个挡位。当转换开关 SA3 处于高速或低速挡时，通过机床上手动操作杆控制压合行程开关 SQ2 和 SQ3，可以控制主轴电动机 M1 进行高、低速，正、反转四种不同运转状态。

当转换开关 SA3 处于高速挡时，扳动机床上操作杆压下行程开关 SQ2，接触器 KM3、KM1 通电闭合，主轴电动机 M1 呈 YY 形连接高速正转；当转换开关 SA3 处于低速挡时，扳动机床上操作杆压下行程开关 SQ2，接触器 KM4、KM1 通电闭合，主轴电动机 M1 呈△形连接低速正转；当转换开关 SA3 处于高速挡时，扳动机床上操作杆压下行程开关 SQ3，接触器 KM3、KM2 通电闭合，主轴电动机 M1 呈 YY 形连接高速反转；当转换开关 SA3 处于低速挡时，扳动机床上操作杆压下行程开关 SQ3，接触器 KM4、KM2 通电闭合，主轴电动机 M1 呈△形连接低速反转。

当主轴电动机 M1 过载运行时，温度继电器 KT 常闭触点断开，切断接触器 KM3、KM4 电源，主轴电动机 M1 停止运行。

由于主轴电动机 M1 控制电路中，正反转电源接通接触器 KM1 和 KM2、高低速转换接触器 KM3 和 KM4 均不能同时闭合，故应在对方线圈回路中串接常闭触点，以起到联锁的目的。

3）冷却泵电动机 M2 控制电路

冷却泵电动机 M2 的电源接通和断开是由接触器 KM5 控制的。当转换开关 SA2 常开触点处于接通状态时，接触器 KM5 通电，接通冷却泵电动机 M2 电源，电动机启动运转。热继电器 FR 为冷却泵电动机 M2 提供过载保护。

当机床在运行中突然停电，或按下紧急停止按钮 SB1 时，必须将行程开关 SQ2 或 SQ3 和转换开关 SA2 复位，为下一次启动机床做准备，否则机床将不能启动。

4）照明和信号电路

转换开关 SA1 处于接通时，照明电路形成闭合回路，灯 EL 亮；断开转换开关 SA1，照明灯灭。熔断器 FU3 为照明电路提供短路保护。

当电源总开关 QS 合上时，控制变压器 TC 输出的电压直接供给信号指示灯 HL。熔断器 FU4 为信号电路提供短路保护。

3.2.3　C650 型卧式车床

C650 型卧式车床属中型车床，由床身、主轴变速箱、进给箱、溜板箱、刀架、尾架、丝杠和光杠组成。采用三台三相笼型异步电动机拖动：主轴电动机 M1、冷却泵电动机 M2 和溜板箱快速移动电动机 M3。

主轴电动机 M1 允许在空载情况下直接启动。主轴电动机要求实现正、反转，或通过挂轮箱传给溜板箱来拖动刀架实现刀架的横向左、右移动。

为便于进行车削加工前的对刀，要求主轴拖动工件做调整点动，所以主轴电动机能实现单方向旋转的低速点动控制。

主轴电动机停车时，由于加工工件转动惯量较大，故需采用反接制动。主轴电动机除具有短路保护和过载保护外，在主电路中还应设有电流监视环节。

冷却泵电动机 M2 采用直接启动，单向旋转，连续工作，具有短路保护与过载保护。

快速移动电动机 M3 只要求单向点动、短时运转，不设过载保护。

图 3-3 所示为 C650 型卧式车床电气控制原理图。表 3-3 所示为 C650 型卧式车床电气元件目录表。

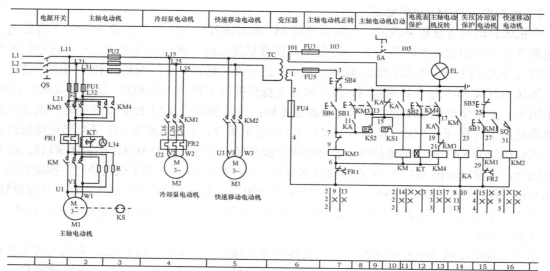

图 3-3　C650 型卧式车床电气控制原理图

表 3-3　C650 型卧式车床电气元件目录表

符　号	名称及用途	符　号	名称及用途
QS	隔离开关　电源总开关及短路保护	SA	转换开关　照明回路通断开关
FU1～FU5	熔断器　短路保护	KM	接触器　主轴电动机定子回路串电阻控制
M1	主轴电动机	KM1	接触器　冷却泵电动机启停控制
M2	冷却泵电动机	KM2	接触器　快速移动电动机启停控制
M3	快速移动电动机	KM3、KM4	接触器　主轴电动机正反转控制复合按钮
SB1、SB2	主轴电动机正反转控制复合按钮	KT	时间继电器　主轴电动机定子回路串电流表控制
SB3	冷却泵电动机启动按钮	KS	速度继电器　主轴电动机制动控制（KS1 正转、KS2 反转）
SB4	急停按钮	SQ	行程开关　快速移动电动机启停控制
SB5	冷却泵电动机停止按钮	EL	照明灯
SB6	主轴电动机点动按钮	TC	控制变压器
FR1	热继电器　主轴电动机过载保护	KA	中间继电器
FR2	热继电器　冷却泵电动机过载保护		

1．主电路分析

1）电源开关及保护部分

熔断器 FU1 为主轴电动机 M1 提供短路保护；开关 QS 为机床电源总开关并承担电路总的过载保护；熔断器 FU2 为控制变压器 TC、冷却泵电动机 M2、快速移动、电动机 M3 提供短路保护。

2）主轴电动机 M1 控制主电路

由图可知，主轴电动机 M1 主电路是正反转控制电路和反接制动电路的组合。由接触器 KM3、KM4 实现主轴电动机 M1 的正反转控制；为限制反接制动时的电流冲击，由接触器 KM 对定子回路所串电阻进行切换，电动机同轴连接速度继电器 KS。

在电路 W 相中通过电流互感器采集电路电流值，并用电流表进行监控，用时间继电器 KT 控制电流表的工作状态。

主轴电动机 M1 过载保护通过热继电器 FR1 来实现。

3）冷却泵电动机 M2、快速移动电动机 M3 控制主电路

由图可知，冷却泵电动机 M2、快速移动电动机 M3 是典型单向运转控制主电路。采用接触器 KM1、KM2 分别作为冷却泵电动机 M2、快速移动电动机 M3 的接通接触器；采用热继电器 FR2 对 M2 进行过载保护。

2．控制电路分析

1）主轴电动机 M1 的点动调整控制

按下 SB6，KM3 线圈通电吸合，KM1 主触点闭合，M1 定子绕组经限流电阻 R 与电源接通，电动机 M1 定子串电阻做正转减压点动。若点动时速度达到速度继电器 KS 动作值 140r/min，KS 正转触点 KS1 将闭合，为点动停止时的反接制动做准备。松开点动按钮 SB6，KM3 线圈断电释放，KM3 触点复原；若 KS 转速大于其释放值 100r/min，触点 KS1 仍闭合，使 KM4 线圈通电

吸合，M1 接入反相序三相交流电源，并串入限流电阻 R 进行反接制动；当 KS 转速达到 100r/min 时，KS1 触点断开，反接制动结束，电动机自然停车至零。

2）主轴电动机 M1 的正反转控制

正转时，按下启动按钮 SB1，接触器 KM 首先通电吸合，其常开主触点闭合，将限流电阻 R 短接。同时 KM 常开辅助触点闭合，使中间继电器 KA 线圈通电吸合，触点 KA（11-7）闭合使接触器 KM3 线圈通电吸合，其常开主触点闭合，主轴电动机 M1 在全电压下正向直接启动。由于 KM3 常开触点（11-13）闭合和 KA 常开触点（5-13）闭合，使 KM3 和 KM 线圈自锁，M1 获得正向连续运转。

接触器 KM3 与 KM4 的常闭触点串接在对方线圈电路中，实现电动机 M1 正反转的互锁。

3）主轴电动机 M1 的停车制动控制

主轴电动机停车时采用反接制动。反接制动电路由正反转可逆电路和速度继电器组成。

正转制动：当 M1 正转运行时，接触器 KM3、KM 和中间继电器 KA 线圈通电吸合，速度继电器 KS 的正向触点 KS1 闭合，为正转制动做好准备。如需停车时，按下急停按钮 SB4，KM3、KM、KA 线圈同时断电。这时 KA、KM3 常闭触点复位，放开急停按钮 SB4，接触器 KM4 线圈通电吸合，主轴电动机 M1 在限流电阻 R 的作用下反向制动，M1 转速急剧下降。当速度下降至 100r/min 时，KS1 断开，切断接触器 KM4 电源，主轴电动机 M1 完成正转制动停止。

反转制动过程与正转相似，不同之处在于由速度继电器的反向触点 KS2 实现电源切断。

4）冷却泵电动机 M2 的控制

按下启动按钮 SB3，接触器 KM1 通电吸合并自锁，冷却泵电动机 M2 启动运行。按下停止按钮 SB5，接触器 KM1 断电，冷却泵电动机 M2 停止运行。

5）快速移动电动机 M3 的控制

当需要快速移动电动机 M3 运转时，转动机床上刀架手柄压下行程开关 SQ，接通接触器 KM2 电源，快速移动电动机 M3 通电运行。松开刀架手柄后，行程开关 SQ 复位，接触器 KM2 断电，快速移动电动机 M3 停止。

6）辅助电路

控制电路电源为 110V 的交流电压，由控制变压器 TC 供给控制电路。同时 TC 还为照明电路提供 36V 的交流电压，熔断器 FU5 为控制电路短路保护用熔断器，熔断器 FU3 为照明电路短路保护用熔断器，车床局部照明灯 EL 由转换开关 SA 控制。

3.2.4　C5225 型立式车床

C5225 型立式车床是一种主要用于加工径向尺寸大、轴向尺寸小的大型、重型零部件的车床，其结构布局上主轴垂直布置，工作台处于水平位置，对加工大型、重型工件比较容易保证精度。该车床采用七台电动机拖动，分别为主轴电动机 M1、润滑泵电动机 M2、横梁升降电动机 M3、右立刀架快速移动电动机 M4、右立刀架进给电动机 M5、左立刀架快速移动电动机 M6、左立刀架进给电动机 M7。

根据 C5225 型立式车床的加工特点，要求在控制环节上只有当润滑泵电动机 M2 工作时其他电动机才能启动运转；主轴电动机 M1 采用能耗制动方式。

图 3-4 所示为 C5225 型立式车床电气控制原理图。

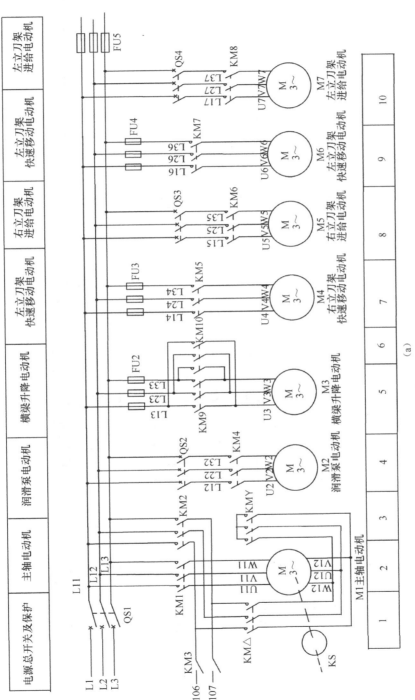

图3-4　C5225型立式车床电气控制原理图

(a)

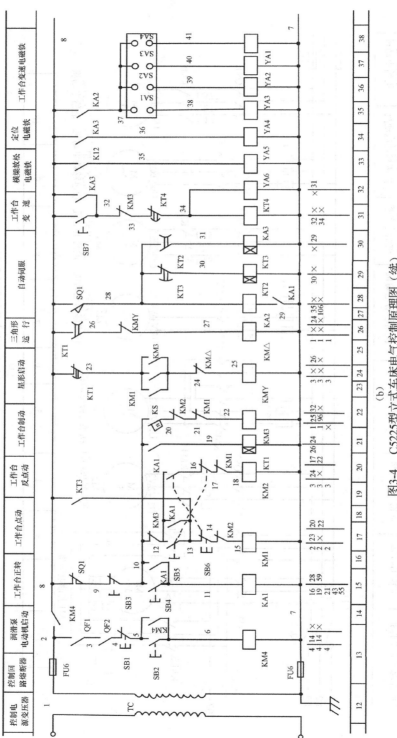

图3-4 C5225型立式车床电气控制原理图（续）

(b)

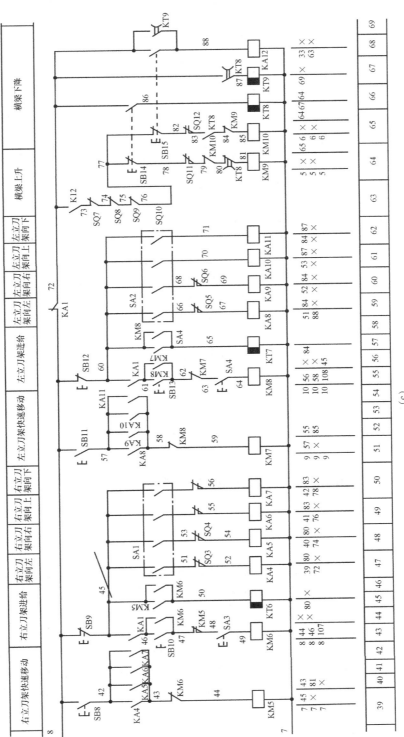

图3-4　C5225型立式车床电气控制原理图（续）

（c）

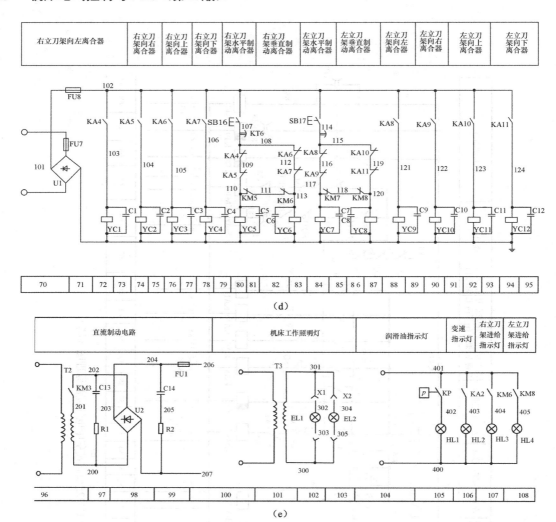

图3-4　C5225型立式车床电气控制原理图（续）

1. 主电路分析

1）电源开关及保护部分

380V 交流电源经电源总开关 QS1 后接通机床三相电源，开关 QS1 不仅为机床电源总开关，而且承担主轴电动机 M1 的短路保护和过载保护。

2）主轴电动机 M1 主电路

由图可知，主轴电动机 M1 主电路是一个正反转 Y-△减压启动控制主电路。其中接触器 KM1、KM2 主触点分别为主轴电动机 M1 正反转电源通断触点，接触器 KMY、KM△ 主触点分别控制主轴电动机 M1 的 Y-△降压启动电源通断。当主轴电动机 M1 停止时，接触器 KM3 主触点将直流电源引入主轴电动机 M1 绕组，使 M1 能耗制动。速度继电器 KS 用于主轴电动机 M1 制动时对速度进行监控。

3）润滑泵电动机 M2 主电路

润滑泵电动机 M2 主电路为典型的单向旋转控制电路。其中开关 QS2 起电源开关及短路过载保护作用，接触器 KM4 作为电源通断触点。

4）横梁升降电动机 M3 主电路

由图可知，横梁升降电动机 M3 主电路是典型的正反转控制主电路。熔断器 FU2 作为横梁升降电动机 M3 的短路保护，接触器 KM9、KM10 分别作为正反转电源通断触点。

5）右立、左立刀架快速移动和进给电动机 M4、M5、M6、M7 主电路

这四个电动机的主电路均为典型的单向旋转控制电路。其电源通断由接触器 KM5、KM6、KM7、KM8 触点承担。

2．控制电路分析

1）润滑泵电动机 M2 控制电路

当需要机床启动时，按下按钮 SB2，接触器 KM4 线圈通电吸合，主电路接通，润滑泵电动机 M2 启动，同时接通其他电动机控制电路电源，使其他电动机具备启动条件。需要润滑停止时，按下按钮 SB1，电路切断，电动机停止运行。

2）主轴电动机 M1 控制电路

（1）主轴电动机 M1 正向旋转 Y-△降压启动控制。按下主轴电动机 M1 正向旋转启动按钮 SB4，15 区的中间继电器 KA1 线圈通电吸合并自锁，17 区的接触器 KM1 线圈通电吸合，接通 21 区的时间继电器 KT1，并开始计时。此时 24 区的 KM1 常开触点闭合，接触器 KMY 线圈通电吸合，电动机 M1 正向 Y 形启动。当延时结束后，时间继电器 KT1 24 区延时断开触点打开，26 区延时闭合触点闭合，则电动机 M1 由 Y 形启动变为△形启动。

（2）主轴电动机 M1 正反转点动控制。主轴电动机 M1 的点动控制主要用于机床在加工过程中方便地调整加工工件的位置。其中按钮 SB5 用于正转点动，按钮 SB6 用于反转点动。

按下 SB5，17 区的接触器 KM1 通电，接通 24 区的 KMY 电源，同时切断 20、22 区的 KM2、KM3 电源，电动机 M1 正转 Y 形连接点动启动。松开 SB5，各接触器复位，电动机 M1 停止。反转点动过程与正转类似。

（3）主轴电动机 M1 的能耗制动控制。当需要机床停止时，按下主轴电动机停止按钮 SB3，切断中间继电器 KA1、接触器 KM1、时间继电器 KT1 电源，KT1 延时闭合触点复位切断了 26 区的接触器 KM△电源，主轴电动机 M1 断电停机。由于此时 M1 在惯性作用下继续正转，且转速大于 120r/min，22 区的速度继电器 KS 正向触点处于闭合状态，这样当松开按钮 SB3 后，接触器 KM3 线圈由 1-2-8-9-10-20-21-22 线通电吸合，进而使得 24 区的接触器 KMY 线圈通电吸合，导致 206-207 线的直流制动电源引入主轴电动机 M1 绕组，在 M1 上产生制动力矩，使之进入制动状态。当 M1 转速小于 100r/min 时，速度继电器 KS 正向触点断开，切断接触器 KMY 电源，电动机 M1 制动停止。

（4）工作台变速控制。在工作台变速控制电路中，31 区的按钮 SB7 为工作台变速时变速齿轮啮合启动按钮；时间继电器 KT2、KT3 为工作台变速齿轮反复啮合时间继电器；34～38 区中的转换开关 SA 为工作台变速选择开关，表 3-4 列出了工作台变速转换开关各触点接通与断开状态及工作台相应转速。

表 3-4　C5225 立式车床工作台变速情况表

电磁铁	SA 变速开关触点	花盘各级转速电磁铁及 SA 通电情况															
		2	2.5	3.4	4	6	6.3	8	10	12.5	16	20	25	31.5	40	50	63
YA1	SA1	−	+	+	−	+	−	+	+	+	−	+	−	+	−	+	−
YA2	SA2	+	+	−	−	+	+	+	−	+	+	−	+	−	+	−	+

续表

电磁铁	SA 变速开关触点	花盘各级转速电磁铁及 SA 通电情况															
		2	2.5	3.4	4	6	6.3	8	10	12.5	16	20	25	31.5	40	50	63
YA3	SA3	+	+	+	+	−	−	−	−	+	+	+	+	−	-	−	
YA4	SA4	+	+	+	+	+−	+	+	+	−	−	−	−				−

当需要进行工作台变速操作时，将变速转换开关 SA 扳至需要的转速位置，按下 31 区中的工作台变速启动按钮 SB7，中间继电器 KA3 通电，接通锁杆油路电磁阀 YA5 电源，接通变速液压油路进行齿轮变速啮合。锁杆抬起的同时会触发 28 区的行程开关 SQ1，接通中间继电器 KA2 及 29 区的时间继电器 KT2。经过一段时间后，时间继电器 KT2 在 30 区的触点延时闭合，接通时间继电器 KT3。KT3 在 19 区的常开触点闭合，接通接触器 KM1 电源，进而接通接触器 KMY 电源，这样主轴电动机 M1 开始 Y 形连接启动。经过很短时间后，时间继电器 KT3 在 29 区的延时断开触点动作，切断时间继电器 KT2 电源，进而切断时间继电器 KT3 电源，KT3 在 19 区的常开触点打开，接触器 KM1 断电，接触器 KMY 断电，电动机 M1 停止运行，这样就完成了一个齿轮啮合冲击过程。如果此时工作台仍未完成良好啮合，则在时间继电器 KT3 断电复位后，29 区的 KT2 再次通电，重复上面的 M1 短时启动停止过程，进行第二次齿轮啮合冲击，直到变速齿轮啮合良好后，机械锁杆复位，行程开关 SQ1 常闭触点复位，切断各继电器电源，完成变速。

3）横梁升降电动机 M3 控制电路

当需要横梁上升时，按下 68 区的横梁升降电动机 M3 正转启动按钮 SB15，中间继电器 KA12 通电吸合，其 33 区的常开触点闭合，接通横梁放松电磁阀 YA6 线圈电源，使横梁与立柱夹紧机构放松。在横梁放松过程中，63 区的行程开关 SQ7、SQ8、SQ10 的常闭触点依次复位闭合，接通 64 区的接触器 KM9，使横梁升降电动机 M3 电源接通，电动机正向启动，带动横梁上升。当升至所需高度时，松开 68 区的横梁升降电动机 M3 正转启动按钮 SB15，中间继电器 KA12 断电，接触器 KM9 断电，电动机停止运行，电磁阀 YA6 断电，接通夹紧机构，横梁再次夹紧在立柱上，完成横梁上升控制过程。

横梁上升控制电路中，行程开关 SQ11 是上限位行程开关，当横梁上升至该开关位时，触发 SQ11，可以切断接触器 KM9 电源，终止横梁上升。

横梁下降过程与上升过程类似，这里不再赘述。

4）右立、左立刀架快速移动电动机 M4、M6 控制电路

当需要右立刀架向左快速移动时，扳动 47～50 区的十字选择转换开关 SA1 至向左位置，接通中间继电器 KA4 电源，使 39 区和 72 区的常开触点闭合。前者为右立刀架快速移动电动机 M4 启动创造条件，后者接通右立刀架向左快移离合器 YC1，使右立刀架向左快移离合器齿轮啮合。按下 39 区的右立刀架快速移动电动机 M4 的启动按钮 SB8，接触器 KM5 通电，接通 M4 电源，右立刀架快速移动电动机 M4 启动，带动右立刀架快速向左移动。当移至所需位置时，松开按钮 SB8，接触器 KM5 断电，电动机 M4 停止，右立刀架停止运动。

左立刀架向右快速移动的控制过程与右立刀架向左快速移动的控制过程完全类似，对应的电气控制元件可轻易地从控制图中获知。

5）右立、左立刀架进给电动机 M5、M7 控制电路

在 43 区和 44 区中，按钮 SB10 为右立刀架进给电动机 M5 的启动开关，按钮 SB9 为右立刀架进给电动机 M5 的停止开关，转换开关 SA3 为右立刀架进给电动机 M5 的进给接通开关，主轴电动机 M1 启动后，中间继电器 KA1 在 45 线与 46 线间的常开触点闭合。

当需要右立刀架进给电动机 M5 工作时,扳动十字转换开关 SA1 选择好进给方向,闭合 SA3,按下右立刀架进给电动机 M5 启动按钮 SB10,接触器 KM6 通电自锁,接通电动机 M5 电源,右立刀架在 M5 拖动下按所需方向进给工作。按下停止按钮 SB9,M5 停止工作。

左立刀架进给电动机 M7 的控制电路与右立刀架进给电动机 M5 的控制电路相似。

3.3　磨床电气控制系统分析

磨床是一种重要的加工机床,根据用途不同可分为:内圆磨床、外圆磨床、平面磨床、无心磨床和专用磨床等。

3.3.1　M7130 型卧轴矩台平面磨床

M7130 型卧轴矩台平面磨床适用于加工各种机械零件的平面,且操作方便,磨削精度及光洁度较高。M7130 型卧轴矩台平面磨床由三台电动机拖动:砂轮电动机（主轴电动机）M1、冷却泵电动机 M2 和液压泵电动机 M3,其电气控制原理图如图 3-5 所示。表 3-5 所示为 M7130 型卧轴矩台平面磨床电气元件目录表。

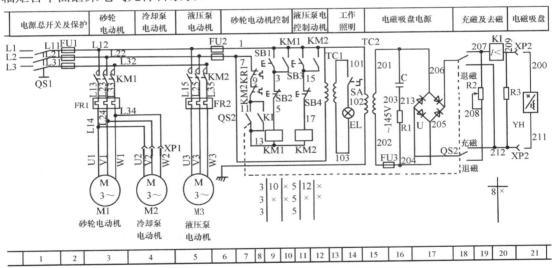

图 3-5　M7130 型卧轴矩台平面磨床电气控制原理图

表 3-5　M7130 型卧轴矩台平面磨床电气元件目录表

符　号	名称及用途	符　号	名称及用途
QS1	隔离开关　电源总开关	SA	转换开关　照明电路通断开关
QS2	转换开关　电磁吸盘选择挡位开关	YH	电磁吸盘
M1	砂轮电动机	KM1	接触器　砂轮电动机、冷却泵电动机启停控制
M2	冷却泵电动机	KM2	接触器　液压泵电动机启停控制
M3	液压泵电动机	FU1～FU3	熔断器　短路保护
SB1、SB2	砂轮电动机、冷却泵电动机启动、停止按钮	KI	欠流继电器　电磁吸盘欠电流保护
SB3、SB4	液压泵电动机启动、停止按钮	XP1	接插器　冷却泵电动机电源开关

续表

符　号	名称及用途		符　号	名称及用途
FR1	热继电器　砂轮电动机过载保护		XP2	接插器　电磁吸盘电源开关
FR2	热继电器　液压泵电动机过载保护		EL	照明灯
TC1、TC2	控制变压器			

1．主电路分析

由图可知，砂轮电动机 M1、冷却泵电动机 M2、液压泵电动机 M3 的控制电路都是典型的单向旋转控制电路。其中冷却泵电动机 M2 和砂轮电动机 M1 共用接触器 KM1 作为电源接通接触器，M2 只有在 M1 运行的情况下才能启动。液压泵电动机 M3 依靠接触器 KM2 作为电源接通接触器。热继电器 FR1、FR2 分别为 M1、M3 提供过载保护。接插件 XP1 作为 M2 的启停开关。

2．控制电路分析

合上电源总开关 QS1，21 区中的电磁吸盘 YH 充磁，固定工件。20 区的欠电流继电器 KI 通电吸合，其在 8 区的常开触点闭合。当需要砂轮电动机 M1 启动时按下启动按钮 SB1，接触器 KM1 通电，砂轮电动机启动。此时如需冷却泵电动机 M2 启动，只需将接插件 XP1 插好，冷却泵电动机 M2 即可启动。按下砂轮电动机 M1 停止按钮 SB2，砂轮电动机 M1 和冷却泵电动机 M2 均停机。

如需液压泵电动机 M3 启动，则按下按钮 SB3，M3 启动；按下停止按钮 SB4，M3 停机。

3．其他电路分析

M7130 型卧轴矩台平面磨床的其他电路包括电磁吸盘充、退磁电路及机床照明电路。

1）电磁吸盘充、退磁电路

在 M7130 型卧轴矩台平面磨床电磁吸盘充、退磁电路中，18 区的转换开关 QS2 为电磁吸盘的充、退磁状态转换开关，当 QS2 扳至"充磁"位置时，电磁吸盘 YH 线圈正向充磁；当 QS2 扳至"退磁"位置时，电磁吸盘 YH 线圈反向充磁。20 区的欠电流继电器 KI 线圈为机床运行时电磁吸盘欠电流保护元件，只有 KI 通电闭合，机床才能启动运行。在加工过程中，如果流经电磁吸盘线圈的电流减小到一定值，会导致欠电流继电器切断，从而切断机床电源，以起到对机床的安全保护作用。

当需要机床工作时，将充、退磁转换开关扳至"充磁"位置，电磁吸盘 YH 通电工作将工件牢牢吸合，以防止加工过程中砂轮的离心力将工件抛出而造成事故，这时机床即可启动工作。当工件加工完毕需取下时，将转换开关 QS2 扳至"退磁"位置，此时电磁吸盘反向充磁，经一段时间后，即可将工件取下。

2）机床照明电路

机床照明电路处于 13 区和 14 区，由控制变压器 TC1、开关 SA 及照明灯 EL 组成。

3.3.2　M1432 型万能外圆磨床

M1432 型万能外圆磨床是一种万能程度较高的磨床，主要用于单件或小批量加工工件的生产，自动化程度不高，不适宜大批量加工工件。M1432 型万能外圆磨床由五台电动机拖动：液压泵电动机 M1、头架电动机 M2、内圆砂轮电动机 M3、外圆砂轮电动机 M4、冷却泵电动机 M5。其电气控制原理图如图 3-6 所示。表 3-6 所示为 M1432 型万能外圆磨床电气元件目录表。

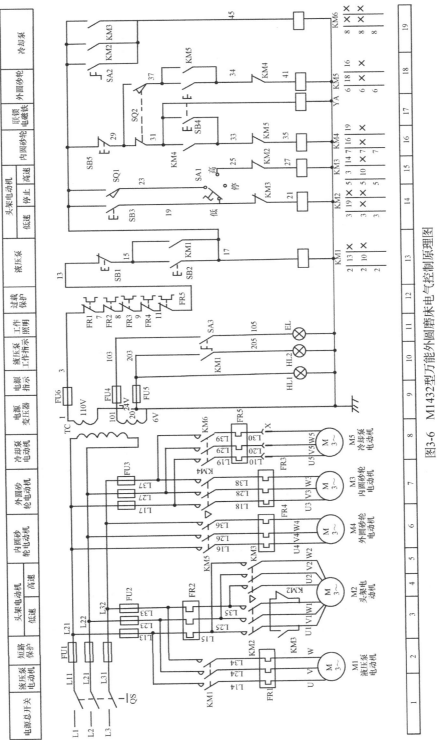

图3-6 M1432型万能外圆磨床电气控制原理图

表 3-6 M1432 型万能外圆磨床电气元件目录表

符　号	名称及用途	符　号	名称及用途
QS	隔离开关　电源总开关	TC	控制变压器
M1	液压泵电动机	YH	电磁吸盘
M2	头架电动机	KM1	接触器　液压泵电动机启停控制
M3	内圆砂轮电动机	KM2、KM3	接触器　头架电动机低、高速控制
M4	外圆砂轮电动机	KM4	接触器　内圆砂轮电动机启停控制
M5	冷却泵电动机	KM5	接触器　外圆砂轮电动机启停控制
SB1、SB2	液压泵电动机启动、停止按钮	KM6	接触器　冷却泵电动机启停控制
SB3	头架电动机点动按钮	SA1	转换开关　头架电动机低、高速控制
SB4、SB5	内圆砂轮电动机、外圆砂轮电动机启动、停止按钮	SA2	转换开关　冷却泵电动机手动控制
FR1	热继电器　液压泵电动机过载保护	SA3	转换开关　照明电路开关
FR2	热继电器　头架电动机过载保护	EL	照明灯
FR3	热继电器　内圆砂轮电动机过载保护	FU1～FU6	熔断器　短路保护
FR4	热继电器　外圆砂轮电动机过载保护	SQ1	行程开关　头架电动机持续运行控制
FR5	热继电器　冷却泵电动机过载保护	SQ2	行程开关　内圆砂轮电动机、外圆砂轮电动机转换开关
HL1	指示灯　电源指示	YA	联锁电磁铁
HL2	指示灯　液压泵工作指示		

1．主电路分析

1）电源开关及保护

QS 为 M1432 型万能外圆磨床主电路电源总开关，熔断器 FU1 为机床提供总的短路保护；熔断器 FU2 为液压泵电动机 M1 和头架电动机 M2 提供短路保护；熔断器 FU3 为内圆砂轮电动机 M3 及冷却泵电动机 M5 提供短路保护。

2）液压泵电动机 M1 主电路

由图可知，这是一个典型的单向旋转控制电路，由接触器 KM1 控制液压泵电动机 M1 的电源通断，热继电器 FR1 为电动机 M1 提供过载保护。

3）头架电动机 M2 主电路

头架电动机 M2 的主电路为一双速电动机控制电路。当接触器 KM2 主触点闭合时，头架电动机 M2 定子绕组呈△形连接，电动机低速运行；当接触器 KM3 主触点闭合时，头架电动机 M2 定子绕组呈 YY 形连接，电动机高速运行。热继电器 FR2 为电动机 M2 提供过载保护。

4）内圆砂轮电动机 M3、外圆砂轮电动机 M4 主电路

内、外圆砂轮电动机 M3、M4 主电路均为单向旋转控制电路，分别由接触器 KM4、KM5 控制电动机 M3、M4 的电源通断，热继电器 FR3、FR4 分别为两台电动机提供过载保护。

5）冷却泵电动机 M5 主电路

冷却泵电动机 M5 主电路也是单向旋转控制电路。由接触器 KM6 控制电动机 M5 的电源通断，热继电器 FR5 为电动机提供过载保护。

2．控制电路分析

1）液压泵电动机 M1 控制电路

由图可知，液压泵电动机 M1 启动工作是其他各电动机启动的前提。按下启动按钮 SB2，接触器 KM1 通电自锁，液压泵电动机 M1 启动，同时接通其他电动机电源备用。按下停止按钮 SB1，则所有电动机停止工作。

2）头架电动机 M2 控制电路

头架电动机 M2 启动时，应首先选择头架电动机高、低速，将转换开关 SA1 扳至所需的位置，然后按下液压泵电动机 M1 启动按钮 SB2，启动机床液压泵并向液压系统供油。此时扳动砂轮架快速移动操作手柄至"快进"位置，液压油通过手柄控制的液压阀门进入砂轮架快进移动液压缸，驱动砂轮架快进。当砂轮架接近工件时，会触发 14 区的行程开关 SQ1，这样即可接通头架电动机 M2 的电源接触器 KM2 或 KM3，使头架电动机 M2 连接成 △ 形或 YY 形而低速或高速运行。当工件加工完毕后，扳动砂轮架快速移动操作手柄至"快退"位置，液压油通过手柄控制的液压阀门进入砂轮架快退移动液压缸，驱动砂轮架快退。当砂轮架移到适当位置时，将砂轮架快速移动操作手柄扳至"停止"位置，砂轮架移动停止。当需要头架电动机 M2 停止时，只需将转换开关 SA1 扳至"停止"位置，M2 即停止运行。

3）内圆砂轮电动机 M3、外圆砂轮电动机 M4 控制电路

由电路图 16～18 区可知，行程开关 SQ2 可以用于切换内圆砂轮电动机 M3、外圆砂轮电动机 M4 的电源。当需要内圆电动机 M3 启动时，将砂轮架上的内圆磨具往下翻，行程开关 SQ2 常闭触点复位，此时按下启动按钮 SB4，接触器 KM4 通电自锁，接通电动机 M3 电源，M3 启动；按下停止按钮 SB5，内圆砂轮电动机 M3 电源切断，电动机停止运行。

当需要外圆砂轮电动机 M4 启动时，将砂轮架上的内圆磨具往上翻，行程开关 SQ2 常开触点压下闭合，此时按下启动按钮 SB4，接触器 KM5 通电自锁，接通电动机 M4 电源，M4 启动；按下停止按钮 SB5，外圆砂轮电动机 M4 电源切断，电动机停止运行。

4）冷却泵电动机 M5 控制电路

由电路图 19 区可知，冷却泵电动机 M5 主接触器电源由接触器 KM2、KM3 和转换开关 SA2 控制，即当接触器 KM2、KM3 或转换开关 SA2 任一接通时，冷却泵电动机 M5 启动。由于接触器 KM2、KM3 为头架电动机 M2 电源接触器，因此当头架电动机 M2 处于运行状态时，冷却泵电动机 M5 也处于启动状态，通过对头架电动机 M2 的控制即可实现对冷却泵电动机 M5 的启停控制。

此外，在对砂轮进行修整时，如需冷却泵电动机 M5 启动供给切削液，可以通过手动转换开关 SA2 对冷却泵电动机 M5 进行控制。

5）照明、指示电路

工作台照明电路采用转换开关 SA3 控制照明灯 EL。

指示电路包括电源指示和液压泵工作指示两种，前者由指示灯 HL1 承担，后者由受接触器 KM1 进行电源控制的指示灯 HL2 实现。

3.3.3　M7475B 型平面磨床

M7475B 型平面磨床采用六台电动机进行拖动，分别是：砂轮电动机 M1、工作台转动电动机 M2、工作台移动电动机 M3、砂轮升降电动机 M4、冷却泵电动机 M5、自动进给电动机 M6，其中工作台转动电动机 M2 采用双速电动机。其电气控制原理图如图 3-7 所示。

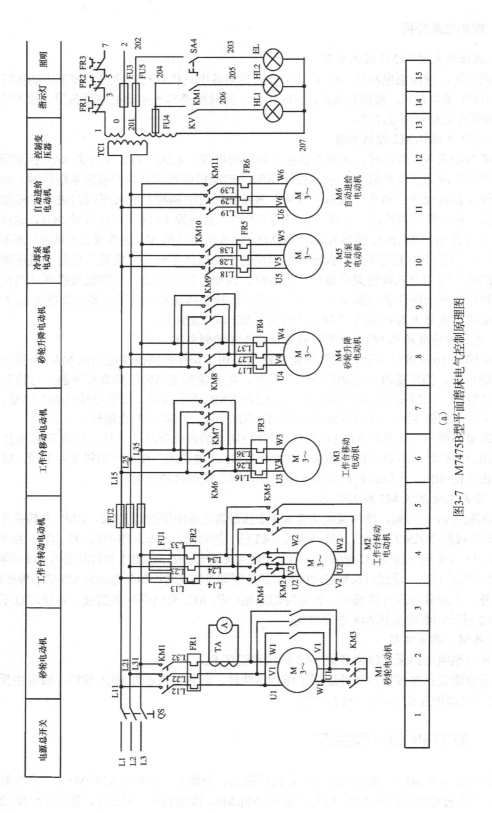

图3-7 M7475B型平面磨床电气控制原理图

(a)

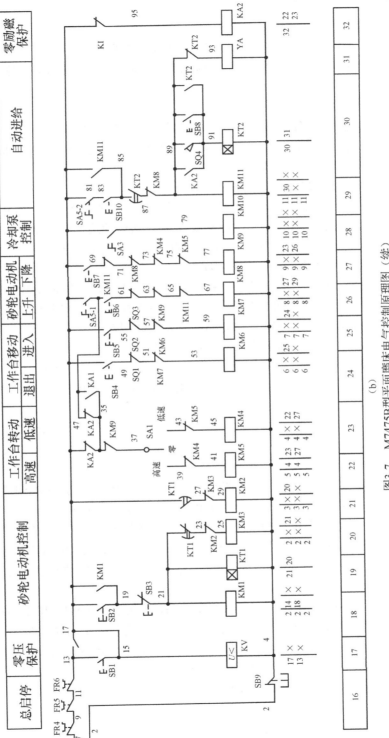

图3-7　M7475B型平面磨床电气控制原理图（续）

(b)

1. 主电路分析

1）电源开关及保护

由电路图可知，1 区断路器 QS 为机床电源总开关，熔断器 FU1 为工作台转动电动机 M2 提供短路保护，熔断器 FU2 为工作台移动电动机 M3、砂轮升降电动机 M4、冷却泵电动机 M5、自动进给电动机 M6 提供短路保护。

2）砂轮电动机 M1 主电路

由图可知，砂轮电动机 M1 主电路为 Y-△形降压启动控制电路，且在定子绕线一相上通过电流互感器接电流表进行电流监控。由接触器 KM1 为电动机供电，接触器 KM2、KM3 负责 Y-△形连接切换。热继电器 FR1 为 M1 提供过载保护。

3）工作台转动电动机 M2 主电路

工作台转动电动机 M2 的主电路为双速电动机控制电路，接触器 KM4、KM5 负责高低速切换：当 KM4 接通时，电动机 M2 定子绕组接成 Y 形连接低速运行；当 KM5 接通时，电动机 M2 定子绕组接成 YY 形连接高速运行。热继电器 FR2 为 M2 提供过载保护。

4）工作台移动电动机 M3、砂轮升降电动机 M4 主电路

工作台移动电动机 M3、砂轮升降电动机 M4 主电路均为典型的正反转控制电路。接触器 KM6、KM7 控制工作台移动电动机 M3 的正反转，接触器 KM8、KM9 控制砂轮升降电动机 M4 的正反转。热继电器 FR3、FR4 分别为 M3、M4 提供过载保护。

5）冷却泵电动机 M5、自动进给电动机 M6 主电路

冷却泵电动机 M5、自动进给电动机 M6 主电路均为单向旋转控制电路。接触器 KM10、KM11 分别控制冷却泵电动机 M5、自动进给电动机 M6 的电源通断，热继电器 FR5、FR6 分别为 M5、M6 提供过载保护。

2. 控制电路分析

1）机床总启动和总停止电路

电路图中 16 区和 17 区为机床总启停控制区。当需要机床启动时，按下总启动开关 SB1，欠电压继电器 KV 线圈通电吸合，其 17 区常开触点闭合，为所有电动机进行供电并自锁。当需要机床总停止时，按下总停开关 SB9，控制电路中所有接触器、继电器断电，各电动机停止运行。机床在运行过程中，如发生突然停电或电压突降现象，欠电压继电器 KV 会因电压不足而释放，则其在 17 区的常开触点断开，切断控制电路电源，机床各电动机停止运行。

2）砂轮电动机 M1 控制电路

当需要砂轮电动机 M1 启动时，按下启动按钮 SB2，接触器 KM1、KM3 通电自锁，19 区的延时继电器 KT1 通电计时，此时砂轮电动机 M1 以 Y 形连接降压启动。经过一段时间，延时器 KT1 位于 20 区的延时断开触点切断，21 区的延时闭合触点闭合，接触器 KM3 断电，KM2 通电，使得砂轮电动机 M1 切换成定子绕组△形连接高速运行。为了防止 KM2、KM3 在同一时刻都接通而发生短路，采用 KM2、KM3 常闭触点互锁。当需要 M1 停止时，按下停止按钮 SB3，电动机 M1 停止运行。

3）工作台转动电动机 M2 控制电路

当需要工作台转动电动机 M2 启动时，应首先将转换开关 SA1 扳至需要的挡位，以选择电动机 M2 的高速或低速，此时接触器 KM4 或 KM5 通电吸合，使得工作台转动电动机 M2 采用 Y 形连接低速运行或 YY 形连接高速运行。当电磁吸盘线圈欠电流或零电流时，流过欠电流继电器的电流会减小，导致欠电流继电器在 32 区的常闭触点 KI 复位，导致中间继电器 KA2 通电，这时 22、23 区的 KA2 常闭触点断开，切断接触器 KM4 或 KM5 电源，使得工作台转动电动机 M2 停止工作，以起到机床电磁吸盘的欠电流或零电流保护。

4）工作台移动电动机 M3 控制电路

当需要工作台移动电动机 M3 带动工作台退出时，按下点动按钮 SB4，接触器 KM6 通电吸合，接通电动机 M3 正转电源，工作台移动电动机 M3 带动工作台退出，至所需位置时，放开 SB4，M3 工作停止。当需要工作台电动机 M3 带动工作台进入时，按下点动按钮 SB5，接触器 KM7 通电吸合，接通电动机 M3 反转电源，工作台移动电动机 M3 带动工作台进入，至所需位置时，放开 SB5，M3 工作停止。

5）砂轮升降电动机 M4、自动进给电动机 M6 控制电路

电路图中转换开关 SA5 为砂轮升降"手动"、"自动"控制开关，当扳至"手动"挡时，26 区的触点 SA5-1 闭合，29 区的触点 SA5-2 断开；当扳至"自动"挡时，26 区的触点 SA5-1 断开，29 区的触点 SA5-2 闭合。

当需要手动控制时，将 SA5 扳至"手动"挡，按下正转点动按钮 SB6，接触器 KM8 通电吸合，接通砂轮升降电动机 M4 正转电源，带动砂轮上升；松开 SB6，接触器 KM8 断电，砂轮升降电动机 M4 停止工作，砂轮停止上升。按下反转点动按钮 SB7，接触器 KM9 通电吸合，接通砂轮升降电动机 M4 反转电源，带动砂轮下降；松开 SB7，接触器 KM9 断电，砂轮升降电动机 M4 停止工作，砂轮停止下降。砂轮在上升过程中，如触发 26 区的行程开关 SQ3，会切断接触器 KM8 电源，此时电动机 M4 停转，砂轮停止上升。

当需要自动控制时，将 SA5 扳至"自动"挡，按下自动进给电动机 M6 在 29 区的自动进给启动按钮 SB10，接触器 KM11 通电吸合并自锁，同时机床砂轮自动进给变速齿轮啮合电磁铁 YA 通电动作，使工作台自动进给齿轮与自动进给电动机 M6 带动的齿轮啮合，通过变速机构带动工作台自动向下工作进给，对加工工件进行磨削加工。当加工完成后，机械装置自动触发行程开关 SQ4，使 30 区的 SQ4 常开触点闭合，接通时间继电器 KT2 电源，并使之自锁，同时切断 31 区的机床砂轮自动进给变速齿轮啮合电磁铁 YA 电源，自动进给停止，电动机 M6 空转。经过一段时间后，时间继电器 KT2 在 29 区的延时断开触点断开，切断接触器 KM11 与时间继电器 KT2 的电源，自动进给电动机 M6 停转，完成自动进给控制。

6）冷却泵电动机 M5 控制电路

转换开关 SA3 闭合时，接触器 KM10 通电吸合，冷却泵电动机 M5 通电运转；断开转换开关 SA3 后，电动机 M5 停止。

3. 辅助电路分析

M7475B 型平面磨床辅助电路包括电磁吸盘充、退磁电子控制电路，工作照明电路及工作指示电路。

1）电磁吸盘充、退磁电子控制电路

控制原理图如图 3-8 所示。

（1）可调充磁控制方式。将充、退磁转换开关 SA2 扳至"可调"位置，SA2-1 闭合，SA2-2 断开。此时接触器 KM12 通电吸合。KM12 在中间继电器 KA3 线圈回路 1 号线与 1b 线间的常闭触点断开，中间继电器 KA3 断电，其在主电路中的两个常开触点断开，为可调充磁做准备。中间继电器 KA3 在给定电路中的常开触点断开，为可调充磁控制信号做准备。

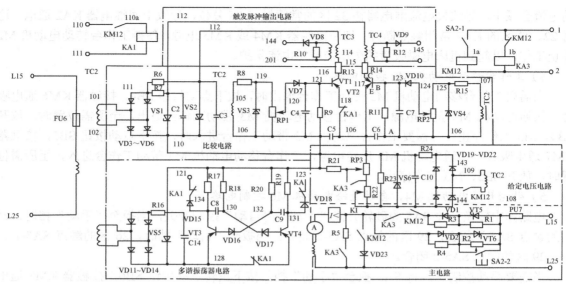

图 3-8　M7475B 型平面磨床电磁吸盘充、退磁电子控制电路控制原理图

　　接触器 KM12 在主电路中的一个常闭触点断开，由于在可调充磁控制方式中，比较电路中只有晶体管 VT2 正常工作，所以只有二极管 VD9 的 145 号线端才能输出可调的控制脉冲对主电路中晶闸管 VT6 进行控制，晶闸管 VT5 处于关闭状态，此时电磁吸盘 YH 线圈中电流通路为：L25—电磁吸盘 YH 线圈—电流表 A—欠电流继电器 KI 线圈—二极管 VD2—晶闸管 VT6—熔断器 FU7—L15。接触器 KM12 在电路中的一个常开触点闭合，接通续流二极管 VD23，使晶闸管在关闭时不因电磁吸盘 YH 为电感性负载而不能关断。

　　接触器 KM12 在给定电压电路中的常开触点闭合，接通了给定电路中的电源通路。

　　接触器 KM12 在中间继电器 KA1 线圈所在回路中 110 号线与 110a 线间的常开触点闭合，接通中间继电器 KA1 电源。中间继电器 KA1 在多谐振荡电路中的三个常闭触点及在比较电路中的一个常闭触点断开，多谐振荡器电路不能工作，比较电路中晶体管 VT1 也不能工作，仅 VT2 工作。

　　晶体管 VT2 正常工作的状态取决于基极和发射极电压值 U_{BE2}，当 U_{BE2} 较小或为负值时，晶体管 VT2 处于截止状态；当 U_{BE2} 较大时，晶体管 VT2 处于饱和状态。而晶体管 VT2 的 U_{BE2} 电压取决于晶体管 VT2 基极电压和发射极电压的高低。图 3-8 中，晶体管 VT2 基极 B 点电压由比较电路中同步变压器中 TC2 的二次绕组 106 号线与 107 号线间输出 12V 交流电压经电阻 R15 限流、稳压二极管 VS4 限幅、电位器 RP2 调节其电压值、二极管 VD10 整流后加在晶体管基极 B 点上，该电压相对图中 A 点电压为 U_{BA}，整流电位器 RP2 即可调整加在晶体管基极 B 点上的电压值。晶体管 VT2 发射极的电压由给定电路中同步变压器 TC2 二次绕组 108 号线与 109 号线间输出的 22V 交流电压，经过整流二极管 VD19～VD22 整流、电阻 R24 限流、稳压二极管 VS6 稳压后，加在晶体管 VT2 发射极 E 点上。这个电压相对图中 A 点的电压为 U_{EA}。而晶体管 VT2 的 $U_{BE2} = U_{EA} - U_{BA}$。在交流电压的正半周到来时，来自同步变压器 TC2 二次侧 106 号线与 107 号线间的交流电压经 VD10 削波从电位器 RP2 取出，又经二极管 VD21 整流后，对电容器 C7 进行充电，使电容器 C7 两端电压 U_{C7} 逐渐上升。在交流电压的负半周，变压器 TC2 二次绕组及二极管 VS4 和 R15 构成回路，二极管 VD10 截止，电容器 C7 对电阻 R11 放电，电容器 C7 两端电压 U_{C7} 逐渐下降，由此在电阻 R11 两端产生按指数变化的锯齿波电压 U_{BA}，$U_{BA} > 0$。由于

VT2 为 PNP 型锗管，当 VT2 两端电压 $U_{BE2} > 0.2$ V 时，晶体管 VT2 即可导通工作。当晶体管 VT2 导通时，有一变化的电流流过，并通过变压器 TC4 产生一个触发脉冲，经 VD9 送到主电路中晶闸管 VT6 的门极和阴极间，使 VT6 触发，电磁吸盘 YH 线圈通电，将工件吸牢。调节电位器 RP3，可以调节给定电压 U_{EA} 的大小。当 U_{EA} 升高时，晶闸管 VT2 导通时间提前，触发脉冲提前，晶闸管 VT6 导通角增大，电磁吸盘 YH 电流增大，工作台吸力增大，反之减小。

（2）不可调充磁控制方式。将充磁转换开关 SA2 扳向"固定"充磁位置，SA2-1 触点、SA2-2 触点闭合，晶闸管 VT6 短接。此时电磁吸盘的充磁回路为：电源 L25—电磁吸盘 YH 线圈—电流表 A—欠电流继电器 KI 线圈—二极管 VD2—SA2-2 触点—熔断器 FU7—电源 L15。电磁吸盘固定充磁。

（3）电磁吸盘退磁控制。将转换开关 SA2 扳向"0"位，SA2-1 触点、SA2-2 触点断开，接触器 KM12 断电，中间继电器 KA1 断电，KA3 通电闭合。中间继电器 KA1 常闭触点复位闭合，接通晶体管 VT1 发射极电源，VT1 正常工作。同时，中间继电器 KA1 常闭触点接通多谐振荡器电路的电源及将多谐振荡器晶体管 VT3、VT4 集电极输出的振荡电压轮流加在晶体管 VT1、VT2 的基极，使 VT1、VT2 轮流导通和截止，从而脉冲变压器 TC3、TC4 轮流输出触发脉冲，分别触发晶闸管 VT5、VT6，使之轮流导通，电磁吸盘 YH 线圈中通过频率与多谐振荡器频率相同的交变电压。由于接触器 KM12 失电释放，其常开触点断开给定电压电路中的电源，给定电压电路失电，电容器 C10 通过 R23 及电位器 RP3 放电，其电压逐渐降低，给定电压逐渐减小，使晶体管 VT1、VT2 发射极电位逐渐降低，晶闸管导通角逐渐减小，故加在电磁吸盘 YH 上的交变电压逐渐减小，最后衰减为 0，从而实现交流退磁。

2）机床工作照明及工作指示电路

机床工作照明电路及工作指示电路位于图 3-7 的 13～15 区。13 区的指示灯 HL1 为机床控制电路电源指示，当欠电压保护继电器 KV 通电后，指示灯 HL1 亮。14 区的指示灯 HL2 为砂轮电动机 M1 工作指示，当砂轮电动机 M1 工作时，204 号线与 205 号线间常开触点闭合，HL2 亮。15 区的 EL 为工作照明灯，由转换开关 SA4 控制通断，熔断器 FU5 提供适中保护。

3.4　摇臂钻床电气控制系统分析

钻床是一种能完成钻孔、扩孔、铰孔、攻螺纹及修刮端面等多种形式的加工的常用机床。按结构形式可分为立式钻床、台式钻床、摇臂钻床、多轴钻床、深孔钻床和卧式钻床等。其中摇臂钻床因具有操作方便、灵活，适用范围广等特点，特别适用于带有多孔的大型工件的孔加工，因此是使用最为广泛的一种钻床。

3.4.1　Z35 型摇臂钻床

Z35 型摇臂钻床由四台电动机拖动：冷却泵电动机 M1、主轴电动机 M2、摇臂升降电动机 M3 及液压泵电动机 M4。其电气控制原理图见图 3-9。表 3-7 所示为 Z35 型摇臂钻床电气元件目录表。

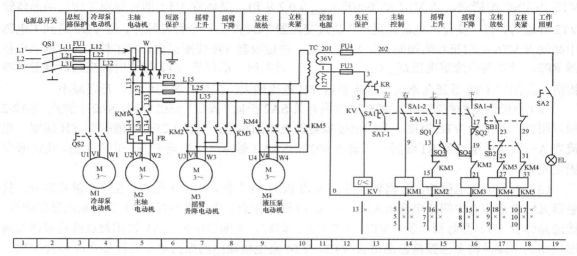

图 3-9　Z35 型摇臂钻床电气控制原理图

表 3-7　Z35 型摇臂钻床电气元件目录表

符　号	名称及用途	符　号	名称及用途
QS1	隔离开关　电源总开关及短路保护	SA1	十字转换开关　主控开关
QS2	隔离开关　冷却泵电动机电源开关及短路保护	SA2	转换开关　照明回路开关
FU1、FU2	熔断器　短路保护	KM1	接触器　主轴电动机启停控制
M1	冷却泵电动机	KM2、KM3	接触器　摇臂升降电动机正反转控制
M2	主轴电动机	KM4、KM5	接触器　液压泵电动机正反转控制
M3	摇臂升降电动机	KV	欠电压继电器　机床欠电压保护
M4	液压泵电动机	EL	照明灯
SB1、SB2	液压泵电动机正反转控制复合按钮	TC	控制变压器
SQ1、SQ2	行程开关　摇臂升降电动机升降限位开关	FR	热继电器　主轴电动机过载保护
SQ3、SQ4	行程开关　摇臂升降电动机松开、夹紧开关		

1．主电路分析

1）电源总开关及保护

QS1 为机床电源总开关；熔断器 FU1 既为机床电路的总短路保护，又为冷却泵电动机 M1、主轴电动机 M2 的短路保护；熔断器 FU2 为摇臂升降电动机 M3 及液压泵电动机 M4 的短路保护；5 区 W 为汇流排，由电刷和集电环组成，作为主轴电动机 M2、摇臂升降电动机 M3、液压泵电动机 M4 及后继电路电源的引入元件。

2）冷却泵电动机 M1 主电路

冷却泵电动机 M1 主电路很简单，由转换开关 QS2 负责控制 M1 电源的通断，QS2 接通，M1 启动；QS2 切断，M1 停止。

3）主轴电动机 M2 主电路

主轴电动机 M2 主电路是典型的单向旋转控制电路，接触器 KM1 负责 M2 电源的通断，热继电器 FR 提供过载保护。

4）摇臂升降电动机 M3、液压泵电动机 M4 主电路

由图可知，摇臂升降电动机 M3、液压泵电动机 M4 主电路均为正反转控制主电路，接触器 KM2、KM3 负责控制摇臂升降电动机 M3 电源的通断；接触器 KM4、KM5 负责控制液压泵电动机 M4 电源的通断。

2. 控制电路分析

1）欠电压保护电路

欠电压保护电路位于电气控制图 13 区，主要作用是当机床运行过程中如出现突然停电或电源电压降低，使机床不能正常运行时，切断机床控制电路电源，以起到保护机床的目的。

欠电压保护电路工作前，首先将十字转换开关 SA1 扳至"左"挡，此时 SA1-1 闭合，其他触点断开，这样接通了欠电压继电器 KV 电源，使 5 号线与 7 号线间常开触点闭合，接通控制电路电源并使其自锁，此时控制电路才能启动。由此可知，启动欠电压保护电路是 Z35 型摇臂钻床正常启动的首要步骤。

2）主轴电动机 M2 控制电路

在控制电路电源接通后，将转换开关 SA1 扳至"右"挡，此时 SA1 在 14 区的触点 SA1-2 闭合，其他触点断开，接通接触器 KM1 电源，主轴电动机 M2 电源接通，启动运转。将 SA1 扳至"中间"挡时，接触器 KM1 断电，主轴电动机 M2 停止运行。

3）摇臂升降电动机 M3 控制电路

当需要摇臂上升时，在控制电路电源接通的前提下，将转换开关 SA1 扳至"上"挡，SA1 在 15 区的触点 SA1-3 闭合，其余触点断开，接通接触器 KM2 电源，摇臂升降电动机 M3 正向运转，同时接触器 KM2 对接触器 KM3 控制电路进行互锁，防止电路短路；由于机械构造方面的原因，摇臂升降电动机在启动开始时并不能立即带动摇臂上升，而是先将夹紧的摇臂松开。在松开摇臂的同时，会触发 16 区的行程开关 SQ4，使其在 7 号线与 19 号线间的常开触点闭合，为摇臂上升完成后电动机 M3 及时反转夹紧摇臂做准备。摇臂夹紧装置放松后，通过机械齿轮装置，摇臂升降电动机 M3 带动摇臂上升。当上升到所需高度时，将转换开关 SA1 扳至"中间"挡，接触器 KM2 断电，切断摇臂升降电动机 M3 正转电源，M3 停止正转。同时 KM2 在 16 区 19 号线与 21 号线间的常闭触点复位，接通接触器 KM3 电源，电动机 M3 反向运行，使摇臂再次夹紧。摇臂夹紧后，机械装置松开行程开关 SQ4，切断接触器 KM3 电源，摇臂升降电动机反向运行停止。

摇臂下降时只需将转换开关扳至"下"挡，其控制过程与上升过程相似，这里不再赘述。

4）液压泵电动机 M4 控制电路

液压泵电动机 M4 主要担任机床立柱与外筒的夹紧与放松任务。机床在工作过程中，立柱是夹紧在外筒上的，机床在加工过程中，需要做水平的横向移动，必须先松开立柱，然后移动摇臂，再夹紧立柱。立柱的夹紧与放松是通过液压泵电动机 M4 的正反转带动夹紧放松机构正反向供液压油实现的。

当需要立柱放松时，按下放松按钮 SB1，接触器 KM4 通电，液压泵电动机 M4 正向运转，带动液压泵正向供给机床液压油，使机构装置动作，对立柱放松。松开按钮 SB1，接触器 KM4 断电，电动机 M4 停转，完成立柱放松控制。调整完摇臂位置后，按下夹紧按钮 SB2，接触器 KM5 通电，液压泵电动机 M4 反向运行，带动液压泵反向供给机床液压油，使机构装置动作，

对立柱夹紧。松开按钮 SB2，接触器 KM5 断电，电动机 M4 停转，完成立柱夹紧控制。

　　5）工作台照明电路

　　变压器 TC 输出 36V 交流电压，经熔断器 FU4、转换开关 SA2 后加到照明灯 EL 上。

3.4.2　Z3040 型摇臂钻床

　　Z3040 型摇臂钻床也是一款常用的摇臂钻床，它由四台电动机拖动：主轴电动机 M1、摇臂升降电动机 M2、液压泵电动机 M3 及冷却泵电动机 M4。图 3-10 所示为 Z3040 型摇臂钻床的电气控制原理图。表 3-8 所示为 Z3040 型摇臂钻床电气元件目录表。

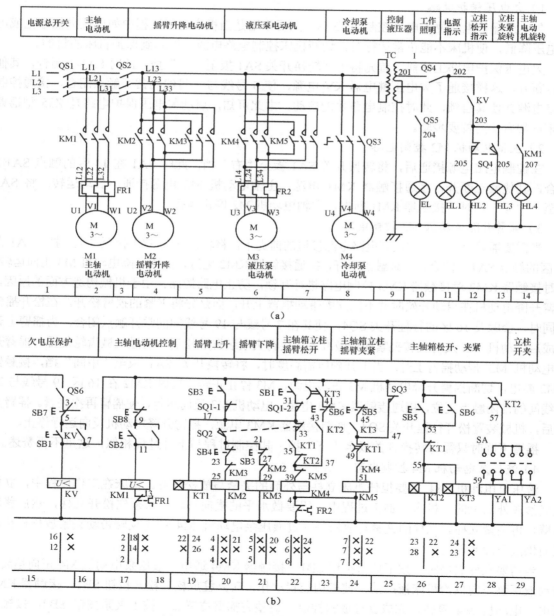

图 3-10　Z3040 型摇臂钻床电气控制原理图

表 3-8　Z3040 型摇臂钻床电气元件目录表

符　号	名称及用途	符　号	名称及用途
QS1	隔离开关　电源总开关及短路保护	SA	转换开关　主轴箱与立柱放松、夹紧选择开关
QS2	隔离开关　主轴电动机、液压泵电动机、冷却泵电动机电源开关及短路保护	QS3	转换开关　冷却泵电动机电源开关
QS4～QS6	隔离开关　控制电路电源开关及短路保护	KM1	接触器　主轴电动机启停控制
M1	主轴电动机	KM2、KM3	接触器　摇臂升降电动机正反转控制
M2	摇臂升降电动机	KM4、KM5	接触器　液压泵电动机正反转控制
M3	液压泵电动机	KV	欠电压继电器　机床欠电压保护
M4	冷却泵电动机	EL	照明灯
SB1、SB7	欠电压保护启停按钮	TC	控制变压器
SB2、SB8	主轴电动机启停按钮	HL1	电源指示灯
SB3、SB4	复合按钮　摇臂升降电动机启停控制	HL2、HL3	立柱放松、夹紧指示
SB5、SB6	复合按钮　主轴箱与立柱放松、夹紧按钮	HL4	主轴电动机工作指示
SQ1	行程开关　摇臂升降限位开关	FR1	热继电器　主轴电动机过载保护
SQ2	行程开关　摇臂放松限位开关	FR2	热继电器　液压泵电动机过载保护
SQ3	行程开关　摇臂夹紧限位开关	SQ4	行程开关　立柱松开、夹紧限位开关
KT1～KT3	时间继电器		

1．主电路分析

1）电源开关及保护

QS1 为机床电源总开关并提供短路保护；QS2 为摇臂升降电动机 M2、液压泵电动机 M3、冷却泵电动机 M4 及控制电路电源开关并提供短路保护。

2）主轴电动机 M1 主电路

主轴电动机 M1 主电路为一简单的单向旋转控制电路，接触器 KM1 负责控制主轴电动机 M1 电源的通断，热继电器 FR1 提供过载保护。

3）摇臂升降电动机 M2、液压泵电动机 M3 主电路

由电路图可知，摇臂升降电动机 M2、液压泵电动机 M3 主电路均是典型的正反转控制主电路。接触器 KM2、KM3 负责控制摇臂升降电动机 M2 正反转电源的通断；接触器 KM4、KM5 负责控制液压泵电动机 M3 正反转电源的通断；热继电器 FR2 为液压泵电动机 M3 提供过载保护。

4）冷却泵电动机 M4 主电路

冷却泵电动机 M4 主电路为单向旋转控制主电路，由转换开关 QS3 控制冷却泵电动机 M4 电源的通断。

2．控制电路分析

1）欠电压保护电路

启动控制电路前，首先闭合控制电路电源开关 QS6，按下机床总启动开关 SB1，欠电流继电器 KV 通电自锁，同时向各电动机控制电路供电。当电路发生突然停电或电源电压降低，导致机床不能正常运行时，欠电压继电器 KV 触点断开，切断机床控制电路电源，以达到保护机床的目的。

当需要机床总停止时，按下总停按钮 SB7，机床整个控制电路电源切断，机床总停止。

2）主轴电动机 M1 控制电路

启动主轴电动机 M1 时，按下启动按钮 SB2，接触器 KM1 通电并自锁，接通主轴电动机 M1 电源，使 M1 启动运转。需要停止主轴电动机时，按下停止按钮 SB8，接触器 KM1 断电，主轴电动机 M1 停止运行。

3）摇臂升降电动机 M2、液压泵电动机 M3 控制电路

当需要摇臂上升时，按下摇臂上升按钮 SB3，时间继电器 KT1 通电，同时位于 22 区的 KT1 常开触点闭合，接触器 KM4 通电，液压泵电动机 M3 正向运行，带动液压泵正向供给机床液压油，使机构装置动作，立柱放松。当立柱松开到位时，机械装置会触发行程开关 SQ2，使其在 20 区的常开触点闭合，22 区的常闭触点断开。这样接触器 KM4 断电释放，液压泵电动机停止旋转，同时接触器 KM2 通电吸合，摇臂升降电动机 M2 正向旋转，拖动摇臂上升。

当摇臂上升到预定位置时，放开按钮 SB3，KM2、KT1 线圈断电释放，M2 停止运行，摇臂停止上升。经过一段时间后，断电延时继电器 KT1 在 24 区的延时闭合触点闭合，使接触器 KM5 通电吸合，液压泵电动机 M3 反向启动，带动液压泵反向供给机床液压油，使机构装置动作，立柱夹紧。当摇臂夹紧后，机械装置触发行程开关 SQ3，使其在 25 区的常闭触点断开，接触器 KM5 断电释放，液压泵电动机 M3 停止旋转，摇臂夹紧结束。

摇臂升降的极限保护由行程开关 SQ1 来实现。SQ1 有两对常闭触点，分别位于摇臂上升或下降的极限位置，触发相应的常闭触点，可以切断相应的接触器 KM2 和 KM3 的电源，使摇臂升降电动机 M2 停止运行，实现上升、下降的极限保护。

4）主轴箱与立柱的夹紧、放松控制

主轴箱在摇臂上的夹紧、放松与内外立柱之间的夹紧与放松均采用液压操纵。采用转换开关 SA 来选择主轴箱与立柱夹紧、放松。当选择"左"挡时，电磁铁 YA1 通电，为主轴箱的放松、夹紧控制；当选择"右"挡时，电磁铁 YA2 通电，为立柱的放松、夹紧控制；选择"中间"挡时，电磁铁 YA1、YA2 同时通电，为主轴箱和立柱的同时放松、夹紧控制。

当按下松开按钮 SB5 时，时间继电器 KT2、KT3 通电工作，28、29 区的 KT2 延时断开触点闭合，电磁铁 YA1 或 YA2 通电，吸引机械齿轮啮合选择主轴箱或立柱进行操作。同时 24 区的 KT3 常开触点闭合，复合按钮 SB5 断开，接触器 KM5 断电，23 区的 KT2 常开触点闭合，经一段时间后，28、29 区的 KT2 延时断开触点断开，电磁铁 YA1 或 YA2 断电，机械齿轮啮合结束，23 区的 KT3 延时闭合触点闭合，接触器 KM4 通电吸合，液压泵电动机 M3 正转启动，拖动液压泵正向送出压力油，使立柱或主轴箱松开。

松开按钮 SB5 时，时间继电器 KT2、KT3 断电，23 区的 KT2、KT3 常开触点断开，24 区的 KT3 常开触点断开，接触器 KM4 断电，其在 24 区的常闭触点闭合，接触器 KM5 通电，液压泵电动机 M3 反转启动，拖动液压泵反向送出压力油，使立柱或主轴箱重新夹紧。当夹紧到位后，机械装置触发行程开关 SQ3，使接触器 KM5 断电，液压泵电动机 M3 停止工作。

主轴箱与立柱的夹紧过程与放松过程相似。

5）工作指示与照明电路

工作照明电路由照明灯 EL、转换开关 SA 组成。

工作指示电路共有四种指示：HL1 为电源指示；HL2、HL3 为立柱松开、夹紧指示，由行程开关 SQ4 控制松开、夹紧；HL4 为主轴电动机工作指示，由接触器 KM1 常开触点控制。

3.5　常用铣床电气控制系统分析

　　铣床是一种可以用于加工平面、斜面、沟槽、直齿齿轮和螺旋面，以及凸轮和弧形槽等复杂工件的多用途机床。按结构形式和加工性能的不同，铣床可分为卧式铣床、立式铣床、龙门铣床和仿形铣床。

　　铣床可使用各种圆柱铣刀、圆片铣刀、角度铣刀、成形铣刀和端面铣刀，可加工各种平面、斜面、沟槽、齿轮等，如果使用万能铣头、圆工作台、分度头等铣床附件，还可以扩大机床加工范围。

3.5.1　XA6132 型卧式铣床

　　XA6132 型卧式铣床是应用较广泛的一种卧式铣床，电气部分由三台电动机拖动：主轴电动机 M1、冷却泵电动机 M2 和进给电动机 M3。图 3-11 所示为 XA6132 型卧式铣床电气控制原理图。表 3-9 所示为 XA6132 型卧式铣床电气元件目录表。

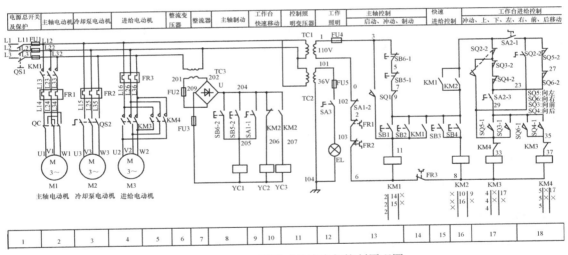

图 3-11　XA6132 型卧式铣床电气控制原理图

表 3-9　XA6132 型卧式铣床电气元件目录表

符　号	名称及用途	符　号	名称及用途
QS1	隔离开关　电源总开关及短路保护	SA1	转换开关　主轴电动机换刀制动开关
QS2	转换开关　冷却泵电动机电源开关	SA2	转换开关　圆工作台转换开关
FU1～FU5	熔断器　短路保护	SA3	转换开关　照明灯开关
M1	主轴电动机	QC	转换开关　主轴电动机正反转控制
M2	冷却泵电动机	KM1	接触器　主轴电动机启停控制
M3	进给电动机	KM2	继电器　工作台快移控制

符　号	名称及用途	符　号	名称及用途
EL	照明灯	KM3、KM4	接触器　进给电动机正反转控制
SQ1	行程开关　主轴电动机变速冲动开关	TC1～TC3	控制变压器
SQ2	行程开关　工作台进给变速冲动开关	FR1	热继电器　主轴电动机过载保护
SQ3	行程开关　工作台向前、向下进给开关	FR2	热继电器　冷却泵电动机过载保护
SQ4	行程开关　工作台向后、向上进给开关	FR3	热继电器　进给电动机过载保护
SQ5	行程开关　工作台向左进给开关	SB1、SB2	主轴电动机启动按钮
SQ6	行程开关　工作台向右进给开关	SB3、SB4	工作台快速移动按钮
YC1～YC3	电磁离合器　制动		

1．主电路分析

1）电源开关及保护

三相交流电源由 QS1 控制，熔断器 FU1 为机床提供短路保护。

2）主轴电动机 M1 主电路

由图可知，主轴电动机 M1 主电路是一个能实现正反转控制的主电路，由接触器 KM1 控制正反转电源的通断，转换开关 QC 作为主电动机 M1 正反转控制开关，由热继电器 FR1 提供过载保护。

3）冷却泵电动机 M2 主电路

冷却泵电动机 M2 主电路是单向旋转控制主电路，转换开关 QS2 控制电源的通断，由热继电器 FR2 提供过载保护。

4）进给电动机 M3 主电路

进给电动机 M3 主电路是典型的正反转控制主电路，由接触器 KM3、KM4 控制正反转电源的通断，由热继电器 FR3 提供过载保护。

2．控制电路分析

1）主轴电动机 M1 控制电路

当需要主轴电动机 M1 启动运行时，首先选择主轴电动机 M1 转向，通过转换开关 QC 控制旋向，再按下启动按钮 SB1 或 SB2，接触器 KM1 通电自锁，主轴电动机 M1 通电，按控制的旋向启动运行。

当需要主轴电动机 M1 停止运行时，按下停止按钮 SB5 或 SB6，使得 13 区的 SB5-1 或 SB6-1 常闭触点断开，切断接触器 KM1 电源，使得主轴电动机 M1 断电，M1 在惯性作用下继续运行。与此同时，8 区的 SB5-2 或 SB6-2 常开触点闭合，接通主轴电动机 M1 制动电磁离合器 YC1 电源，电磁制动器抱轴制动，使主轴电动机 M1 迅速停止运行。

当主轴电动机 M1 在加工过程中需要进行变速操作时，必须通过新的变速齿轮啮合而形成新的速度，齿轮啮合过程中需要主轴冲动使齿轮啮合良好。具体操作是：先将主轴变速手柄拉出，转动主轴变速盘，将主轴速度调整到所需数值，再将变速手柄复位。在手柄复位的同时，手柄瞬时压下 13 区的行程开关 SQ1 后又迅速放开，使得接触器 KM1 短时通电又迅速切断，这样主轴电动机 M1 瞬时启动又很快停止，从而起到主轴变速齿轮瞬时冲动的作用，有利于齿轮啮合。

当主轴在换刀时，为保证安全，必须对主轴进行制动以防止意外启动。当需要换刀时，将转换开关 SA1 扳至"换刀"挡，13 区的 SA1-2 常闭触点切断，切断所有电动机电源，8 区的 SA1-1 常开触点闭合，接通主轴电动机 M1 制动电磁离合器 YC1 电源，使电磁制动器抱轴制动。这样就有效避免了换刀时主轴运动的发生。

2）进给电动机 M3 控制电路

进给电动机 M3 拖动工作台向上、下、前、后、左、右六个方向运动，通过控制工作台纵向进给操作手柄、横向进给操作手柄和垂直进给操作手柄来实现。

（1）工作台纵向进给运动。工作台纵向进给运动包括向左、右运动。当操作手柄扳到"左"挡时，机械机构压下行程开关 SQ5；当操作手柄扳到"右"挡时，机械机构压下行程开关 SQ6；当操作手柄扳到"中间"挡时，行程开关 SQ5、SQ6 复位。

当需要工作台向左进给运动时，将圆工作台转换开关 SA2 扳到"断开"挡，17、18 区的 SA2-1 和 SA2-3 触点闭合，SA2-2 触点断开。启动主轴电动机 M1，使 15 区的 KM1 常开触点闭合。将工作台纵向操作手柄扳到"左"挡，此时纵向操作手柄通过机械装置啮合了工作台向左运动齿轮，行程开关 SQ5 被触发，18 区的 SQ5-2 断开，17 区的 SQ5-1 闭合，接通接触器 KM3 电源，进给电动机 M3 正向启动，驱动工作台向左进给。当需要进给停止时，将工作台纵向操作手柄扳到"中间"挡，行程开关 SQ5 松开复位，接触器 KM3 断电，进给电动机 M3 停转。

当需要工作台向右进给运动时，将圆工作台转换开关 SA2 扳到"断开"挡，17、18 区的 SA2-1 和 SA2-3 触点闭合，SA2-2 触点断开。启动主轴电动机 M1，使 15 区的 KM1 常开触点闭合。将工作台纵向操作手柄扳到"右"挡，此时纵向操作手柄通过机械装置啮合了工作台向右运动齿轮，行程开关 SQ6 被触发，18 区的 SQ6-1 闭合，SQ6-2 断开，接通接触器 KM4 电源，进给电动机 M3 反向启动，驱动工作台向右进给。当需要进给停止时，将工作台纵向操作手柄扳到"中间"挡，行程开关 SQ6 松开复位，接触器 KM4 断电，进给电动机 M3 停转。

（2）工作台横向进给运动、垂直进给运动。工作台横向进给运动包括向前、向后运动，工作台垂直进给运动包括向上、向下运动。工作台横向和垂直操作手柄共五挡：前、后、上、下、中间。当操作手柄扳到"前"和"下"挡时，机械机构压下行程开关 SQ3，机械装置啮合了工作台向前和向下运动齿轮；当操作手柄扳到"后"和"上"挡时，机械机构压下行程开关 SQ4，机械装置啮合了工作台向后和向上运动齿轮；当操作手柄扳到"中间"挡时，行程开关 SQ3、SQ4 复位。

当需要工作台向前或向下进给运动时，将圆工作台转换开关 SA2 扳到"断开"挡，17、18 区的 SA2-1 和 SA2-3 触点闭合，SA2-2 触点断开。启动主轴电动机 M1，使 15 区的 KM1 常开触点闭合。将工作台横向和垂直操作手柄扳至"前"挡或"下"挡，此时操作手柄通过机械装置啮合了工作台向前或向下运动齿轮，行程开关 SQ3 被触发，17 区的 SQ3-1 闭合，SQ3-2 断开，接通接触器 KM3 电源，进给电动机 M3 正向启动，驱动工作台向前进给或向下进给。当需要进给停止时，将工作台纵向操作手柄扳到"中间"挡，行程开关 SQ3 松开复位，接触器 KM3 断电，进给电动机 M3 停转。

当需要工作台向后或向上进给运动时，将圆工作台转换开关 SA2 扳到"断开"挡，17、18 区的 SA2-1 和 SA2-3 触点闭合，SA2-2 触点断开。启动主轴电动机 M1，使 15 区的 KM1 常开触点闭合。将工作台纵向操作手柄扳到"后"挡或"上"挡，此时纵向操作手柄通过机械装置啮合了工作台向后或向上运动齿轮，行程开关 SQ4 被触发，18 区的 SQ4-1 闭合，17 区的 SQ4-2

断开，接通接触器 KM4 电源，进给电动机 M3 反向启动，驱动工作台向后或向下进给。当需要进给停止时，将工作台纵向操作手柄扳到"中间"挡，行程开关 SQ4 松开复位，接触器 KM4 断电，进给电动机 M3 停转。

（3）工作台进给变速冲动控制。工作台进给变速冲动由行程开关 SQ2 控制，在加工过程中，当需要工作台进行变速时，先将变速手柄拉出，转动变速盘，将工作台进给速度调到所需值，再将手柄复位。手柄复位的同时，手柄瞬时压下 17 区的行程开关 SQ2 后又迅速放开，使得接触器 KM3 短时通电又迅速切断，这样进给电动机 M3 瞬时启动又很快停止，从而起到进给变速齿轮瞬时冲动的作用，有利于齿轮啮合。

（4）工作台快速移动控制。当工作台需要在某个方向快速移动时，扳动手柄，使其与该进给方向相符，按下 14 区或 15 区的快速进给按钮 SB3 或 SB4，使接触器 KM2 通电，切断 9 区的电磁离合器 YC2 电源，接通 10 区的电磁离合器 YC3 电源，使工作台快速进给齿轮啮合，实现该方向的快速进给。

（5）圆工作台的控制。当需要圆工作台工作时，将转换开关 SA2 扳到"接通"挡，使 17、18 区的 SA2-1、SA2-3 触点断开，SA2-2 触点闭合，启动主轴电动机 M1，使 15 区的 KM1 常开触点闭合，接触器 KM3 通过 15—17—21—23—27—25—29—31—33 号线通电，进给电动机 M3 启动，带动机床圆工作台单向回转。此时工作台进给两个机械操作手柄均处于中间位置，工作台不能进行纵向、横向和垂直方向的进给运动。

3）冷却泵电动机 M2 和工作照明控制

冷却泵电动机 M2 通常在铣削加工时由冷却泵转换开关 QS2 控制，当 QS2 扳到"接通"位置时，冷却泵电动机 M2 启动；当 QS2 扳到"中间"位置时，冷却泵电动机 M2 停止运行。

工作照明电路由转换开关控制照明灯 EL，熔断器 FU5 提供短路保护。

3.5.2　其他铣床

与 XA6132 型铣床控制电路相似的铣床有 X5032 型立式铣床，其电气控制原理图如图 3-12 所示。

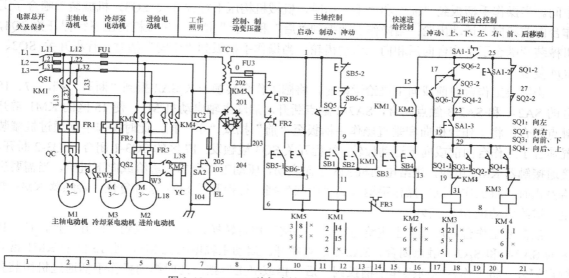

图 3-12　X5032 型立式铣床电气控制原理图

由图可知，其主电路位于 1～6 区，控制电路位于 9～21 区，工作照明电路及制动电源电路位于 7、8 区。具体可以按照 XA6132 型铣床控制电路的分析方法进行分析。

◥思考与练习题

1．如何对机床电气控制线路图进行识读？有哪些步骤？

2．CA6140 型卧式车床电气控制原理图（见图 3-1）中，如果用控制按钮和继电器配合来代替开关 SA1，如何实现失压和欠压保护？

3．CA6140 型卧式车床电气控制具有哪些保护？它们是通过哪些电气元件实现的？

4．如果将 C650 型卧式车床电气控制原理图（见图 3-3）中速度继电器 KS1、KS2 触点位置对调，是否还有反接制动？为什么？

5．M7130 型平面磨床电气控制具有哪些保护环节？各由什么电气元件来实现？

6．试述 M7130 型平面磨床将工件从吸盘上取下时的操作过程及电路工作情况。

7．Z3040 型摇臂钻床电路中有哪些联锁和保护环节？分别起什么作用？

8．分析 Z3040 型摇臂钻床电路中时间继电器 KT 与电磁阀 YV 在什么时候动作，以及时间继电器 KT 各触点的作用是什么。

9．试述 Z3040 型摇臂钻床操作摇臂下降时电路的工作情况。

10．在 XA6132 型卧式铣床电气控制原理图（见图 3-11）中，进给电动机的过载保护热继电器 FR3 常闭触点（14 区）为什么放在主轴电动机接触器 KM1（13 区）后面？能否移到前面？

11．图 3-11 中，能否将操作手柄控制的行程开关 SQ1～SQ6 换成相应的控制按钮？如果可以，如何保证机床正常工作？

12．图 3-13 所示为某机床电气控制原理图，已知主轴电动机 M1 为双速电动机，主电路中接触器 KM1、KM2 用于主轴电动机 M1 正反转控制，KM3 用于 M1 低速△形连接，KM4、KM5 用于高速 YY 形连接。接触器 KM6、KM7 用于快速移动电动机 M2 正反转控制。

（1）试说明主轴电动机 M1 正反转和高低速运行时的控制过程。

（2）试说明快速移动电动机 M2 正反转运行时的控制过程。

（3）试说明该电气控制原理图中有哪些互锁和保护环节，它们分别是如何工作的？

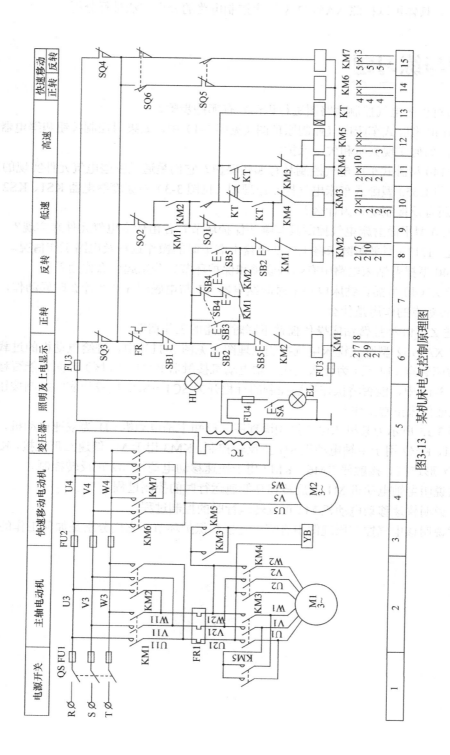

图3-13 某机床电气控制原理图

第 4 章　电气控制线路设计基础

4.1　电气设计的主要内容

电气设计包含两个基本内容：一个是原理设计，即要满足生产机械和工艺的各种控制要求；另一个是工艺设计，即要满足电气控制装置本身的制造、使用和维修的需要。原理设计决定着生产机械设备的合理性与先进性，工艺设计决定电气控制系统是否具有生产可行性、经济性、美观、使用维修方便等特点，所以电气控制系统设计要全面考虑两方面的内容。

在熟练掌握典型环节控制电路，具有对一般电气控制电路分析能力之后，设计者应能举一反三，对受控生产机械进行电气控制系统的设计并提供一套完整的技术资料。

4.1.1　电气设计的一般内容

电气设计的基本任务是根据控制要求设计、编制出设备制造和使用维修过程中所必需的图纸、资料等。图纸包括电气原理图、电气系统的组件划分图、元器件布置图、安装接线图、电气箱图、控制面板图、电气元件安装底板图和非标准件加工图等，另外还要编制外购件目录、单台材料消耗清单、设备说明书等文字资料。

电气控制系统设计的内容主要包含原理设计与工艺设计两个部分。

1．原理设计内容

电气控制系统原理设计的主要内容包括：

（1）拟定电气设计任务书。

（2）确定电力拖动方案，选择电动机。

（3）设计电气控制原理图，计算主要技术参数。

（4）选择电气元件，制定元器件明细表。

（5）编写设计说明书。

电气控制原理图是整个设计的中心环节，它为工艺设计和制定其他技术资料提供依据。

2．工艺设计内容

进行工艺设计主要是为了便于组织电气控制系统的制造，从而实现原理设计提出的各项技术指标，并为设备的调试、维护与使用提供相关的图纸资料。工艺设计的主要内容有：

（1）设计电气总布置图、总安装图与总接线图。

（2）设计组件布置图、安装图和接线图。

（3）设计电气柜、操作台及非标准元件。

（4）列出元件清单。

（5）编写使用维护说明书。

4.1.2 电气设计的技术条件

电气设计的技术条件是设计任务书，它既是整个电气控制系统的设计依据，又是设备竣工验收的依据。技术条件的拟定一般由技术领导部门、设备使用部门和任务设计部门等几方面共同完成。

电气控制系统的技术条件主要包括以下内容：

（1）设备名称、用途、基本结构、动作要求及工艺过程介绍。

（2）电力拖动的方式及控制要求等。

（3）联锁、保护要求。

（4）自动化程度、稳定性及抗干扰要求。

（5）操作台、照明、信号指示、报警方式等要求。

（6）设备验收标准。

（7）其他要求。

4.2 电气设计的一般要求和步骤

4.2.1 电气设计的一般要求

不同用途的电气控制线路，其控制要求有所不同，一般应满足以下条件：

（1）应能满足生产机械的工艺要求，能按照工艺的顺序准确可靠地工作。

（2）线路结构力求简单，尽量选用常用的且经过实际考验的线路。

（3）操作、调速和检修简单。

（4）具有各种必要的保护装置和联锁环节，即使在误操作时也不会发生重大事故。

（5）工作稳定、操作可靠，符合使用环境条件。

4.2.2 电气设计的一般步骤

电气设计的一般步骤如下：

（1）拟定电气技术条件（设计任务书）。

（2）确定电气传动控制方案，选择电动机。

（3）按照国标规定的符号、规则设计电气控制原理图。

（4）选择电气元件，制定电气元件明细表。在满足性能的前提下，兼顾可靠性和价值。

（5）设计操作台、电气柜及非标准电气元件。设计时应考虑操作可靠性、安全性。

（6）设计机床电气设备布置总图、电气安装图、电气接线图。

（7）编写电气说明书和使用操作说明书。

4.2.3 机床电气传动方案的确定

电气传动方案的选择是电气控制系统设计的主要内容之一，也是以后各部分设计内容的基础和先决条件。

所谓电气传动方案，是指根据零件加工精度、加工效率要求、生产机械的结构、运动部件的数量、运动要求、负载性质、调速要求及投资额等条件去确定电动机的类型、数量、传动方式，以及拟定电动机启动、运行、调速、转向、制动等控制要求。

电气传动方案的确定要从以下几个方面考虑：

1）拖动方式的选择

电力拖动方式分独立拖动和集中拖动。电气传动的趋势是多电动机拖动，这不仅能缩短机械传动链，提高传动效率，而且能简化总体结构，便于实现自动化。具体选择时，可根据工艺与结构决定电动机的数量。

2）调速方案的选择

大型、重型设备的主运动和进给运动应尽可能采用无级调速，有利于简化机械结构，降低成本，在调速方式的选择上，要根据实际情况选择适当的交流变频调速或直流调速方式；精密机械设备为保证加工精度也应采用无级调速；对于一般中小型设备，在没有特殊要求时，可选用经济、简单、可靠的三相笼型异步电动机，调速方式可选择变速箱机械调速。

3）电动机调速性质要与负载特性适应

对于恒功率负载和恒转矩负载，在选择电动机调速方案时，要使电动机的调速特性与生产机械的负载特性相适应，这样可以使电动机得到充分合理的应用。

一般情况下，对于恒功率负载的主轴运动，可采用低速 △ 形连接高速 Y 形连接的双速异步电动机调速或他励直流电动机变励磁调速；对于恒转矩负载的进给运动，可采用低速 Y 形连接高速 YY 形连接的双速异步电动机调速或他励直流电动机变电压调速。

4.2.4 电气控制方案的确定

电气控制方案很多，如继电器-接触器的有触点控制、无触点控制、可编程序控制器控制、计算机控制等。合理地确定控制方案，是设计出简便、可靠、经济、适用的电气控制系统的重要前提。

电气控制方案的确定应遵循以下原则：

（1）控制方式与拖动需要相适应。

控制方式不是越先进越好，应以经济效益为标准。控制逻辑简单、加工程序基本固定的生产机械设备，采用继电器-接触器控制方式比较合理；对于经常改变加工程序或控制逻辑复杂的生产机械，则采用可编程序控制器较合理。

（2）控制方式与通用化程度相适应。

通用化是指生产机械加工不同对象的通用化程度，它与自动化是两个不同概念。对于某些加工一种或几种零件的专用机床，它的通用化程度很低，但可以有较高的自动化程度，这种机床宜采用固定的控制电路；对于单件、小批量且可以加工形状复杂零件的通用机床，采用数字程序控制或可编程序控制，因为它们可以根据不同的加工对象而设计不同的加工程序，因而有较好的通用性和灵活性。

（3）控制方式应最大限度地满足工艺要求。

根据加工工艺要求，控制线路应具有自动循环、半自动循环、手动调整、紧急快退、保护性联锁、信号指示与故障诊断等功能，以最大限度地满足工艺要求。

（4）控制电路的电源应当可靠。

简单的控制电路可直接采用电网电源；元件较多、电路较复杂的控制装置，可将电网电源隔离降压，以降低故障率；对于自动化程度较高的生产设备可采用直流电源，这有助于节省安装空间，便于同无触点元件连接，元件动作平稳，操作维修也比较安全。

影响控制方案的因素很多，最后选定方案的技术水平和经济水平取决于设计人员的设计经验和对设计方案的灵活运用。

4.2.5　控制方式的选择

控制方式要实现拖动方案的控制要求。随着现代电气技术的迅速发展，生产机械电力拖动的控制方式从传统的继电器-接触器控制向 PLC 控制、CNC 控制、计算机网络控制等方面发展，控制方式越来越多。控制方式的选择应在经济、安全的前提下，最大限度地满足工艺的要求。

4.2.6　电动机的选择

作为机床动力源的电动机，其选择在电气控制系统设计中占有重要地位。选择电动机时应遵循以下原则：

（1）电动机的机械特性应满足生产机械提出的要求，要与负载的负载特性相适应。保证运行稳定且具有良好的启动、制动性能。

（2）工作过程中电动机功率能得到充分利用，使其温升尽可能达到或接近额定温升值。

（3）电动机的结构形式满足机械设计提出的安装要求，并能适应周围环境工作条件。

（4）在满足设计要求的前提下，应优先采用结构简单、价格便宜、使用维护方便的三相笼型异步电动机。

要根据机床实际情况和控制方案选择电动机形式、结构、额定电压、转速和功率。

机床用电动机功率选择的根据是机床的负载功率。根据电动机所承担的任务不同，可分为主拖动电动机和进给电动机，其各自功率选择方法如下：

1. 主轴电动机的功率选择

主轴电动机的功率可采用调查统计类比法和分析计算法两种方法来计算。

1）调查统计类比法

调查统计类比法是通过广泛调查，分析机床所需切削用量，用较常用的切削用量最大值，在同类同规格机床上进行实验，测出电动机输出功率，再考虑机床最大负载情况，采用先进切削方法及新工艺等，类比国内外同类机床电动机功率，确定设计的机床用电动机功率。

常见的计算方法如下：

卧式车床：　　$P = 36.5D^{1.54}$

立式车床：　　$P = 20D^{0.88}$

摇臂钻床：　　$P = 0.0646D^{1.19}$

卧式镗床：　　$P = 0.04D^{1.7}$

龙门铣床：　　$P = \dfrac{1}{166}B^{1.15}$

式中，P 为主轴电动机功率（kW）；D 为工件最大直径（m）或最大钻孔直径（mm）或镗杆直径（mm）；B 为工作台宽度（mm）。

2）分析计算法

分析计算法是根据机床总体设计中对机械传动功率的要求，来确定机床拖动用电动机功率。常用计算公式如下：

$$P = \frac{P_1}{\eta_1 \eta_2} \quad 或 \quad P = \frac{P_1}{\eta_{总}} (\eta_{总} = \eta_1 \eta_2)$$

式中，P 为电动机功率；P_1 为机械传动轴上的功率；η_1 为生产机械效率；η_2 为电动机与生产机械间的传动效率；$\eta_{总}$ 为机床总效率，一般主运动为回转运动的机床 $\eta_{总} = 0.7 \sim 0.85$，主运动为往复运动的机床 $\eta_{总} = 0.6 \sim 0.7$。

上式中当机床传动结构简单时系数 $\eta_{总}$ 取大值，反之取小值。

2．进给电动机的功率选择

进给运动所需功率相比快速运动小得多，可忽略不计。

进给运动传动效率很低，低于 0.15~0.2。

快速运动所需功率一般由经验数据选择，具体内容见表 4-1。

表 4-1　机床移动所需的功率值

机床类型	运动部件	移动速度（m/min）	所需电动机功率（kW）
$D_m=400mm$	溜板	6～9	0.6～1.0
卧式车床 $D_m=600mm$	溜板	4～6	0.8～1.2
$D_m=1000mm$	溜板	3～4	3.2
摇臂钻床 $d_m=35\sim75mm$	摇臂	0.5～1.5	1～2.8
升降台铣床	工作台	4～6	0.8～1.2
	铣床	1.5～2.0	1.2～1.5
龙门铣床	横梁	0.25～0.50	2～4
	横梁上的铣头	1.0～1.5	1.5～2
	立柱上的铣头	0.5～1.0	1.5～2

4.2.7　常用电气元件的选择

1．按钮、低压开关的选择

按钮通常用于短时接通或断开小电流的控制电路开关，在选择按钮时，要根据用途选择适当形式和型号的按钮，具体要求可参考表 1-1 按钮颜色及其含义和按钮的相关内容。

刀开关的主要作用是接通和切断长期工作设备的电源，也用于不常启制动的容量小于 7.5kW 的异步电动机。当用于启动异步电动机时，其额定电流要求不小于电动机额定电流的 3 倍。

低压断路器能接通或分断正常工作电流，也能自动分断过载或短路电流，有欠压和过载保护作用。低压断路器选择时应考虑的参数有：额定电压、额定电流、允许切断极限电流，应满足以下条件：

（1）低压断路器脱扣器的额定电流≥负载允许的长期平均电流。

（2）低压断路器的极限分断能力≥电路的最大短路电流。

（3）低压断路器欠电压脱扣器 U_N=主电路 U_N。

（4）热脱扣器整定电流=被控对象（负载）额定电流。

（5）电磁脱扣器瞬时脱扣整定电流>负载正常工作时的尖峰电流。

（6）保护电动机时，电磁脱扣器瞬时脱扣整定电流为电动机启动电流的 1.7 倍。

组合开关主要是作为电源引入开关，也称为转换开关。可以启停 5kW 以下的电动机，每小时接通次数不超过 10～20 次，开关的额定电流取电动机额定电流的 1.5～2.5 倍。常用额定电流为 10A、25A、60A、100A 四种，适用于交流 380V 以下、直流 220V 以下电气设备。

电源开关联锁机构与相应断路器和组合开关配套使用，用于电源接通、断开电源和柜门开关联锁。

2．熔断器的选择

（1）熔断器用于保护照明线路时，其参数选择应满足以下条件：

$$I_R \geqslant I$$

式中，I_R 为熔体额定电流；I 为工作电流。

（2）熔断器用于保护异步电动机时，其参数选择应满足以下条件：

$$I_R = (1.5\sim2.5)I_{ed} \quad \text{或} \quad I_R = \frac{I_{st}}{2.5}$$

式中，I_{ed} 为电动机的额定电流；I_{st} 为异步电动机的启动电流。

（3）当多台电动机由同一个熔断器保护时，其参数选择应满足以下条件：

$$I_R \geqslant \frac{I_m}{2.5}$$

式中，I_m 为可能出现的最大电流。

如果几台电动机不同时启动，I_m 为容量最大的电动机启动电流加上其他电动机的额定电流。

3．热继电器的选择

热继电器用于电动机过载保护，根据电动机额定电流来选择。

$$I_{RT} = (0.95\sim1.05)I_{ed}$$

式中，I_{RT} 为热继电器元件额定电流；I_{ed} 为电动机额定电流。

热继电器整定电流是指热元件通过的电流超过此值 20%时，热继电器在 20min 内动作。

整定电流一般选取与电动机额定电流相同。

一般情况下，选用二相热继电器；在电网电压严重不平衡时，选用三相热继电器；对于△形连接的电动机，可选用带断相保护装置的热继电器来实现断相保护。

注意：当出现下列情况时，热继电器整定电流要比电动机额定电流高。

（1）电动机负载惯性转矩非常大，启动时间长。

（2）电动机带动的设备允许任意停电。

（3）电动机拖动的为冲击性负载，如冲床、剪床等。

4．接触器的选择

选择接触器时应考虑如下参数：

（1）电源种类，是交流还是直流。

（2）主触点额定电压、额定电流。

（3）辅助触点种类、数量及触点额定电流。

（4）电磁线圈的电源种类、频率、额定电流。

（5）额定操作频次（次/h）。

（6）主触点额定电流：

$$I_c \geqslant \frac{P_d \times 10^3}{KU_d}$$

式中，I_c 为主触点额定电流（A）；P_d 为电动机容量（kW）；K 为系数，取1~1.4；U_d 为电动机额定线电压（V）。

5．中间继电器的选择

中间继电器的主要作用是起信号传递与转换作用，能实现多路控制，并可将小功率控制信号转换为大容量的触点动作，以驱动电气执行元件，可以扩充其他电器的控制作用。

中间继电器的型号主要根据控制电器的电压等级、触点数量、种类与容量来选取。

6．时间继电器的选择

选择时间继电器时，主要考虑控制回路所需要的延时触点的延时方式（通电延时、断电延时），以及触点的数目，根据不同的使用条件选取。

时间继电器的分类及特点如下：

电磁式——结构简单，寿命长，允许操作频率高，延时时间短。

空气阻尼式——延时范围广，达0.4~18s，工作可靠，机床常用。

电子式——体积小，延时范围可达0.1~300s。

电动式——结构复杂，体积大，延时时间长，可调范围宽。

7．控制变压器的选择

当控制线路所用电器较多、线路较复杂时，一般采用控制变压器降压的控制电源，以提高线路的安全可靠性。控制变压器主要根据变压器容量及一次侧、二次侧电压等级来选择。表 4-2 所示为常用电气控制电路电压等级表

表 4-2　常用电气控制电路电压等级表

控制电路类型	常用的电压值（V）		电 源 设 备
交流电力传动的控制电路较简单	交流	380、220	不用控制电源变压器
交流电力传动的控制电路较复杂		110（127）、48	采用控制电源变压器
照明及信号指示电路		48、24、6	采用控制电源变压器
直流电力传动的控制电路	直流	220、110	整流器或直流发电机
直流电磁铁及电磁离合器的控制电路		48、24、12	整流器

控制变压器容量的选择可以根据两种情况计算：

（1）根据控制线路最大工作负载所需功率计算：

$$P_r \geqslant K_r \sum P_{xc}$$

式中，P_r 为所需变压器容量（VA）；K_r 为变压器容量储备系数（1.1~1.25）；$\sum P_{xc}$ 为控制线路

最大负载时工作的电器所需总功率（VA）。

显然，对于交流电器（交流接触器、交流中间继电器及交流电磁铁等）P_{xc} 应取吸持功率值。

（2）根据满足已吸合电器在又启动吸合另一些电器时仍能吸合计算：

$$P_r \geq 0.6 \sum P_{xc} + 1.5 \sum P_{st}$$

式中，$\sum P_{st}$ 为同时启动的电器的总吸持功率（VA）。

变压器二次侧电压，由于电磁电器启动时负载电流的增加要下降，但一般在下降额定值的 20% 时，所有吸合电器不致释放，系数 0.6 由此而来。式中第二项系数 1.5 为经验系数，它考虑到各电器的启动功率换算到吸持功率，以及电磁电器在保证启动吸合的条件下，变压器容量只是该器件的启动功率的一部分等因素。

最后所需变压器容量，应由两种计算结果的最大容量决定。

常用交流电器的启动与吸持功率如表 4-3 所示。

表 4-3　常用交流电器的启动与吸持功率（均为有功功率）

电器型号	启动功率 P_{st}（VA）	吸持功率 P_{xc}（VA）	P_{st} / P_{xc}
JZ7	75	12	6.3
CJ10-5	35	6	5.8
CJ10-10	65	11	5.9
CJ10-20	140	22	6.4
CJ10-40	230	32	7.2
CJ0-10	77	14	5.5
CJ0-20	156	33	4.75
CJ0-40	280	33	8.5
MQ1-5101	≈450	50	9
MQ1-5111	≈1000	80	12.5
MQ1-5121	≈1700	95	18
MQ1-5131	≈2200	130	17
MQ1-5141	≈10000	480	21

4.3　电气控制线路的设计方法

电气控制线路的设计方法有两种：一种是经验设计法，一种是逻辑设计法。

4.3.1　经验设计法

经验设计法是根据生产工艺的要求，按照电动机的控制方法，采用典型环节线路直接进行设计，先设计出各个独立的控制电路，然后根据设备的工艺要求决定各部分电路的联锁或联系。这种方法比较简单，但是对于比较复杂的线路，设计人员必须具有丰富的工作经验，需绘制大量的线路图，并经多次修改后才能得到符合要求的控制线路。

采用经验设计法设计电气控制系统，设计的内容包括主电路、控制电路和辅助电路的设计。其设计步骤如下：

（1）主电路设计：主要考虑电动机启动、点动、正反转、制动及多速控制的要求。

（2）控制电路设计：满足设备和设计任务要求的各种自动、手动的电气控制电路。

（3）辅助电路设计：完善控制电路要求的设计，包括短路、过流、过载、零压、联锁（互锁）、限位等电路保护措施，以及信号指示、照明等电路。

（4）反复审核设计：根据设计原则审核电气设计原理图，有必要时可以进行模拟实验，修改和完善电路设计，直至符合设计要求。

采用经验设计法时必须注意以下几个原则：

1）在保证实现控制目标的前提下，尽量减少使用的电器种类和数量

尽量选用相同型号的电器和标准件，以减少备品量；尽量选用标准的、常用的或经过实际考验过的线路和环节。

2）尽可能避免许多电器依次动作才能接通另一个电器的现象

在图4-1（a）所示电路中，继电器 KA3 线圈电流需要依次流过触点 K、KA1、KA2 才能到达 KA3 线圈。而图4-1（b）所示的控制电路中每一个继电器线圈电流仅流过一个触点，可靠性得到提高。

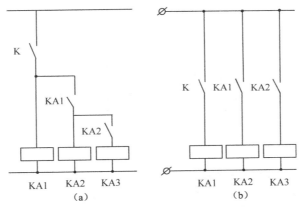

图 4-1　触点的合理使用

3）防止产生寄生电路

如图4-2（a）所示，由于不正确的接线，导致产生如虚线所示的寄生电路，影响正常控制；图4-2（b）中消除了寄生电路。

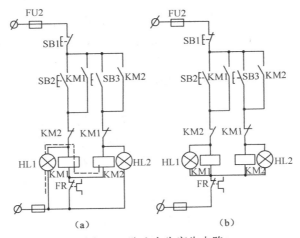

图 4-2　防止产生寄生电路

4）正确连接电器的线圈

（1）电器线圈的一端接在电源的同一侧，所有电器的触点在电源另一侧。这样既可以防止因触点短路导致电源短路，又方便连线。

（2）交流电器线圈不能串联使用。

两个交流电器的线圈串联使用时，至少一个线圈至多得到 1/2 的电压，由于吸合时间不同，只要一个电器动作，其线圈上的压降会增大，从而使另一个电器达不到需要的动作电压。必须同时得电的线圈应并联。

图 4-3（a）中将接触器线圈 K 和 KM1 串联是错误的连接，正确的接法如图 4-3（b）所示。

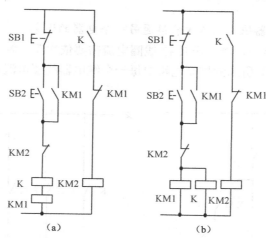

图 4-3　正确连接电器的线圈

5）在控制线路中尽可能减少电器触点数

为提高可靠性，电路中同类性质触点应合并，一个触点能完成的动作不用两个触点。

简化时注意触点的额定电流是否允许，还应考虑对其他回路的影响。

触点简化可采用的方法有经验化简法和卡诺图化简法。

经验化简法就是根据人的经验对组成控制线路中的同类触点进行化简，其通常的步骤为：

（1）分析电路中各部件的工作原理及控制对象，特别是同标号元件不同位置的触点。

（2）在不影响控制结果和互锁、自锁的前提下，逐一考虑是否可以省略同标号元件在不同位置的触点，尽可能减少触点个数。图 4-4 列举了一些触点化简的例子。

经验化简法适用于对一些较常见的线路触点进行化简，过程方便。但当控制线路较复杂时，往往难以获得最简化的结果，此时可采用公式化简法或卡诺图化简法。

公式化简法又称为布尔表达式化简法，是根据逻辑代数化简公式，通过公式变换对触点进行化简。

卡诺图化简法也是一种以逻辑代数为基础的化简法，借助卡诺图可以对重复的触点进行化简。卡诺图化简法简单、直观、有规律可循，当变量较少时，用来化简逻辑函数十分方便。

采用卡诺图化简的一般过程是：首先将控制线路中各触点与输出关系用逻辑函数的形式写出；其次在卡诺图上找到这些最小项对应的位置，填入 1，其余位置填入 0；然后用卡诺圈将相邻的填写 1 的小方格合并为一个乘积项，合并取值变化的变量，逐次进行化简后，可得到最简式；最后再将最简化的逻辑函数重新画成控制线路图的形式。

如图 4-4（e）左图，化简前原控制线路可写成表达式：

$$y = k_1 \cdot k_2 + \overline{k_1} \cdot k_3 + k_2 \cdot k_3$$

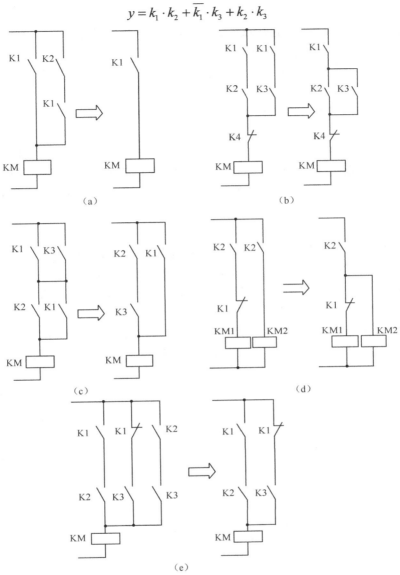

图 4-4　触点化简与合并

按上式画出其对应卡诺图，并确定合并项，如图 4-5 所示。

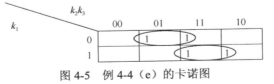

图 4-5　例 4-4（e）的卡诺图

由图 4-5 可知，化简后原控制线路可写成最小项表达式：

$$y = k_1 \cdot k_2 + \overline{k_1} \cdot k_3$$

由上式即可画成图 4-4（e）右图形式。

采用卡诺图化简时应注意以下几点：

（1）卡诺图中填 1 的小方格可以处在多个合并圈中，但每个合并圈中至少有一个填 1 的小方格在其他合并圈内未出现。

（2）为保证能写出最简单的与或表达式，应首先保证合并圈的个数最少（表达式中的与项最少），其次每个合并圈中填1的小方格最多（与项中变量最少）。

（3）如果一个填1的小方格不和任何其他填1的小方格相邻，则这个小方格也需要用一个与项表示。

（4）由于同一卡诺图中合并圈的画法在某些情况下不唯一，因此得到的最简逻辑表达式也不唯一。

卡诺图化简法主要适用于控制线路较简单、控制变量较少时的化简。当控制变量较多时，往往代表继电器-接触器控制电路结构更为复杂，控制的过程更为烦琐，器件成本也大为上升，此时一般情况下继续采用继电器-接触器控制已不再适合，因此这里不再讨论控制变量较多时的控制线路化简。

6）尽量减少连接导线的数量和缩短长度

例如，由于SB1与SB2和SB3与SB4分别两地操作，所以图4-6（b）与图4-6（a）相比，具有节省连接导线，可靠性高（减少电流流经的触点数）等优点。

7）考虑各种联锁关系及电气系统具有的各种电气保护措施，以及过载、短路、欠压、零位、限位等保护措施

图4-7（a）中用时间继电器KT的延时断开触点切断自身线圈电源，当时间继电器断电复位后，延时断开触点闭合，不能安全切断电路。而图4-7（b）采用继电器KA与时间继电器KT互锁，大大提高了安全性。

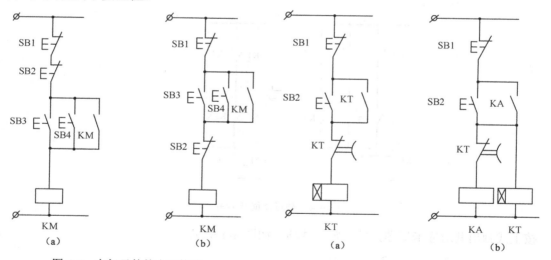

图4-6　电气元件的合理接线　　　　　　图4-7　合理的联锁关系

8）考虑有关操纵、故障检查、检测仪表、信号指示、报警及照明问题

经验设计方法具有简单，易于掌握，使用广泛的特点。但同时它要求设计者有一定的设计经验，需要反复修改图纸，设计速度较慢，且设计程序不固定，一般需要进行模拟实验，不宜获得最佳设计方案。

4.3.2　逻辑设计法

逻辑设计法是利用逻辑代数来进行的电路设计。它从生产机械的拖动和工艺要求出发，将

控制电路中的接触器、继电器线圈的通电与断电，触点的闭合与断开，主令电器的接通与断开看成逻辑变量，将继电器的执行元件作为逻辑输出量，根据控制要求和逻辑代数运算法则来求出逻辑变量与逻辑输出量之间的逻辑代数关系，通过化简后，得到逻辑关系式，并由此画出电气控制原理图。

逻辑设计法的优点是能获得理想、经济的方案，但这种方法设计难度较大，整个设计过程较复杂，还要涉及一些新概念，因此，在一般常规设计中，很少单独采用。其具体设计过程可参阅专门论述资料，这里不再进一步介绍。

4.3.3　电气控制图的 CAD 制图

随着计算机技术的不断发展，采用 CAD 技术可以极大地简化电气控制图的绘制和处理。在电气控制领域，最常用的 CAD 软件是美国 AutoDESK 公司开发的交互式计算机辅助设计与绘图软件——AutoCAD。AutoCAD 软件具有强大的二维和三维绘图功能，是当今世界上应用最广泛的工程绘图软件之一，在机械、电子、造船、汽车、城市规划、建筑、测绘等许多领域得到广泛应用。图 4-8 所示为 AutoCAD 2004 版操作界面。

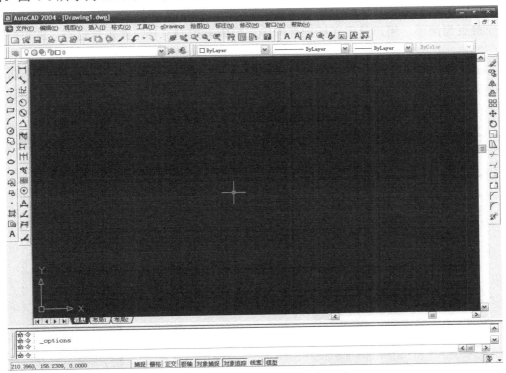

图 4-8　AutoCAD 2004 版操作界面

在电气控制领域，AutoCAD 软件由于具有以下特点，得到了广泛的应用。

（1）具有强大的绘图功能：用户可以使用基本绘图命令绘制常用的规则图形或形体，还可以通过 CAD 设计中心或网络功能加入标准或常用图形。

AutoCAD 可以绘制已知所有的电气控制图形和符号，还可以通过简单的直线、曲线、圆等基本图符方便地组合成所有电气符号，并以此作为电气控制图的基本单元进行绘图。

此外，AutoCAD 支持块操作。块是指绘制在一个或几个图层上的图形对象的组合。一组被定义为块的图形对象将成为单个的图形符号，拾取块中的一个图形对象即可选中构成块的全体对象，AutoCAD 可以方便地对块进行插入、编辑、移动、复制等操作。这样用户就可以将常用的电气控制元器件图符预先绘制并定义为块的形式进行保存，在后期的绘图中，用户只需调用所需的块进行插入或编辑，即可组成所需的电气控制图。

（2）图形编辑功能：通过此功能，用户可以方便地对已绘制的电气控制图进行复制、修改等编辑处理，可以大大减轻绘图工作强度。

（3）尺寸标注：用户在绘制电气控制图，特别是电气设备安装图和接线图时往往需要对安装尺寸进行准确定义，该软件提供了详细的尺寸标注功能，有利于绘制出安全准确、美观的施工用图。

（4）打印输出：用户可以将绘制的电气控制图按所需的图幅和性质进行打印输出，方便使用。

（5）网络传输：用户可以通过网络将所绘的电气控制图进行传输并处理，提高了工作效率。

（6）二次开发功能：由于 AutoCAD 软件具有开放式体系结构，支持用户进行二次开发，使得软件的应用范围得到了极大的拓展。目前市场上出现了以 HMCAD 软件为代表的大量的基于 AutoCAD 的专业软件。这些软件提供了与 AutoCAD 几乎完全兼容的接口，可以在 AutoCAD 的基础上针对不同领域用户的不同需求，提供标准化的专业服务。对于电气控制领域，这种服务主要表现在电气控制图符的标准化和图库化。在这样的操作界面上，采用 AutoCAD 绘制电气控制图将变得更为简单，用户只需在标准件库中选取所需控制符号，并进行组合，即可完成电气控制图。

除 AutoCAD 软件外，另一有代表性的可用于电气控制图绘制的软件是 Microsoft Visio，该软件也提供了大量的电气控制图符，支持用户对这些图符进行组合绘图，具有很大的灵活性。图 4-9 所示为 Microsoft Visio 2003 版操作界面。

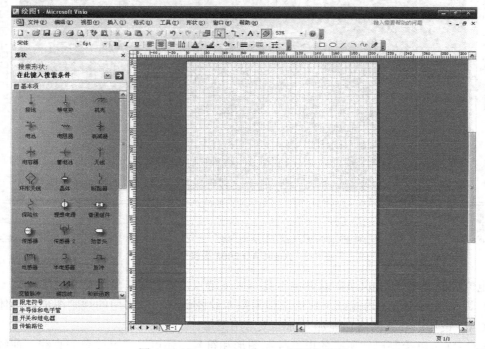

图 4-9　Microsoft Visio 2003 版操作界面

采用 CAD 技术进行电气控制图绘图可以大大减轻电气控制图的绘制难度，随着计算机技术的不断发展，电气控制图的计算机绘制必将在简易化和标准化上取得更大的提高。

思考与练习题

1. 机床电气控制系统设计的内容有哪些？
2. 化简如图 4-10 所示各线路图。

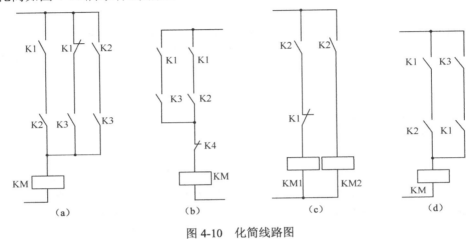

图 4-10　化简线路图

3. 找出图 4-11 所示电路中的错误，并改正。

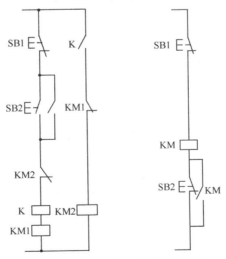

图 4-11　找出电路中的错误并改正

4. 某机床拖动系统由两台电动机组成，已知一台电动机额定电流为 15A，另一台电动机额定电流为 4A，两台电动机启动电流均为额定电流的 6.7 倍，且由机床工作状态可知两台电动机同时启动、同时工作，如采用一个熔断器对两台电动机进行保护，试计算熔体电流。

5. 对保护一般照明电路的熔体额定电流如何选择？对保护一台电动机和多台电动机的熔体额定电流如何选择？

第 5 章　继电器–接触器控制系统综合训练

通过前面的学习，我们对传统的继电器–接触器控制系统有了大概的了解，也能设计一些简单的继电器–接触器控制电路，在本章中，我们将针对一个具体问题，详细设计一套继电器–接触器控制系统。

▽ 5.1　设计任务

某型车床是一种常见的通用卧式机床，它能完成车削外圆、内圆、端面、螺纹、切断及割槽等工作，并可以装上钻头或铰刀进行钻孔和铰孔，该车床的电气控制系统采用继电器–接触器控制系统。我们将以该型车床为控制对象，设计一套以继电器、接触器为核心部件的机床控制系统。

▽ 5.2　主要运动形式及控制要求

本卧式车床的运动主要分为主运动、进给运动和辅助运动三种形式。采用三台三相异步电动机分别作为主运动（含进给运动）、辅助运动及冷却系统的动力源。

5.2.1　主运动

运动形式：主轴通过卡盘或顶尖带动工件的旋转运动。
控制要求：
（1）主轴电动机选用三相笼型异步电动机，不进行调速，主轴采用齿轮箱进行机械有级调速。
（2）车削螺纹时要求主轴有正反转，一般由机械方法实现，主轴电动机只做单向旋转。
（3）主轴电动机采用直接启动。

5.2.2　进给运动

运动形式：刀架带动刀具的直线运动。
控制要求：进给运动也由主轴电动机拖动，主轴电动机的动力通过挂轮箱传递给进给箱来实现刀具的纵向和横向进给。加工螺纹时，要求刀具移动和主轴转动有固定的比例关系。

5.2.3　辅助运动

（1）运动形式：刀架的快速移动。

控制要求：由刀架快速移动电动机拖动，该电动机可直接启动，也不需要正反转和调速。

（2）运动形式：尾架的纵向移动。

控制要求：手动操作，不控制。

（3）运动形式：工件的夹紧与放松。

控制要求：手动操作，不控制。

（4）运动形式：加工过程的冷却。

控制要求：冷却泵电动机和主轴电动机要实现顺序控制，冷却泵电动机也不需要正反转和调速。

5.2.4 电动机型号

本卧式车床使用三台三相异步电动机，其型号参数如表 5-1 所示。

表 5-1 电动机型号参数表

电 动 机	型 号	额 定 电 压	额 定 电 流	额 定 功 率	额 定 转 速
主轴电动机 M1	Y132M-4-B3	380V	15.4A	7.5kW	1450r/min
冷却泵电动机 M2	AB-25	380V	0.32A	90W	3000r/min
快速移动电动机 M3	AOS5634	380V		0.25kW	1360r/min

5.3 电气控制线路设计

5.3.1 主电路设计

根据电气传动的要求，由接触器 KM1、KM2、KM3 分别控制电动机 M1、M2、M3，具体电路图如图 5-1 所示。

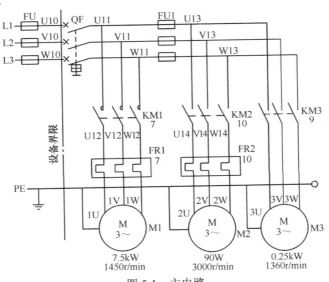

图 5-1 主电路

在主电路中，M1 为主轴电动机，拖动主轴的旋转并通过传动机构实现车刀的进给。主轴电动机 M1 由接触器 KM1 来控制，M1 只需做正转，而主轴的正反转是由摩擦离合器改变传动链来实现的。电动机 M1 的容量小于 10kW，采用直接启动。M2 为冷却泵电动机，由接触器 KM3 控制。M3 为快速移动电动机，由接触器 KM2 控制。 M2、M3 的容量都很小，用熔断器 FU1 做短路保护。热继电器 FR1 和 FR2 分别做 M1 和 M2 的过载保护，快速移动电动机 M3 是短时工作的，不需要过载保护。带钥匙的低压断路器 QF 作为电源总开关。

5.3.2　控制电路设计

控制电路的供电电压是 127V，控制变压器 TC 将 380V 的电压降为 127V。控制变压器的一次侧由 FU1 做短路保护，二次侧由 FU2、FU3、FU4 分别做短路保护，如图 5-2 所示。

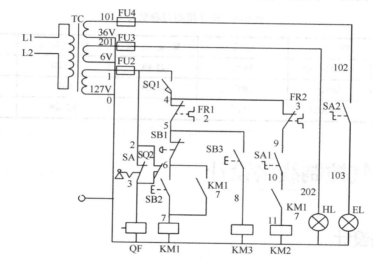

图 5-2　控制电路

1）电源开关的控制

作为电源开关低压断路器 QF 带有开关锁 SA，当需要接通电源时，首先用钥匙将 SA 打开，再合上断路器 QF。如果开关锁 SA 处于关闭状态，且闭合 QF，则 QF 会在 0.1s 内自动跳闸，这样就提高了系统的安全性。此外，在机床控制配电盘的壁龛门上还可以安装安全行程开关 SQ2，当打开配电盘壁龛门时，行程开关的触点 SQ2 闭合，QF 的线圈通电，QF 自动跳闸，切除机床的电源，以确保人身安全。

2）主轴电动机 M1 的控制

SB1 是红色蘑菇型的停止按钮，SB2 是绿色的启动按钮。按下启动按钮 SB2，KM1 线圈通电吸合并自锁，KM1 的主触点闭合，主轴电动机 M1 启动运转。按下 SB1，接触器 KM1 断电释放，其主触点和自锁触点都断开，电动机 M1 断电停止运行。

3）冷却泵电动机 M2 的控制

当主轴电动机启动后，KM1 的常开触点闭合，这时若打开手动转换开关 SA1，则 KM2 线圈通电，其主触点闭合，冷却泵电动机 M2 启动，提供冷却液。当主轴电动机 M1 停车时，KM1 常开触头断开，冷却泵电动机 M2 随即停止。M1 和 M2 之间存在联锁关系。

4）快速移动电动机 M3 的控制

快速移动电动机 M3 由接触器 KM3 进行点动控制。按下按钮 SB3，接触器 KM3 线圈通电，其主触点闭合，电动机 M3 启动，拖动刀架快速移动；松开按钮 SB3，M3 停止。快速移动的方向通过装在溜板箱上的十字手柄扳到所需要的方向来控制。

SQ1 是机床床头的挂轮架皮带罩处的安全开关。当装好皮带罩时，SQ1 闭合，控制电路才有电。当打开机床床头的皮带罩时，SQ1 断开，控制电路断电，电动机全部停止工作。

5.3.3　信号指示与照明电路

照明电路采用 36V 安全交流电压，信号回路采用 6V 交流电压，均由控制变压器二次侧提供。FU4 是照明电路的短路保护，开关 SA2 对照明灯 EL 进行控制。FU3 为指示灯的短路保护，合上电源开关 QF，指示灯 HL 亮，表明控制电路有电。具体电路如图 5-2 所示。

5.4　电气元件选择

1．电源开关 QF

QF 主要作为电源隔离开关用，并不是用它来直接启停电动机，可按电动机额定电流来选。根据这三台电动机来看，选中小型组合机床常用三极组合开关，型号为 DZ5-20，电流为 20A。

2．热继电器 FR1、FR2

主电动机 M1 的额定电流为 15.4A，FR1 应选用 JR16-20/3D 型热继电器，热元件电流为 20A，整定电流调节范围较大，工作时将额定电流调到 15.4A。

M2 的工作电流只有 0.32A，故选用 JR2-1 型热继电器，热元件整定电流调节范围较小，工作时调整在 0.32A。

3．熔断器 FU、FU1、FU2、FU3、FU4

FU 是对整机进行短路保护的熔断器，选用 RL1 型熔断器，配用 40A 的熔断体。

FU1、FU2、FU3、FU4 均选用 RL1 型熔断器，分别配用 4A、2A、1A、1A 的熔断体。

4．接触器 KM1、KM2 及 KM3

根据主电动机的额定电流等于 15.4A，控制回路电源电压为 127V，接触器 KM1 需主触点 3 对、动合辅助触点 2 对。根据以上情况，选用 CJ0-10A 型交流接触器，电磁线圈电压为 127V。KM2、KM3 也采用同样型号的交流接触器。

5．控制变压器 TC

控制变压器 TC 最大负载是 KM1、KM2、KM3 及指示灯同时工作时，根据总功率计算公式，选用 BK-200 型控制变压器，规格为 380/127、36、6V。

6. 制定电气元件明细表

将上述电气元件列表后如表 5-2 所示。

表 5-2 控制系统电气元件明细表

符号	元件名称	型号	规格	件数	功能
M1	主轴电动机	Y132M-4-B3	7.5kW 1450r/min	1	工件的旋转和刀具的进给
M2	冷却泵电动机	AB-25	90W 3000r/min	1	供给冷却液
M3	快速移动电动机	AOS5634	0.25kW 1360r/min	1	刀架的快速移动
KM1	交流接触器	CJ0-10A	127V 10A	1	控制主轴电动机 M1
KM2	交流接触器	CJ0-10A	127V 10A	1	控制冷却泵电动机 M2
KM3	交流接触器	CJ0-10A	127V 10A	1	控制快速移动电动机 M3
QF	低压断路器	DZ5-20	380V 20A	1	电源总开关
SB1	按钮	LA2 型	500V 5A	1	主轴停止
SB2	按钮	LA2 型	500V 5A	1	主轴启动
SB3	按钮	LA2 型	500V 5A	1	快速移动电动机 M3 点动
SA	钥匙式电源开关			1	开关锁
SA1	转换开关	HZ2-10/3	10A，三极	1	控制冷却泵电动机
SA2	转换开关	HZ2-10/3	10A，三极	1	控制照明灯
SQ1	行程开关	LX3-11K		1	打开皮带罩时被压下
SQ2	行程开关	LX5-11K		1	电气箱打开时闭合
FR1	热继电器	JR16-20/3D	15.4A	1	M1 过载保护
FR2	热继电器	JR2-1	0.32A	1	M2 过载保护
TC	变压器	BK-200	380/127、36、6V	1	控制与照明用变压器
FU	熔断器	RL1	40A	1	全电路的短路保护
FU1	熔断器	RL1	4A	1	M2、M3 的短路保护
FU2	熔断器	RL1	2A	1	控制回路的短路保护
FU3	熔断器	RL1	1A	1	指示灯回路短路保护
FU4	熔断器	RL1	1A	1	照明灯回路短路保护
EL	照明灯	K-1，螺口	40W 36V	1	机床局部照明
HL	指示灯	DX1-0	绿色，配 6V 0.15A 灯泡	1	电源指示灯

5.5 绘制电气控制图

依据国家电气制图规范，绘制详细的电气控制原理图，如图 5-3 所示。

当然，对于一个具体的控制系统，仅有电气控制原理图仍然不能施工，具体加工时还需要画出元器件布局图、元器件接线图等工艺图纸，这里就不再赘述了。

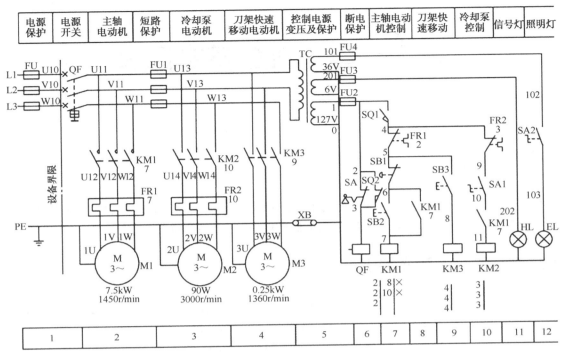

图 5-3　电气控制原理图

第 6 章　PLC 基本原理

6.1　概述

可编程控制器（PLC）是非常有用的工业控制装置。每个工业控制工程师都应该学会使用PLC，从而使机器能够自动运行，提高工作效率和质量，提高产量。

6.1.1　PLC 的定义和发展史

最初，可编程逻辑控制器（Programmable Logic Controller）简称 PLC，主要用于顺序控制，虽然采用了计算机的设计思想，但是实际上只能进行逻辑运算。

随着计算机技术的发展，可编程逻辑控制器的功能不断扩展和完善，其功能远远超出了逻辑控制、顺序控制的范围，具备了模拟量控制、过程控制以及远程通信等强大功能，所以美国电气制造商协会（NEMA）将其正式命名为可编程控制器（Programmable Controller），简称 PC。但是为了和个人计算机（Personal Computer）的简称 PC 相区别，人们常常把可编程控制器仍简称为 PLC。

国际电工委员会（IEC）于 1987 年对 PLC 定义如下：

PLC 是专为在工业环境下应用而设计的一种数字运算操作的电子装置，是带有存储器、可以编制程序的控制器。它能够存储和执行指令，进行逻辑运算、顺序控制、定时、计数和算术等操作，并通过数字式和模拟式的输入及输出，控制各种类型的机械和生产过程。PLC 及其有关的外围设备，都应按易于与工业控制系统形成一体、易于扩展其功能的原则设计。

事实上，PLC 就是以嵌入式 CPU 为核心，配以输入、输出等模块，可以方便地用于工业控制领域的装置。PLC 与机器人、计算机辅助设计与制造一起被称为现代工业的三大支柱。

自 1968 年美国最大的汽车制造厂家通用汽车公司（GM 公司）提出 PLC 设想以来，PLC 发展速度很快，性能也在不断提高。

1969 年，美国数字设备公司研制出了世界上第一台 PLC，型号为 PDP-14。

第一代 PLC：从第一台 PLC 诞生到 20 世纪 70 年代初期。其特点是：CPU 由中小规模集成电路组成，存储器为磁芯存储器。

第二代 PLC：从 20 世纪 70 年代初期到 70 年代末期。其特点是：CPU 采用微处理器，存储器采用 EPROM。

第三代 PLC：从 20 世纪 70 年代末期到 80 年代中期。其特点是：CPU 采用 8 位和 16 位微处理器，有些还采用多微处理器结构，存储器采用 EPROM、EAROM、CMOSRAM 等。

第四代 PLC：从 20 世纪 80 年代中期到 90 年代中期。其特点是：PLC 全面使用 8 位、16 位微处理芯片的位片式芯片，处理速度也达到 1μs。

第五代 PLC：从 20 世纪 90 年代中期至今。其特点是：PLC 使用 16 位和 32 位的微处理器芯片，有的已使用了 RISC 芯片。

6.1.2　PLC 的应用领域与发展方向

1．PLC 的应用领域

PLC 在国内外已广泛应用于钢铁、石油、化工、电力、建材、机械制造、汽车、轻纺、交通运输、环保等各个行业，使用情况大致可归纳为如下几类：

1）逻辑控制

PLC 可以取代传统的继电器，实现逻辑控制、顺序控制，可用于单机控制，也可用于多机群、流水线控制，如印刷机、订书机械、组合机床、磨床、包装生产线等。

2）运动控制

PLC 可以用于圆周运动或直线运动的控制，可驱动步进电动机或伺服电动机的单轴或多轴位置控制模块，已广泛用于各种机械、机床、机器人、电梯等场合。

3）过程控制

过程控制是指对温度、压力、流量等模拟量的闭环控制。作为工业控制计算机，PLC 能编制各种各样的控制算法程序，完成闭环控制。过程控制在冶金、化工、热处理、锅炉控制等场合有非常广泛的应用。

4）数据处理

现代 PLC 具有数学运算（含矩阵运算、函数运算、逻辑运算）、数据传送、数据转换、排序、查表、位操作等功能，可以完成数据的采集、分析及处理。数据处理一般用于大型控制系统，如无人控制的柔性制造系统；也可用于过程控制系统，如造纸、冶金、食品工业中的一些大型控制系统。

5）多级控制

即通信网络，包括 PLC 与 PLC、PLC 与计算机、PLC 与其他设备之间的通信，以构成"集中管理、分散控制"的多级分布式控制系统。

2．PLC 的发展方向

随着 PLC 的应用领域不断扩大，它本身也在不断发展。发展方向主要有以下几个方面：

1）小型、微型化

PLC 的一个发展方向是越来越小，一些 PLC 只有手掌大小，使用起来灵活方便。

2）大型、超大型化

PLC 的另一个发展方向是大型和超大型，这些 PLC 具有上万个输入、输出量，用于石化、冶金、汽车制造等领域。

3）智能化

PLC 中的输入、输出单元越来越智能化，这些单元具有模糊控制、PID 控制、位置控制、温度控制、远程通信等功能，并根据生产需要，正在不断推出新的智能单元。

4）CPU 能力更强

选用时钟更快、功能更强的 CPU 是 PLC 的发展趋势。

5）支持更多的工业总线

支持多种工业标准总线，使联网更加容易和简单，更易于组成工程控制网。

6）编程软件标准化

采用国际标准化的 IEC1131-3 编程语言，可以大大缩短开发周期。

7）人机交流功能增强

在为 PLC 配置了操作面板、触摸等人机对话手段后，其应用领域进一步扩展，应用更加方便。

8）数据处理能力大大增强

PLC 与个人计算机技术结合后，使得 PLC 的数据处理、存储功能大大增强。

6.1.3　PLC 的分类

PLC 产品种类繁多，其规格和性能也各不相同。通常根据其功能的差异、I/O 点数的多少和结构形式的不同等对 PLC 进行分类。

1. 按功能分类

根据 PLC 所具有的功能不同，可将 PLC 分为低档、中档和高档三类。

1）低档 PLC

具有逻辑运算、定时、计数、移位以及自诊断、监控等基本功能，还可有少量模拟量输入/输出、算数运算、数据传送和比较、通信等功能。

2）中档 PLC

除具有低档 PLC 的功能外，还增加了模拟量输入/输出、算数运算、数据传送和比较、数制转换、远程 I/O、通信联网等功能。有些还增设中断、PID 控制等功能。

3）高档 PLC

除具有中档机功能外，还增加了带符号算术运算、矩阵运算、位逻辑运算及其他特殊功能函数运算、制表及表格传送等功能。高档 PLC 具有更强的通信联网功能。

2. 按 I/O 点数分类

根据 PLC 的 I/O 点数的多少，可将 PLC 分为小型、中型和大型三类。

1）小型 PLC

I/O 点数为 256 点以下的称为小型 PLC（其中，I/O 点数小于 64 点的为超小型或微型 PLC）。

2）中型 PLC

I/O 点数为 256~2048 点的称为中型 PLC。

3）大型 PLC

I/O 点数为 2048 点以上的称为大型 PLC（其中，I/O 点数超过 8192 点的称为超大型 PLC）。

3. 按结构形式分类

根据 PLC 的结构形式，可将 PLC 分为整体式、模块式和混合式三类。

1）整体式 PLC

整体式结构的 PLC 把电源、CPU、I/O 接口等部件都集中安装在一个机箱内，具有结构紧凑、体积小、安装调试方便、价格低等特点。

2）模块式 PLC

模块式结构的 PLC 将各组成部分分别做成若干个单独的模块，如 CPU 模块、I/O 模块、电源模块及各种功能模块等。

　　3）混合式 PLC

　　混合式 PLC 是将整体式和模块式的特点结合起来所构成的。

6.1.4　PLC 控制系统与电气控制系统的比较

　　PLC 控制系统和电气控制系统的电路形式和符号基本相同，相同电路的输入和输出信号也基本相同，但是它们控制的实现方式是不同的。

　　（1）电气控制系统中的继电器触点在 PLC 中是存储器中的"数"，继电器的触点数量有限，设计时需要合理分配使用继电器的触点，而 PLC 中存储器的"数"可以反复使用，因为控制中只使用"数"的状态"1"或"0"。

　　（2）电气控制系统中的原理图就是电线连接图，更改困难；而 PLC 中的梯形图是利用计算机制作的，更改简单，调试方便。

　　（3）电气控制系统中继电器是按照触点的动作顺序和时间延迟，逐个动作。而 PLC 是按照扫描方式工作，首先采集输入信号，然后对所有梯形图进行计算，当计算完成后，将计算结果输出。由于 PLC 的扫描速度快，输入信号的变化到输出信号的改变似乎是在一瞬间完成的。

　　（4）梯形图左右两侧的线对电气控制系统来说是系统中继电器的电源线；而在 PLC 中这两根线已经失去了意义，只是为了维持梯形图的形状。

　　（5）PLC 中的梯形图按行从上至下编写，每一行从左向右顺序编写，在电气控制系统中，控制电路的动作顺序和梯形图编写的顺序无关，而 PLC 中对梯形图的执行顺序与梯形图编写的顺序一致，因为 PLC 视梯形图为程序。

　　（6）在电气控制系统中，电气控制原理图的最右侧是各种继电器的线圈；而在 PLC 中，梯形图的最右侧可以是表示线圈的存储器"数"，还可以是计数器/定时器、数据传输、译码器等 PLC 中的输出元素或指令。

　　（7）梯形图中的触点可以串联和并联，输出元素在 PLC 中只允许并联，不允许串联。而在电气控制系统中，继电器线圈是可以串联使用的（只要所加电压合适）。

　　（8）在 PLC 中的梯形图结束标志是 END。

6.2　PLC 的硬件组成及各部分功能

　　从数字系统的角度来看，PLC 其实就是一个单片机系统。

6.2.1　PLC 的基本组成

　　PLC 从结构上可分为整体式结构、模块式结构及混合式结构。

　　整体式 PLC 硬件系统由 CPU、存储器、通信接口、输入/输出电路和电源电路组成，其结构框图如图 6-1 所示。

　　模块式 PLC 的各个部分都是模块，这些模块由 PLC 的系统连接，其结构框图如图 6-2 所示。

　　混合式 PLC 是由 PLC 主机和扩展模块组成，其结构框图如图 6-3 所示。其中，扩展模块可以是输入/输出模块、模拟量模块、位置控制模块等；PLC 主机由 CPU、存储器、通信电路、基本输入/输出电路组成。

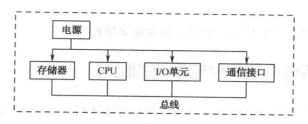

图 6-1 整体式 PLC 结构框图

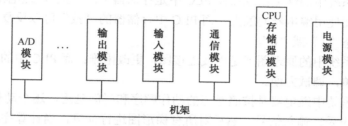

图 6-2 模块式 PLC 结构框图

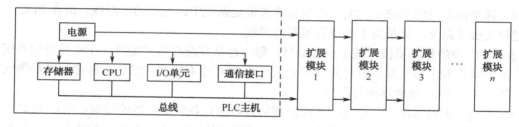

图 6-3 混合式 PLC 结构框图

1．CPU 芯片

CPU 芯片是 PLC 的核心，所有 PLC 的动作（程序输入、程序执行、通信、自检等）都需要 CPU 芯片的参与。各个公司的 PLC 的 CPU 芯片类型不同，一般是 8 位或 16 位单片机。

2．存储器

PLC 中的存储器用于存放以下内容：

（1）系统程序。系统程序是 PLC 生产厂赋予 PLC 功能的程序。由于有了系统程序，单片机组成的系统就变成了 PLC。

（2）用户程序。用户程序就是使 PLC 发出动作进行工业控制的程序。

（3）数据。数据包括 PLC 运行中的各种数据，如 I/O、定时、计数、保持、模拟量、各种标志等。

一般 PLC 的系统程序存放在 EEPROM 中，而用户程序和数据存放在后备电池支持的 RAM 中。

3．I/O 单元

I/O 单元是 PLC 与现场工业设备连接的电路。现场开关（行程开关、传感器等）信号通过 I/O 单元输入 PLC，而 PLC 输出的开关（继电器、晶体管等）信号从 PLC 输出到工业设备（电磁铁、电机等）。

4．通信接口

一般 PLC 的主机上至少有一个 RS-232 通信接口或 RS-485 通信接口。PLC 可以通过 RS-232 通信接口直接和上位计算机通信。若是 RS-485 通信接口，则 PLC 和上位计算机通信时需要一个连接器。无论是 RS-232 通信接口还是 RS-485 通信接口，都可以和 PLC 配套的编程器通信。

PLC 还有通信模块，通过这些模块，PLC 可以组成网络或下位机群与上位机群的分散控制系统。

5．电源单元

PLC 电源单元的输入电压有直流 12V、24V、48V 和交流 110V、220V，使用时根据需要选择。由于 PLC 中的电源都是开关式电源，所以在输入电压大幅度波动时，PLC 仍能稳定地工作。

电源模块的输出一般为直流 5V 和 24V，它向 PLC 的 CPU、存储器等提供工作电源。

6.2.2 PLC 输入/输出接口电路

输入/输出接口电路是 PLC 与现场 I/O 设备或其他外部设备之间的连接部件。PLC 通过输入接口把外部设备（如开关、按钮、传感器）的状态或信息读入 CPU，通过用户程序的运算与操作，把结果通过输出接口传递给执行机构（如电磁阀、继电器、接触器等）。

PLC 中的输入/输出接口电路可多可少，按 I/O 点数确定接口电路的规格和数量，其最大数受 PLC 所能管理的配置能力的限制。当系统的 I/O 点数不够时，可通过 PLC 的 I/O 扩展接口对系统进行扩展。

在输入/输出接口电路中，一般均配有电子变换、光耦合器和阻容滤波等电路，以实现外部现场的各种信号与系统内部统一信号的匹配和信号的正确传递，PLC 正是通过这种接口实现了信号电平的转换。

1．输入接口电路

各种 PLC 的输入接口电路结构大都相同，通常采用光电耦合器将 PLC 与现场设备隔离起来，以提高 PLC 的抗干扰能力。按其接口接收的外信号电源划分有两种类型：直流输入接口电路、交流输入接口电路，其作用是把现场的开关量信号变成 PLC 内部处理的标准信号，如图 6-4、图 6-5 所示。

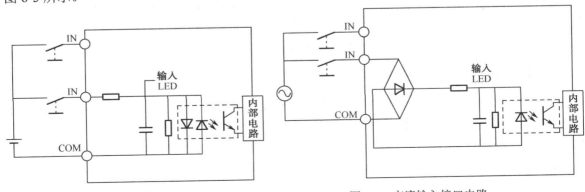

图 6-4　直流输入接口电路　　　　　图 6-5　交流输入接口电路

2. 输出接口电路

输出接口电路是 PLC 与现场设备之间的连接部件，用来将输出信号送给控制对象。其作用是将中央处理器单元送出的弱电控制信号转换为现场需要的强电信号并输出，以驱动电磁阀、接触器、电动机等被控设备的执行元件。PLC 的输出接口类型有三种，即继电器输出型、双向晶闸管输出型、晶体管输出型，如图 6-6 所示。继电器输出型为有触点输出方式，用于接通或断开频率较低的直流负载或交流负载回路；双向晶闸管输出型和晶体管输出型为无触点输出方式，用于接通或断开频率较高的负载回路。

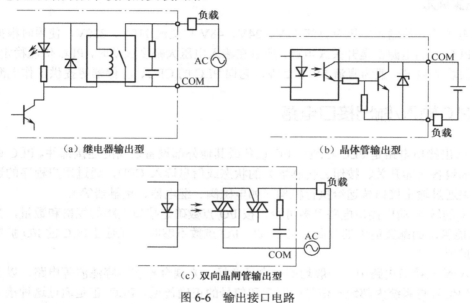

(a) 继电器输出型 (b) 晶体管输出型

(c) 双向晶闸管输出型

图 6-6 输出接口电路

6.2.3 特殊继电器

PLC 内部存储器的每一个存储单元称为元件，各个元件与 PLC 的监控程序、用户的应用程序合作，会产生或模拟出不同的功能。当元件产生的是继电器功能时，称这类元件为软继电器，简称继电器。它不是物理意义上的实物器件，而是一定的存储单元与程序的结合产物。不同厂家、不同系列的 PLC，其内部软继电器（编程元件）的功能和编号也不相同，因此用户在编制程序时，必须熟悉所选用 PLC 的每条指令涉及编程元件的功能和编号。这里我们对大多数 PLC 内部均含有的、通用的、具有特定用途的寄存器进行介绍。

1. 输入继电器

输入继电器是 PLC 中用来专门存储系统输入信号的内部虚拟继电器。它又被称为输入的映像区，它可以有无数个常开触点和常闭触点，供 PLC 编程使用。这类继电器的状态不能用程序驱动，只能用输入信号驱动。

2. 输出继电器

输出继电器是 PLC 中专门用来将运算结果信号经输出接口电路及输出端子送达并控制外部

负载的虚拟继电器。它在 PLC 内部直接与输出接口电路相连，它有无数个常开触点与常闭触点，这些常开与常闭触点可在 PLC 编程时随意使用。外部信号无法直接驱动输出继电器，它只能用程序驱动。

3．内部辅助继电器

PLC 内有很多辅助继电器，这些辅助继电器不能直接驱动外部负载，外部负载的驱动必须由输出继电器执行。辅助继电器的常开和常闭触点使用次数不限，在 PLC 编程时可以自由使用。内部辅助继电器的数量比输入继电器和输出继电器的多。

4．内部专用继电器

内部专用继电器用于监视 PLC 的工作状态，自动产生时钟脉冲对状态进行判断等。其特点是用户不能对其进行编程，而只能在程序中读取其触点状态。

5．暂存继电器

暂存继电器用于具有分支点的梯形图程序的编程，它可以把分支点的数据暂时储存起来。

6．保持继电器

保持继电器之所以得名，是因为当电源出现故障停电时，这些继电器能保持它掉电时刻的通/断状态，即具有掉电保护功能。如果电气控制对象需要保持掉电前的状态，以使 PLC 在来电恢复工作后再现这些状态，那么就必须使用保持继电器。

7．时间继电器

时间继电器又称为定时器/计数器。在使用时，某一编号只能用作定时器或计数器，不能同时既用作定时器又用作计数器。在发生掉电情况时，定时器复位，计数器具有掉电保护功能，其值保持不变。

8．数据存储继电器

数据存储继电器实际上是 RAM 中的一个区域，又称为数据存储区（Data Memory Relay，DM）。它不能以单独的继电器形式来使用，只能以通道的形式访问。

6.2.3 特殊功能单元

特殊功能单元包括高密度 I/O 单元、模拟 I/O 单元、模糊单元、温度传感单元、温度控制单元、热冷控制单元、凸轮控制单元、PID 单元、位置控制单元、高速计算单元和语言单元等。这些单元越多，说明 PLC 的功能越强。

6.2.4 编程器和其他外设

编程器是 PLC 常用的外部设备。用户可通过编程器来编辑、检查、修改用户程序，并通过通信单元（编程器接口）将程序装入 PLC。编程器可以监控 PLC 的运行。随着计算机的价格下降，计算机装配相应编程器软件后，成为一个功能强大的编程器。使用编程软件可以在计算机屏幕上直接生成和编辑梯形图或指令表程序，并且可以实现不同编程语言之间的相互转换。程序被编译后下载到 PLC，也可以将 PLC 中的程序上传到计算机。程序可以存盘或打印，通过网络或电话线，还可以实现远程编程和传送。

PLC 还有一些其他外部设备，如人机接口（又叫操作员接口，用来实现操作员和 PLC 之间的对话和交互作用）、外存储器、打印机、EPROM 写入器等。

6.3 PLC 的编程语言

PLC 的用户程序是设计人员根据控制系统的工艺控制要求，通过 PLC 编程语言的编制设计的。PLC 的编程语言包括梯形图语言、语句表语言、逻辑图语言、功能表图语言及高级语言，其中，梯形图语言和语句表语言应用最为广泛。

6.3.1 梯形图语言

梯形图语言是 PLC 程序设计中最常用的编程语言。它是与继电器线路类似的一种编程语言。由于电气设计人员对继电器控制较为熟悉，因此，梯形图语言得到了广泛的欢迎和应用。

梯形图编程语言的特点是：与电气操作原理图相对应，具有直观性和对应性；与原有继电器控制相一致，电气设计人员易于掌握。

程序采用梯形图的形式描述。这种程序设计语言采用因果关系来描述事件发生的条件和结果。每个梯级是一个因果关系。在梯级中，描述事件发生的条件表示在左边，事件发生的结果表示在后面。

图 6-7 所示梯形图是一个最简单的梯形图程序。图中符号的含义是：R1、R2 是两个常开/常闭输入接点，表示输入变量；C1、C2 表示输出，它可以表示各种形式的输出，既可以表示继电器，也可以表示晶体管等，总之是一个通用的符号，在梯形图中一般均看作一个继电器。标有 C1 的圆圈表示输出继电器 C1 的线圈，代表输出变量。—‖—C1 表示常开接点，作为 C1 的接点，在梯形图中就表示输入变量了。

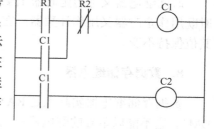

图 6-7　简单梯形图语言

梯形图最左边是起始母线，每一逻辑行必须从起始母线开始画起，有的厂家最右边还有结束母线，有的则省去不画。梯形图按从左至右、从上至下的顺序书写，CPU 也按此顺序执行程序。梯形图中的开关（触点）可以串联或并联，输出可以并联但不能串联。程序结束时应有结束符。

6.3.2 语句表语言

梯形图语言需采用带屏幕显示的图形编程器，其价格贵且体积大，小型机常常难以满足。为使编程语言既保持梯形图的简单、直观、易懂的特点，又能采用经济便携的编程器，产生了语句表语言。

语句表语言是与汇编语言类似的一种助记符编程语言。语句是用户程序的基础单元，用户程序可由一条或多条语句组成。每条语句是规定 CPU 如何动作的指令，它的作用和汇编语言指令类似，而且 PLC 的语句也是由操作码和操作数组成的。操作码用助记符表示，用来执行要执行的功能，告诉 CPU 该进行什么操作，例如逻辑运算的与、或、非；算数运算的加、减、乘、除；时间或条件控制中的计时、计数、移位等功能。操作数一般由标识符和参数组成。标识符表示操作数的类别，例如标明是输入继电器、输出继电器、定时器、计数器、数据寄存器等。参数标明操作数的地址或一个预先设定值。

图 6-7 所示的梯形图对应的语句表语言如下所示：

LD	R1
OR	C1
AND NOT	R2
OUT PUT	C1
LD	C1
OUT PUT	C2

6.3.3　逻辑图语言

逻辑图语言使用类似于布尔代数的图形逻辑符号来表示控制逻辑，一些复杂的功能用指令框表示，适合于有数字电路基础的编程人员使用。逻辑图语言用类似于与门、或门的框图来表示逻辑运算关系，方框的左侧为逻辑运算的输入变量，右侧为输出变量，输入、输出端的小圆圈表示"非"运算，方框用"导线"连在一起，信号自左向右。

图 6-7 所示梯形图对应的逻辑图语言如图 6-8 所示。

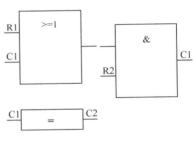

图 6-8　简单逻辑图语言

6.3.4　功能表图语言

功能表图语言是用功能图表（SFC 图）来描述程序的一种程序设计语言。功能图表（SFC 图）是一种特殊的流程图。它从具体的工作流程入手，按流程顺序将控制过程分为若干子状态（步），每个子状态对应相应的输入/输出操作，使系统的操作具有明确的含义，便于设计人员和操作人员设计思想的沟通，便于程序的分工设计和检查调试。

功能表图语言又称为顺序功能图语言。根据转移条件对控制系统的功能流程顺序进行分配，一步一步地按照顺序动作。每一步代表一个控制功能任务，用方框表示。在方框内含有用于完成相应控制功能任务的梯形图逻辑。

1．功能图表的基本元素

功能图表的基本元素是流程步、有向线段、转移和动作说明，下面分别予以介绍。

1）流程步

流程步又称为工作步，它是控制系统中的一个稳定状态。流程步用矩形方框表示，框中用数字表示该步的编号，编号可以是实际的控制步序号，也可以是 PLC 中的工作位编号。

对应于系统的初始状态工作步，称为初始步。该步是系统运行的起点，一个系统至少需要有一个初始步。初始步用双线矩形框表示，流程步如图 6-9 所示，（a）是工作步，（b）是初始步。

2）有向线段

有向线段是表示流程步方向的线段，是一种具有单向方向的线段，其起点在前一步，终点为后一步。流程步在转移时，只能按有向线段的指向进行转移。当有向线段方向为从上到下、从左到右时，其方向箭头可以省略不画。

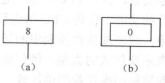

图 6-9 流程步

3）转移

转移就是从一个步向另外一个步之间的切换条件，两个步之间用一个有向线段表示可以从一个步切换到另一个步，代表向下转移方向的箭头可以忽略。

通常转移用有向线段上的一段横线表示，在横线旁可以用文字、图形符号或逻辑表达式标注描述转移的条件。当相邻之间的转移条件满足时，就从一个步按照有向线段的方向进行切换。转移和有向线段如图 6-10 所示。

4）动作说明

步并不是 PLC 输出触点的动作，步只是控制系统中的一个稳定状态。在这个状态，可以有一个或多个 PLC 输出触点的动作，但是也可以没有任何输出动作，例如某步只是启动了定时器或是一个等待过程，所以步和 PLC 的动作是两件事情。对于一个步，可以有一个或几个动作，表示的方法是在步的右侧加一个或几个矩形框，并在框中加文字对动作进行说明，如图 6-11 所示。

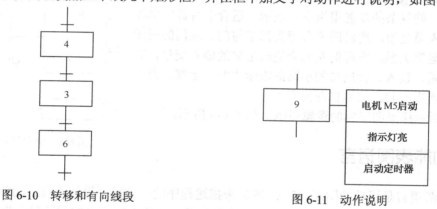

图 6-10 转移和有向线段   图 6-11 动作说明

常见动作种类：

（1）动作不自锁，步结束时动作就结束。

（2）动作自锁，步结束时还继续，直到复位到达之后。

（3）复位作用，动作的任务是复位以前自锁的动作。

（4）启动定时器，定时器可以在步结束时或时间复位信号到达时结束。

（5）脉冲作用，当步开始时激活脉冲，该脉冲只作用一次。

（6）在时间延迟后，启动自锁和定时器，直到复位信号到达。

（7）当步被激活时，自锁和定时器启动，直到定时器时间到达和复位信号到达。

（8）启动功能指令，完成特定的动作。

5）一些规则

（1）步和步之间必须有转移隔开。

（2）转移和转移之间必须有步隔开。

（3）步和转移、转移和步之间用有向线段连接，正常画 SFC 图的方向是从上到下或是从左到右。按照正常顺序画图时，有向线段可以不加箭头，否则必须加箭头。

（4）一个 SFC 图中至少有一个初始步。

（5）一个 SFC 图任一时刻有且仅有一个步处于通电状态，称为激活步，又称当前步。

（6）步的转移只能由前一个激活步向后一个待激活步转换，是否转移取决于两步之间的转移条件是否满足。当前一步转移到后一步时，后一步被激活，成为当前步，同时前一步被中止。

（7）一个 SFC 图在初次通电时，由于所有步均处于中止状态，因此除非外加条件激活初始步，否则 SFC 图不能运行。实际使用中可以使用特殊继电器作为启动条件。例如，OMRON 公司 CPM 系列 PLC 常用特殊继电器 25315 作为 SFC 图的启动条件，该特殊继电器可以在 PLC 通电的第一个周期内提供一个单脉冲信号，用于启动初始步。

2．功能图表的结构

1）单序列结构

单序列结构是最简单的一种结构，该结构的特点是步和步之间只有一个转移，转移和转移之间只有一个步。单序列结构的功能图如图 6-12 所示。

2）选择性分支结构

选择性分支结构如图 6-13 所示。图中共有 2、3→4、5→6、7→8→9 四个分支。根据分支转移条件 A、C、F 和 I 来决定究竟选择哪一个分支。

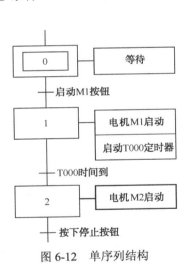

图 6-12　单序列结构

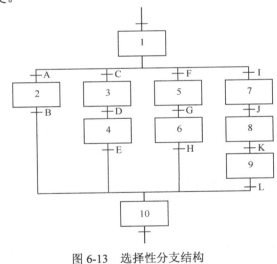

图 6-13　选择性分支结构

分支用水平线相连，每个分支都有一个转移。每个分支的转移都位于水平线下方，水平线上方没有转移。

如果某一分支转移条件得到满足，则执行这一分支。一旦进入这一分支后，就再也不执行其他分支了。

分支结束用水平线将各个分支汇合，水平线上方的每个分支都有一个转移条件，而水平线下方没有转移条件。

3）并发性分支结构

如果在某一步执行完后，需要启动若干条分支，这种结构称为并发分支结构，如图 6-14 所示。

分支开始是水平双线将各个分支相连，双水平线上方需要一个转移，转移对应的条件称为公共转移条件。如果公共转移条件满足，则同时执行下面所有分支。水平线下方一般没有转移条件，特殊情况下允许有分支转移条件。

公共转移条件满足时，同时执行多个分支，但是由于各个分支完成的时间不同，所以每个分支的最后一步通常设置一个等待步。

分支结束用水平双线将各个分支汇合，水平双线上方一般没有转移，下方有一个转移。

4）循环结构

循环结构用于一个顺序过程的多次反复执行，如图 6-15 所示。

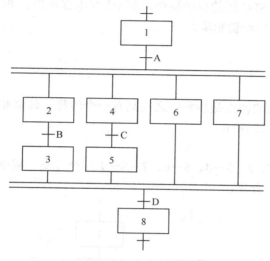

图 6-14　并发分支结构

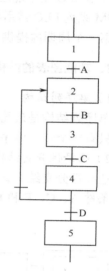

图 6-15　循环结构

5）复合结构

复合结构就是一个集顺序、选择性分支、并发性分支和循环结构于一体的结构。由于结构复杂，必须仔细才能正确地描述实际问题。

6.3.5　高级语言

近年来推出的一些 PLC，尤其是大型机，采用了 BASIC、PASCAL、C 语言等高级语言，从而可像使用普通计算机一样进行结构化编程，不但能完成逻辑控制功能、数值计算、数据处理、PID 调节，而且也很容易实现与计算机的通信联网。

6.4　PLC 的工作原理

6.4.1　PLC 控制系统的等效电路

现在通过一个例子来简单说明 PLC 控制的等效电路。

如图 6-16 所示是采用继电器–接触器控制来实现 M1 和 M2 电动机转动的电路。

控制功能：按下启动按钮 SB1，电动机 M1 开始运转，过 10s 后，电动机 M2 开始运转；按下停止按钮 SB2，电动机 M1、M2 同时停止运转。

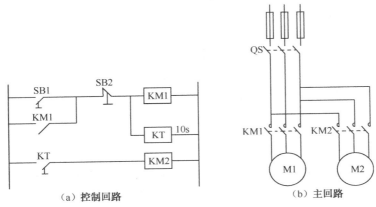

图 6-16　采用继电器-接触器控制来实现电动机转动的电路

采用 PLC 来实现同样的功能，其等效电路如图 6-17 所示。

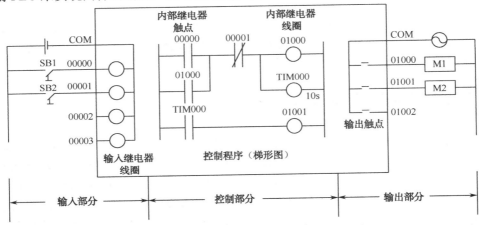

图 6-17　采用 PLC 来实现电动机转动的等效电路

可以看出，PLC 是实现电动机转动的程序部分。

6.4.2　PLC 的工作过程

与其他控制装置一样，PLC 根据输入信号的状态，按照控制要求进行处理判断，产生控制输出。PLC 采用循环扫描的工作方式，其过程分为读输入、程序执行、写输出三个阶段，整个过程进行一次所需要的时间称为扫描周期。

图 6-18 所示是欧姆龙公司的小型机 CPM1A 的三个工作过程。

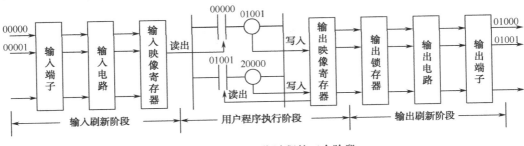

图 6-18　PLC 工作过程的三个阶段

PLC 三个阶段的详细工作过程如下：

1）读输入（输入刷新）阶段

PLC 在读输入阶段，以扫描的方式依次读入所有输入信号的通/断状态，并将它们存入存储器输入暂存区的相应单元内，这部分存储区也被特别称为输入映像区。

在读输入结束后，PLC 转入用户程序执行阶段。

2）用户程序执行阶段

PLC 在程序执行阶段，按照先后次序逐条执行用户程序指令，从输入映像区中读取输入状态、上一扫描周期的输入状态及定时器/计数器状态等条件。根据用户程序进行逻辑运算，不断得到运算结果，一步步运算得到的结果并不直接输出，而是将其对应地先存入输出暂存区的相应单元内（输出暂存区也称为输出映像区），直到用户程序全部被执行完。用户程序执行完，得到最后可以输出的结果。

在用户程序执行阶段结束后，PLC 转入写输出阶段。

3）写输出（输出刷新）阶段

当用户程序执行结束后，PLC 就进入输出刷新阶段。在此期间 PLC 根据输出映像区中的对应状态刷新所有的输出锁存电路，再经隔离驱动到输出端子，向外界输出控制信号，控制指示灯、电磁阀、接触器等。这才是 PLC 的实际输出。

6.4.3　PLC 的扫描周期及响应时间

PLC 的扫描周期是指 PLC 一次完成读输入、程序执行、写输出三个阶段所需要的时间。但是由于采用了扫描工作方式，从 PLC 输入端有一个输入信号发生变化到输出端对该输入变化做出反应，需要一段时间，这段时间就称为 PLC 的响应时间或滞后时间。这段时间往往较长，但是对于一般的工业控制，这种滞后是允许的。响应时间的长短与如下因素有关：输入电路的时间常数、输出电路的时间常数、用户语句的安排和指令的使用、PLC 的循环扫描方式、PLC 对 I/O 的刷新方式。

其中前三个因素可以通过选择不同的模块和合理编制程序得到改善。

由于 PLC 是循环扫描工作方式，因此响应时间与收到输入信号的时刻有关，在此给出最短和最长响应时间。

1）最短响应时间

若在第 n-1 个扫描周期刚刚结束时收到一个输入信号，则第 n 个扫描周期一开始，这个信号就被采样，使输出更新，这时响应时间更短，如图 6-19 所示。若考虑到输入电路造成的延迟和输出电路造成的延迟，则最短响应时间可以用下式表示。

最短响应时间=输入延迟时间 + 一个扫描周期 + 输出延迟时间

2）最长响应时间

若在第 n 个扫描刚执行完输入刷新后输入发生了变化，在该扫描周期内这个信号不会发生作用，要在第 n+1 个扫描周期的输入刷新阶段才能采样到输入变化，在输出刷新阶段输出做出反应，这时响应时间最长（如图 6-20 所示），可用下式表示。

最长响应时间=输入延迟时间+两个扫描周期+输出延迟时间

从图 6-20 中可以看出，对输入信号的持续时间也是有一定要求的，若输入信号的持续时间不能大于一个扫描周期（所谓窄脉冲），则输入就不能确保被采样，也就不能被响应。

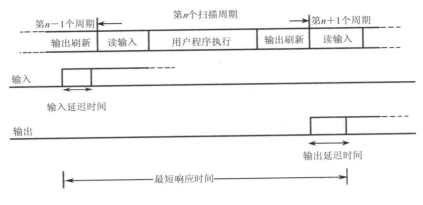

图 6-19　最短响应时间

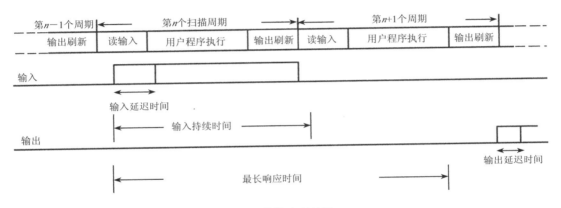

图 6-20　最长响应时间

在 PLC 中读输入和输出刷新时间基本固定不变，并且占扫描周期的份额较小，扫描周期的长短主要由用户程序执行的时间决定。用户程序执行时间取决于用户程序量和 CPU 的运算速度。通常情况下，PLC 的扫描周期小于 100ms，从控制的角度看，这个时间还是可以接受的。

事实上，PLC 在一个扫描周期内除了完成上述三个阶段的工作外，还要做一些辅助工作，如内部诊断、通信工作。

循环扫描工作方式简单直观，便于程序设计和 PLC 自身的检查。因为在扫描完成后，其结果马上会被紧随其后的扫描所利用。一般在 PLC 内设置有监视定时器，用来监视每次扫描的时间是否超过规定值，避免由于 PLC 内部的 CPU 故障，使程序进入死循环。

扫描顺序可以是固定的，也可以是可变的。一般小型 PLC 采用固定的扫描顺序，大、中型 PLC 采用可变的扫描顺序。这是因为大、中型 PLC 扫描的点数多，每次扫描只对需要扫描的点进行扫描，可以减少扫描的点数，缩短扫描周期，提高实时控制的响应速度。

思考与练习题

1. 为什么可编程控制器习惯称为 PLC？
2. PLC 的特点是什么？
3. 整体式 PLC 和模块式 PLC 在结构上各有什么特点？

4. PLC 中存储器的类型有哪些？作用是什么？

5. 通信接口的主要作用是什么？

6. 简述 PLC 的工作过程，说明输入和输出在处理上有什么特点。

7. 扫描周期主要由哪几部分时间组成？起决定作用的是什么时间？与什么因素有关？

8. 为什么输入"窄脉冲"信号可能得不到响应？

9. PLC 有哪些技术指标？

10. 梯形图和继电器控制原理图的主要区别是什么？

第 7 章 PLC 通信

近年来，随着计算机技术和网络技术的发展，工厂自动化网络得到了迅速的发展，相当多的企业已经在大量地使用可编程设备，如 PLC、工业控制计算机、变频器、机器人、柔性制造系统等。PLC 通信的任务就是将地理位置不同的 PLC、计算机、各种现场设备等，通过通信介质连接起来，按照规定的通信协议，以某种特定的通信方式高效率地完成企业各个部门之间数据的传送、交换和处理，提高生产效率和经济效益。本节就通信方式、通信介质、通信协议及常用的通信接口等内容加以介绍。

7.1 通信方式

PLC 通信的方式多种多样，常用的分类方法有以下几种。

7.1.1 串行通信与并行通信

按传输信道的数量，PLC 通信方式可分为串行通信和并行通信。

串行通信的数据传输以二进制的位（bit）为单位，每次传送一位。在一个数据传输方向上，除了地线外，一般只需一根线，这根线既是数据线又是联络控制线，数据和联络信号在该线上按位进行传送，因此串行通信所需的信号线比较少，最少的只需两三根线，适用于距离较远的场合。一般计算机和 PLC 设备都有通用的串行通信接口，因此串行通信多用于 PLC 与计算机之间、多台 PLC 之间的数据通信，在工业控制中一般使用串行通信。

在串行通信中，传输速率常用比特率（每秒传送的二进制位数）来表示，其单位是比特/秒（bit/s）或 bps。传输速率是评价通信速度的重要指标。常用的标准传输速率有 300、600、1200、2400、4800、9600 和 19200（单位：bps）等。不同的串行通信的传输速率差别极大，有的只有数百 bps，有的可达 100Mbps。

并行通信是以字节或字为单位的数据传输方式，传输速度快，其一般除了有 8 根或 16 根数据线及一根公共线外，还需数据通信联络用的控制线，因此并行通信成本比较高，主要用于近距离的数据传送。在 PLC 设备的内部，如 PLC 内部元件之间、PLC 主机与扩展模块之间或近距离智能模块之间的数据通信一般使用并行通信。

7.1.2 单工通信与双工通信

按传输信号的流向，PLC 通信可分为单工、半双工和全双工通信几种方式。

单工通信方式只能沿单一方向发送或接收数据。双工通信方式可沿两个方向传送或接收数据，每个站既可以发送数据，也可以接收数据。

在双工通信方式中，如果数据的发送和接收分别由两根或两组不同的数据线传送，通信的双方能在同一时刻接收和发送信息，则这种传送方式称为全双工方式；如果用同一根线或同一组线接收和发送数据，通信的双方在同一时刻只能发送数据或接收数据，则这种传送方式称为半双工方式。在 PLC 通信中常采用半双工和全双工通信方式。

7.1.3 异步通信与同步通信

在信号传输中，接收方和发送方的信号传送速率应相同，但是由于时钟脉冲的关系，导致实际的发送速率与接收速率之间有一些微小的差别，在连续传送大量的信息时，将会因积累误差造成错位，使接收方接收到错误的信息，因此需采取一定的措施，使发送和接收同步。按传输信号同步方式的不同，PLC 通信可分为异步通信和同步通信。

异步通信的信息格式如图 7-1 所示，发送的数据字符由一个起始位、7~8 个数据位、1 个奇偶校验位（可以没有）和停止位（1 位、1.5 或 2 位）组成。通信双方对所采用的信息格式和数据的传输速率做相同的约定，接收方检测到停止位和起始位之间的下降沿后，将它作为接收的起始点，在每一位的中点接收信息。由于一个字符中包含的位数不多，即使发送方和接收方的收发频率略有不同，也不会因两台机器之间的时钟周期的误差积累而导致错位。异步通信传送附加的非有效信息较多，传输效率较低，一般用于低速通信，PLC 一般使用异步通信。

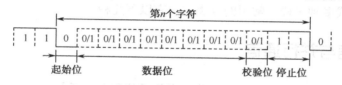

图 7-1 异步通信的信息格式

同步通信以字节为单位（一个字节由 8 位二进制数组成），每次传送 1~2 个同步字符、若干个数据字节和校验字符。同步字符起联络作用，用它来通知接收方开始接收数据。在同步通信中，可以通过设置时钟信号线或在数据流中提取同步信号，使接收方得到与发送方完全相同的接收时钟信号，保证发送方和接收方的数据同步。由于同步通信方式不需要在每个数据字符中加起始位、停止位和奇偶校验位，只需在数据块（往往很长）之前加一两个同步字符，所以传输效率高，但是对硬件的要求较高，一般用于高速通信。

7.1.4 基带传输与频带传输

按通信网络中的数据传输形式的不同，PLC 通信可分为基带传输和频带传输。

基带传输是按照数字信号原有的波形（以脉冲形式）在信道上直接传输，信道具有较宽的通频带。在基带传输中，需要对数字信号进行编码来表示数据，常用数据编码方法有非归零码（NRZ）编码、曼彻斯特编码和差动曼彻斯特编码等，其中后两种编码不含直流分量，包含时钟脉冲，便于双方自同步，所以应用广泛。基带传输不需要调制解调，设备花费少，且在近距离范围内，基带信号的功率衰减不大，信道容量不会发生变化，而 PLC 网一般范围有限，故 PLC 网多采用基带传输。但在基带传输中，整个信道只传输一种信号，故通信信道利用率低。

远距离通信信道多为模拟信道，例如，传统的电话（电话信道）只适用于传输音频范围（300～3400Hz）的模拟信号，不适用于直接传输频带很宽，但能量集中在低频段的数字基带信号。 频带传输就是先将基带信号变换（调制）成便于在模拟信道中传输的、具有较高频率范围的模拟信号（称为频带信号），再将这种频带信号在模拟信道中传输。计算机网络的远距离通信通常采用的是频带传输。

7.2　通信介质

通信介质就是通信系统发送端与接收端之间的物理通路。通信介质一般可分为导向性和非导向性介质两种。导向性介质引导信号的传播方向，有双绞线、同轴电缆和光纤等；非导向性介质不引导信号传播方向，一般通过空气传播信号，如短波、微波和红外线通信等。

以下仅简单介绍几种常用的导向性通信介质。

7.2.1　双绞线

双绞线是一种广泛使用的廉价的通信介质，为减弱来自外部的电磁干扰及相邻双绞线引起的串音干扰，它由两根彼此绝缘的导线按照一定规则以螺旋状绞合在一起，如图 7-2 所示，其在传输距离、带宽和数据传输速率等方面有一定的局限性。

双绞线常用于建筑物内局域网数字信号传输。只要选择合适的导线及传输技术，安装得当，这种局域网在有限距离内数据传输率可达 10Mbps，当距离很短且采用特殊的电子传输技术时，传输率可达 100Mbps。

在实际应用中，可将许多对双绞线捆扎在一起，并用起保护作用的塑料外皮将其包裹起来制成非屏蔽双绞线电缆，如图 7-3 所示。在非屏蔽双绞线电缆中，每根导线使用不同颜色的绝缘层以便识别导线和导线间的配对关系，同时为了减小双绞线间的相互串扰，电缆中相邻双绞线一般采用不同的绞合长度。

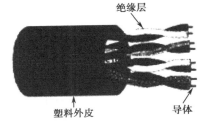

图 7-2　双绞线示意图　　　　　　　　　图 7-3　双绞线电缆

非屏蔽双绞线电缆因其价格便宜、使用方便、易于安装，成为目前最常用的通信介质。但非屏蔽双绞线电缆易受干扰，缺乏安全性，为此可采用金属包皮或金属网包裹制成屏蔽双绞线电缆。屏蔽双绞线电缆抗干扰能力强，有较高的传输速率，100m 内可达到 155Mbps。但其价格相对较贵，需要配置相应的连接器，使用时不是很方便。

7.2.2　同轴电缆

如图 7-4 所示，同轴电缆由内、外层两层导体组成。内层导体位于外层导体的中轴上，是由一层绝缘体包裹的单股实心线或绞合线（通常是铜制的）；外层导体是由绝缘层包裹的金属包皮或金属网，可以充当导体的一部分，同

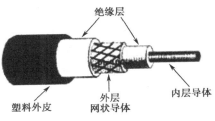

图 7-4　同轴电缆

时能防止外部环境的干扰和阻止内层导体的辐射能量干扰其他导线；同轴电缆的最外层是能够起保护作用的塑料外皮。

同双绞线相比，同轴电缆抗干扰能力更强，因此可用于频率更高、数据传输速率更快的情况。影响其性能的主要因素来自衰损和热噪声，若采用频分复用技术还会受到交调噪声的影响。虽然目前同轴电缆大量被光纤取代，但它仍广泛应用于有线电视和某些局域网中。

目前广泛使用的同轴电缆主要有 50Ω 电缆和 75Ω 电缆两类。其中 50Ω 电缆主要用于基带数字信号传输，故又称为基带同轴电缆，其在传输数字信号时只有一个信道，数据信号采用曼彻斯特编码方式，数据传输速率可达 10Mbps，这种电缆主要用于局域以太网；75Ω 电缆是 CATV 系统使用的标准，它既可用于传输宽带模拟信号，也可用于传输数字信号。传输模拟信号时，其工作频率可达 400MHz，若使用频分复用技术，则可以使其同时具有大量的信道，每个信道都能传输模拟信号。

7.2.3 光纤

光纤是一种可用来传输光信号的传输媒介，其结构如图 7-5 所示。光纤最内层的纤芯是一种以玻璃或塑料等材料制成的横截面积很小、质地脆、易断裂的光导纤维；纤芯的外层裹有一个包层，它由折射率比纤芯小的材料制成，由于纤芯与包层之间存在着折射率的差异，光信号才得以通过全反射在纤芯中不断向前传播；光纤涂覆层是为保护裸光纤、提高光纤机械强度和抗微弯强度并降低衰减而涂覆的高分子材料层，一般情况下涂覆层有两层，内层为低模量高分子材料，称为一次涂覆层，外层为高模量高分子材料，称为二次涂覆层或套层。通常将多根光纤扎成束并裹以保护层制成多芯光缆。

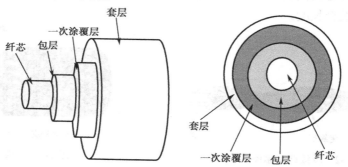

图 7-5 光纤结构示意图

与其他的导向性通信介质相比，光纤具有诸多优点，如很宽的带宽、很快的传输速率、抗电磁干扰能力强、衰减较小等。当然光纤也存在一些缺点，如系统成本较高、不易安装与维护、质地脆易断裂等。

光纤的类型多种多样，常用的分类方法包括：

（1）根据制作材料的不同，光纤可分为石英光纤、塑料光纤、玻璃光纤等。

（2）根据传输模式不同，光纤可分为多模光纤和单模光纤。

（3）根据纤芯折射率的分布不同，光纤可以分为突变型光纤和渐变型光纤。

（4）根据工作波长的不同，光纤可分为短波长光纤、长波长光纤和超长波长光纤。

其中，单模光纤的带宽最宽，适于大容量远距离通信；多模渐变光纤次之，适于中等容量中等距离的通信；多模突变光纤的带宽最窄，只适于小容量的短距离通信。

　　在实际光纤传输系统中，应配置相应的光源发生器件和光检测器件。光源发生器件的作用就是发出携带通信信息的光波，并输入到光纤中进行传播，目前最常见的光源发生器件有发光二极管（LED）和注入型激光二极管（ILD）。光检测器件位于接收端，作用是将光信号转化成电信号，目前使用的光检测器件有光电二极管（PIN）和雪崩光电二极管（APD），其中光电二极管的价格相对雪崩光电二极管较便宜，但灵敏度没有雪崩光电二极管高。

7.3　常用通信接口

　　现 PLC 通信主要采用串行异步通信，其常用的串行通信接口标准有 RS-232C、RS-422 和 RS-485 等。

7.3.1　RS–232C

　　RS-232C 标准（协议）的全称是 EIA-RS-232C 标准，定义是"数据终端设备（DTE）和数据通信设备（DCE）之间串行二进制数据交换接口技术标准"。它是在 1970 年由美国电子工业协会（EIA）联合贝尔系统、调制解调器厂家及计算机终端生产厂家共同制定的用于串行通信的标准，其中 RS（Recommended Standard）代表推荐标准，232 是标识号，C 代表 RS-232 的最新一次修改。RS-232C 接口标准是目前计算机和 PLC 中最常用的一种串行通信接口，如图 7-6 所示。

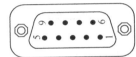

图 7-6　RS-232C 接口示意图

　　RS-232C 采用负逻辑，用-5～-15V 表示逻辑"1"，用+5～+15V 表示逻辑"0"。噪声容限为 2V，即要求接收器能识别低至+3V 的信号作为逻辑"0"，高到-3V 的信号作为逻辑"1"。RS-232C 只能进行一对一的通信，可使用 9 针或 25 针的 D 型连接器，表 7-1 列出了 RS-232C 接口各引脚信号的定义以及 9 针与 25 针引脚的对应关系，PLC 一般使用 9 针的连接器。

表 7-1　RS-232C 接口引脚信号的定义

引脚号 （9 针）	引脚号 （25 针）	信　号	方　　向	功　　能
1	8	DCD	IN	数据载波检测
2	3	RXD	IN	接收数据
3	2	TXD	OUT	发送数据
4	20	DTR	OUT	数据终端装置（DTE）准备就绪
5	7	GND		信号公共参考地
6	6	DSR	IN	数据通信装置（DCE）准备就绪
7	4	RTS	OUT	请求传送
8	5	CTS	IN	清除传送
9	22	CI（RI）	IN	振铃指示

　　图 7-7（a）所示为两台计算机都使用 RS-232C 直接进行连接的典型连接；图 7-7（b）所示为通信距离较近时只需三根连接线。

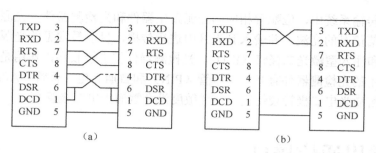

图 7-7　两个 RS-232C 数据终端设备的连接

由于 RS-232C 采用单端驱动非差分接收电路，如图 7-8 所示，收、发两端须有公共地线，容易受到公共地线上的电位差和外部引入的干扰信号的影响，当地线上有干扰信号时，则会当作有用信号接收进来，因此存在着传输距离不太远（最大传输距离 15m）和传送速率不太高（最大位速率为 20Kbps）的问题，若远距离串行通信必须使用调制解调器 MODEM，增加了成本。

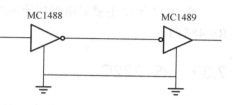

图 7-8　单端驱动非差分接收电路

7.3.2　RS-422

在分布式控制系统和工业局部网络中，传输距离常介于近距离（20m）和远距离（2000m）之间，这时 RS-232C 不能直接采用，使用 MODEM 又不经济，因而需要制定新的串行通信接口标准。EIA 于 1977 年推出了串行通信标准 RS-449，其保留了与 RS-232 兼容的特点，进一步提高了传输速率，增加了传输距离及改进了电气特性。与 RS-449 同时推出的还有 RS-422 和 RS-423，它们是 RS-449 的标准子集。图 7-9 所示为两种 RS-422 端口，尽管它们外形不同，但同属 RS-422 端口。

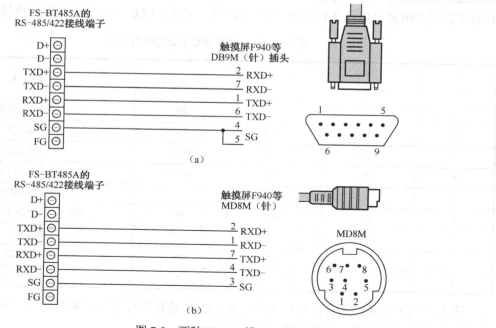

图 7-9　两种 RS-422 端口

RS-422 标准规定采用平衡驱动差分接收电路，如图 7-10 所示。平衡驱动差分接收电路取消了信号地线，减小了地电平所带来的共模干扰；同时平衡驱动器相当于两个单端驱动器，输入信号相同，输出信号互为反相，当共模的干扰信号出现时，接收器仅接收差分输入电压，因此只要接收器具有足够的抗共模电压工作范围，就能区别干扰信号正确接收数据信息，从而提高数据传输速率（最大位速率为10Mbps），增加传输距离（最大传输距离 1200m）。

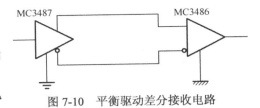

图 7-10　平衡驱动差分接收电路

RS-422 为全双工方式，两对平衡差分信号线分别用于发送和接收，收、发可同时进行，所以采用 RS-422 接口通信时最少需要四根线。

7.3.3　RS-485

RS-485 是从 RS-422 基础上发展而来的，是 RS-422 的变形，其许多电气规定与 RS-422 相仿。RS-485 为半双工方式，只有一对平衡差分信号线，不能同时发送和接收，最少需要两根连线。

如图 7-11 所示使用 RS-485 通信接口和双绞线可组成串行通信网络，构成分布式系统，系统最多可连接 128 个站。

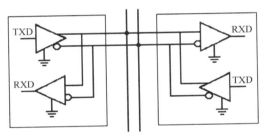

图 7-11　采用 RS-485 的网络

RS-485 的逻辑"1"以两线间的电压差为+（2~6）V 表示，逻辑"0"以两线间的电压差为 -（2~6）V 表示。其接口信号电平比 RS-232C 降低了，不易损坏接口电路的芯片，且该电平与 TTL 电平兼容，可方便与 TTL 电路连接。由于 RS-485 接口具有良好的抗噪声干扰性、高传输速率（10Mbps）、长的传输距离（1200m）和多站能力（最多 128 站）等优点，所以在工业控制中广泛应用。

RS-422/RS-485接口一般采用使用9针的D型连接器。普通微机一般不配备 RS-422 和 RS-485 接口，但工业控制微机基本上都有配置。当用户要将基于标准的 RS-232C 接口设备如 PC 连接至由 RS-485/RS-422 构成的通信网络时，则必须做 RS-232 和 RS-485/RS-422 之间的电平转换，图 7-12 所示即为 RS-232C/RS-422 转换器的电路原理图。

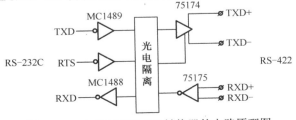

图 7-12　RS-232C/RS-422 转换器的电路原理图

思考与练习题

1. 简述串行通信与并行通信，并比较两者的区别。
2. 简述如何实现异步通信与同步通信，并分析两者的优缺点。
3. 一般常见的通信介质有哪些？各用于什么场合？
4. 简述光纤的结构。
5. 常用的串行通信接口标准有哪些？每个标准各适用于什么场合？

第 8 章　欧姆龙 CPM 系列 PLC

8.1　CPM 系列 PLC 的系统组成及特点

CPM 系列 PLC 是欧姆龙公司在 21 世纪生产的一系列小型、微型整体式可编程序控制器，主要用于替代 C 系列 PLC 的早期型号，CPM 系列具有体积小、性能价格比高等特点，在小规模控制中已经获得广泛应用。本章将以 CPM1A 系列 PLC 为代表，对 CPM 系列 PLC 进行简要介绍。

8.1.1　CPM 系列 PLC 的系统组成

OMRON 公司 CPM1A 型 PLC 为整体式结构，通过主机连接 I/O 扩展单元，I/O 点数可在 10～160 点的范围内进行配置。其系统组成包括主机、独立的 I/O 扩展单元。主机包括：中央处理单元（CPU）、存储器、输入单元、输出单元、电源通信接口等。CPU 是主机中 PLC 的核心，I/O 单元是连接 CPU 与现场设备之间的接口电路，通信接口用于 PLC 与编程器和上位机等外部设备的连接。图 8-1 所示为 CPM1A 型 PLC 外形图。

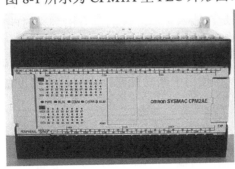 

（a）CPM1A 主机　　　　　　　（b）扩展箱

图 8-1　CPM1A 型 PLC 外形图

8.1.2　CPM 系列 PLC 的功能和适用范围

CPM1A 具有以下功能：

1. 模拟设定电位器功能

CPM1A 有两个模拟设定电位器，可用于模拟设定定时器/计数器设定值。两个电位器位于 CPU 单元面板的左上角，用螺丝刀旋转电位器，0～200（BCD）的值自动送入特殊辅助继电器区域，模拟设定电位器 0 的值送入 250CH，模拟设定电位器 1 的值送入 251CH。

2. 输入时间常数设定功能

CPM1A 的输入电路设有滤波器，可减小振动和外部杂波干扰造成的不可靠性。输入滤波器时间常数可根据需要进行设置，设置范围为 1ms/2ms/4ms/8ms/16ms/32ms/64ms/128ms（默认设置为 8ms）。

图 8-2 所示为输入滤波示意图，τ 为输入时间常数。可以看出，经过输入滤波干扰脉冲将被去除。

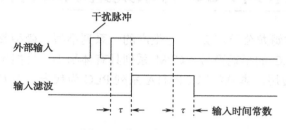

图 8-2 输入滤波示意图

要修改 CPM1A 的输入时间常数，可通过外围设备（如编程器）在 PLC 系统设置区域的 DM6620～DM6625 中设置。

3. 外部输入中断功能

在 CPM1A 的 CPU 单元中，10 点 I/O 型有两个输入点 00003～00004，20 点、30 点、40 点 I/O 型有 4 个输入点 00003～00006，可用来实现外部输入中断。外部输入中断有两种模式：输入中断模式和计数中断模式。输入中断模式是在输入中断脉冲的上升沿到来时响应中断，停止执行主程序，立即转去执行中断子程序。计数中断模式是对外部输入进行高速计数，每达到一定次数就产生一次中断，停止执行主程序，立即转去执行中断子程序。计数次数可在 0～65535（0～FFFF）范围内设定，计数频率为 1kHz。在使用中断功能时，应通过外围设备（如编程器）在 PLC 系统设置区域的 DM6628 进行设定。

4. 快速响应输入功能

由于 PLC 采用循环扫描的工作方式，其输出对输入的响应速度受扫描周期的影响。这在一般情况下不会有问题，但在一些特殊情况下会出问题。特别是一些瞬间的输入信号往往被遗漏。为了防止出现这种情况，在 CPM1A 中设计了快速响应输入功能。它可以不受扫描周期的影响，随时接收瞬间脉冲，最小脉冲宽度为 0.2ms。快速响应的输入内部具有缓冲，将瞬间脉冲记忆下来并在其规定时间内响应它。在 CPM1A 的 CPU 单元中，10 点 I/O 型有 2 点，20 点、30 点、40 点 I/O 型有 4 点快速响应输入，它们的端子号与外部中断输入端子号相同，也是 00003～00004 或 00003～00006。在使用快速响应输入功能时，应通过外围设备（如编程器）在 PLC 系统设置区域的 DM6628 进行设置，将 00003～00006 设定为快速响应输入端子。

5. 间隔定时中断功能

CPM1A 有一个间隔定时器，间隔定时器一到规定时间，立即停止执行主程序，转去执行中断子程序。间隔定时中断有两种模式：一种是定时时间到只进行一次中断，称为单次中断模式；

另一种是每隔一段时间（即定时时间）就中断一次，称为重复中断模式。间隔定时时间可在 0.5～319968ms（0.1ms 为单位）范围内设定。

6．高速计数器功能

CPM1A 的高速计数器有递增输入和相位差输入两种模式。它与中断功能配合使用可以实现目标值一致比较控制或区域比较控制。在递增输入模式下，计数脉冲输入端为 00000（A 相）和 00001（B 相），复位输入端为 00002（Z 相），计数频率为 2.5kHz，计数范围为 -32767～+32767。在高速计数器功能时，应通过外围设备（如编程器）在 PLC 系统设置区域的 DM6628 进行设置。

7．脉冲输出功能

CPM1A 的晶体管输出型能产生一个 20Hz～2kHz 的单项脉冲输出，占空比为 50%，输出点为 01000 或 01001。输出脉冲的数目、频率分别由 PULS、SPED 指令控制。利用脉冲输出功能可以实现步进电动机的速度和位置控制。

8．较强的通信功能

CPM1A 具有较强的通信功能，可与个人计算机进行 HOST Link 通信；还可与本公司的可编程终端 PT 进行 NT 链接通信；CPM1A 之间，CPM1A 与 CQM1、CPM1、SRM1 或 C200HX/HE/HG/HS 之间可进行 1∶1 PLC Link 通信。CPM1A 在实现上述通信功能时，除了外设端口要连接适量的通信适配器外，还应通过外设设备（如编程器）在 PLC 系统设定区域的 DM6650～DM6653 进行设置。

除此之外，CPM1A 可以通过 I/O 链接单元作为从单元加入 CompoBus/S 网中。

9．丰富的指令系统

CPM1A 具有丰富的指令系统，除基本逻辑控制指令、定时/计数指令、移位寄存器指令外，还有算术运算指令、逻辑运算指令、数据传送指令、数据比较指令、数据转换指令、高速计数器控制指令、脉冲输出控制指令、中断控制指令、子程序控制指令、步进控制指令及故障诊断指令等。CPM1A 的基本指令有 14 种，应用指令有 79 种（139 条）。利用这些指令，CPM1A 可以很方便地完成各种复杂的控制功能。

10．高性能的快闪内存

CPM1A 采用快闪存储器作为内存，不用锂电池保存内存数据及用户程序，因此使用方便。

8.2　系统配置

8.2.1　型号表示及 I/O 扩展配置

CPM1A 有 CPU 单元（主机）、I/O 扩展单元、特殊功能单元和通信单元。

CPM1A 的 CPU 单元有 16 种规格，按 I/O 点数分有 10 点、20 点、30 点、40 点四种，按使用的电源分有 AC 型和 DC 型两种，按输出形式分有继电器型和晶体管型两种。表 8-1 所示为

CPU 单元的规格。

表 8-1 CPU 单元的规格

类 型	型 号	输 出 形 式	电 源 电 压
10 点 输入：6 点 输出：4 点	CPM1A-10CDR-A	继电器	AC 100～240V
	CPM1A-10CDR-D	继电器	DC 24V
	CPM1A-10CDT-D	晶体管（NPN）	DC 24V
	CPM1A-10CDT1-D	晶体管（PNP）	
20 点 输入：12 点 输出：8 点	CPM1A-20CDR-A	继电器	AC 100～240V
	CPM1A-20CDR-D	继电器	DC 24V
	CPM1A-20CDT-D	晶体管（NPN）	DC 24V
	CPM1A-20CDT1-D	晶体管（PNP）	
30 点 输入：18 点 输出：12 点	CPM1A-30CDR-A	继电器	AC 100～240V
	CPM1A-30CDR-D	继电器	DC 24V
	CPM1A-30CDT-D	晶体管（NPN）	DC 24V
	CPM1A-30CDT1-D	晶体管（PNP）	
40 点 输入：24 点 输出：16 点	CPM1A-40CDR-A	继电器	AC 100～240V
	CPM1A-40CDR-D	继电器	DC 24V
	CPM1A-40CDT-D	晶体管（NPN）	DC 24V
	CPM1A-40CDT1-D	晶体管（PNP）	

注：晶体管 NPN 型的输出 COM 端接 DC 电源的 "−" 极，PNP 型的输出 COM 端接 DC 电源的 "+" 极。

CPM1A 的 I/O 扩展单元有 10 种规格，分为四种类型：8 点输入单元、8 点输出单元、20 点 I/O 单元和 40 点 I/O 单元。表 8-2 所示为 I/O 扩展单元的规格。

表 8-2 I/O 扩展单元的规格

型 号	类 型	输 出 形 式	占用通道数（输入/输出）
CPM1A-40EDR	40 点 输入：24 点 输出：16 点	继电器	2/2
CPM1A-40EDT		晶体管（NPN）	
CPM1A-40EDT1		晶体管（PNP）	
CPM1A-20EDR	20 点 输入：12 点 输出：8 点	继电器	1/1
CPM1A-20EDT		晶体管（NPN）	
CPM1A-20EDT1		晶体管（PNP）	
CPM1A-8ED	8 点 输入：8 点	无	1/无
CPM1A-8ER	8 点 输出：8 点	继电器	无/1
CPM1A-8ET		晶体管（NPN）	
CPM1A-8ET1		晶体管（PNP）	

CPM1A 的特殊功能单元有模拟量 I/O 单元、模拟量输入单元和模拟量输出单元，以及温度传感器单元。表 8-3 所示为特殊功能单元的规格。

表 8-3　特殊功能单元的规格

名　称	型　号	规　格		占用通道（输入/输出）	
模拟量输入单元	CPM1A-AD041	模拟输入：2 点	电压：0～5V/1～5V/0～10V/−10～+10V 电流：0～20mA/4～20mA	分辨率 6000	4/无
模拟量输出单元	CPM1A-DA041	模拟输出：4 点	电压：1～5V/0～10V/−10～+10V 电流：0～20mA/ 4～20mA	分辨率 6000	无/4
模拟量 I/O 单元	CPM1A-MAD01	模拟输入：2 点	电压：0～10V/1～5V 电流：4～20mA	分辨率 256	2/1
		模拟输出：1 点	电压：0～10V /−10～+10V 电流：4～20mA		
	CPM1A-MAD11	模拟输入：2 点	电压：0～5V/1～5V/0～10V/−10～+10V 电流：0～20mA/4～20mA	分辨率 6000	
		模拟输出：1 点	电压：1～5V/0～10V/−10～+10V 电流：0～20mA/4～20mA		
温度传感器单元	CPM1A-TS001	输入：2 点	热电偶输入 K、J 之间选一		2/无
	CPM1A-TS002	输入：4 点			4/无
	CPM1A-TS101	输入：2 点	铂热电阻输入 Pt100、JPt100 之间选一		2/无
	CPM1A-TS102	输入：4 点			4/无

CPM1A 的通信单元有 RS-232C 通信适配器、RS-422 通信适配器、DeviceNet I/O 链接单元和 CompoBus/S I/O 链接单元等。表 8-4 所示为通信单元的规格。

表 8-4　通信单元的规格

名　称	项　目	规　格
RS-232C 通信适配器	型号	CPM1-CIF01
	功能	在外设端口和 RS-232C 口之间进行电平转换
RS-422 通信适配器	型号	CPM1-CIF11
	功能	在外设端口和 RS-422 口之间进行电平转换
外设端口转换电缆	型号	CQM1-CIF01/CIF02
	功能	PLC 外设端口与 25/9 引脚的计算机串行端口连接时用（电缆长度：3.3m）
链接适配器	型号	B500-AL004
	功能	用于个人计算机 RS-232C 口到 RS-422 口的转换
DeviceNet I/O 链接单元	型号	CPM1A-DRT21
	功能	主单元/从单元：DeviceNet 从单元 I/O 点数：输入 32 点，输出 32 点 占用 CPM1A 的通道：2 个输入通道，2 个输出通道（与扩展单元相同的分配方式） 节点号：用 DIP 开关设定

名　　　称	项　　目	规　　格
CompoBus/S I/O 链接单元	型号	CPM1A-SRT21
	功能	主单元/从单元：CompoBus/S 从单元 I/O 点数：8 点输入，8 点输出 占用 CPM1A 的通道：1 个输入通道，1 个输出通道（与扩展单元相同的分配方式） 节点号：用 DIP 开关设定

8.2.2　通道及存储器的分配

1．通道号及其表示

CPM1A 的通道用 3 位数字表示，称为通道号。一个通道内有 16 位。在指明一个位时用 5 位数字，称为继电器号，前三位数字为该位所在通道的通道号，后两位数字为该位在通道中的序号。一个通道中 16 个位的序号为 00～15，因此位号中的后两位数字为 00～15，如 20004 为 200 通道中的 04 位。

2．存储器的分配

CPM1A PLC 的继电器区与数据区由以下几部分构成（见表 8-5）：内部继电器区（IR）、特殊辅助继电器区（SR）、暂存继电器区（TR）、保持继电器区（HR）、辅助记忆继电器区（AR）、链接继电器区（LR）、定时器/计数器区（TIM/CNT）、数据存储区（DM）。

表 8-5　继电器地址的分配及继电器功能

名　　　称		点　　数	通　　道	继　电　器	功　　能
内 部 继电器	输入继电器	160 点	000～009CH	00000～00915	能分配给外部输入/输出端子的继电器（当输入/输出通道不使用的继电器号能作为内部辅助继电器使用时）
	输出继电器	160 点	010～019CH	01000～01915	
	内部辅助继电器	512 点（32 字）	200～231CH	20000～23115	程序中能自由使用的继电器
特殊辅助继电器		384 点（24 字）	232～255CH	23200～25507	具有特定功能的继电器
暂存继电器		8 点	TR0～7	用于在回路分叉点临时记忆的继电器	
保持继电器（HR）		320 点（20 字）	HR00～19CH	HR0000～1915	程序中能自由使用的继电器
辅助记忆继电器（AR）		256 点（16 字）	AR00～15CH	AR0000～1515	具有特定功能的继电器，电源断时能记住 ON/OFF 状态
链接继电器（LR）		256 点（16 字）	LR00～15CH	LR0000～1515	1：1 连接中作为输入/输出使用的继电器（也可作为内部辅助继电器使用）
定时器/计数器（TIM/CNT）		128 点	TIM/CNT000～127	定时器和计数器共用相同号	

续表

名　　称		点　　数	通　道	继　电　器	功　　能
数据存储（DM）	可读写	1002 字	DM0000～0999　DM1022～1023		以字为单位（16 位使用，电源断时数据保持。DM1000～1021 不作为存放异常历史使用时，可作为一般的 DM 自由使用。DM6144～6599、DM6600～6655 不能在程序中写入（可从外围设备设定）
	异常历史存放区	22 字	DM1000～1023		
	只读	456 字	DM6144～6599		
	PC 系统设置区	56 字	DM6600～6655		

1）内部继电器区（IR）

IR 区分为两部分：一部分供输入点/输出点用，称为输入/输出继电器区；另一部分供 PLC 内部的程序使用，称为内部辅助继电器区。

（1）输入继电器区有 10 个通道 000～009，其中，000、001 通道用于 CPU 单元输入通道，002～009 通道用于 CPU 单元连接的扩展单元的输入通道。

（2）输出继电器区有 10 个通道 010～019，其中，010、011 通道用于 CPU 单元输出通道，012～019 通道用于 CPU 单元连接的扩展单元的输出通道。

（3）内部辅助继电器区有 32 个通道 200～231，共计 512 点。另外，输入/输出继电器区中未被使用的通道也可作为内部辅助继电器使用。

2）特殊辅助继电器区（SR）

特殊辅助继电器区共有 24 个通道 232～255，SR 区和 IR 区实际上是 PLC 的同一数据区，SR 区的通道在 IR 区之后顺序编号，IR 和 SR 的区别在于前者供用户使用，而后者由系统使用。

SR 区的前半部分（232～251）通常以通道为单位使用，功能简介如下：

232～235：宏指令的输入区。

236～239：宏指令的输出区。

240～243：中断 0～中断 3 的计数器设定值通道。

244～247：中断 0～中断 3 的计数器当前值通道。

248～249：高速计数器的当前值通道。

以上通道（232～249）未用上述指定的功能时，可作为内部辅助继电器使用。

250～251：模拟电位器 0、1 的设定值通道。通道 250～251 不可作为内部辅助继电器使用。

SR 区的后半部分（252～255）用来存储 CPM1A 的工作状态标志，发出工作启动信号，产生时钟脉冲等。除 25200 外，对其他继电器，用户程序只能利用其状态而不能改变其状态，或者说用户程序只能用其触点，不能将其作为输出用。下面介绍常用的特殊辅助继电器。

（1）高速计数器的软件复位标志 25200。其状态可由用户程序控制，当其为 ON 时，高速计数器被复位，高速计数器的当前值被置为 0000。

（2）故障码存储区 25300～25307。执行故障诊断指令后，两位 BCD 码表示的故障码输出到 25300～25307，其中低位数字存放在 25300～25303，高位数字存放在 25304～25307。故障码由用户编号，范围为 01～99。

（3）扫描时间出错标志 25309。扫描时间超过 100ms 时，该继电器状态成为 ON。

（4）25313、25314。25313 为常 ON 继电器，25314 为常 OFF 继电器。

（5）25315。25315 常用作初始化脉冲，它在 PLC 运行的第一个扫描周期处于 ON 状态，然后处于 OFF 状态。

（6）步启动标志 25407。启动一个单步执行时，该位 ON 一个扫描周期。

（7）时钟标志 25400～25401、25500～25502。时钟标志为占空比 1∶1 的方波，利用这些时钟标志可以构成闪烁电路，还可与计数器配合使用，构成当前值断电后可保持的定时器，构成各种周期和占空比的时钟等。CPM1A 共有五个内部时钟标志，周期分别为 0.02s～1min。

25400：1min 时钟脉冲。

25401：0.02s 时钟脉冲。当扫描时间 $T>0.01s$ 时，该时钟无法正常使用。

25500：0.1s 时钟脉冲。当扫描时间 $T>0.05s$ 时，该时钟无法正常使用。

25501：0.2s 时钟脉冲。当扫描时间 $T>0.1s$ 时，该时钟无法正常使用。

25502：1s 时钟脉冲。

（8）指令执行出错标志 ER，25503。当执行指令出错时，出错标志位 25503 为 ON。该位为 ON 时，当前指令不执行。

（9）运算标志位 25504～25507。

进位标志位 CY，25504：运算结果有进位或借位时，该位为 ON。可利用 STC 指令将该位置为 ON，利用 CLC 指令将该位置为 OFF。

大于标志位 GR，25505：执行比较指令时，如果第一个比较数大于第二个比较数，那么该位为 ON。

等于标志位 EQ，25506：执行比较指令时，若两个操作数相等，或执行运算指令时运算结果为 0000，则该位为 ON。

小于标志位 LE，25507：执行比较指令时，若第一个比较数小于第二个比较数，则该位为 ON。

表 8-6 显示了 CPM1A 特殊辅助继电器功能。

表 8-6　特殊辅助继电器功能

通 道 号	继电器号	功　　能	
232～235		宏指令输入区，不使用宏指令时，可作为内部辅助继电器使用	
236～239		宏指令输出区，不使用宏指令时，可作为内部辅助继电器使用	
240		中断 0 的计数器设定值	输入中断使用计数器模式时的设定值（0000～FFFF）。输入中断不使用计数器模式时，可作为内部辅助继电器使用
241		中断 1 的计数器设定值	
242		中断 2 的计数器设定值	
243		中断 3 的计数器设定值	
244		中断 0 的计数器当前值-1	输入中断使用计数器模式时的计数器当前值-1（0000～FFFF）。输入中断不使用计数器模式时，可作为内部辅助继电器使用
245		中断 1 的计数器当前值-1	
246		中断 2 的计数器当前值-1	
247		中断 3 的计数器当前值-1	
248～249		高速计数器的当前值区域，不使用高速计数器时，可作为内部辅助继电器使用	
250		模拟电位器 0 设定值存入区域	存入值 0000～0200（BCD 码）
251		模拟电位器 1 设定值存入区域	
252	00	高速计数器复位标志（软件设置复位）	
	01～07	不可使用	
	08	外设通信口复位时为 ON（使用总线无效），完成后自动回到 OFF 状态	

通 道 号	继电器号	功 能
252	09	不可使用
	10	PLC 系统设定区域（DM6600～6655）初始化时为 ON，完成后自动回到 OFF 状态（仅编程模式时有效）
	11	强制置位/复位的保持标志。 OFF：编程模式与监控模式切换时，解除强制置位/复位的接点； ON：编程模式与监控模式切换时，保持强制置位/复位的接点
	12	I/O 保持标志。 OFF：运行开始/停止时，输入/输出、内部辅助继电器，链接继电器的状态被复位； ON：运行开始/停止时，输入/输出、内部辅助继电器，链接继电器的状态被保持
	13	不可使用
	14	故障履历复位时为 ON，完成后自动回到 OFF
	15	不可使用
253	00～07	故障码存储区，故障发生时将故障码存入。 故障报警（FAL/FALS）指令执行时，FAL 号被存储。 FAL00 指令执行时，故障码存储区复位（成为 00）
	08	不可使用
	09	扫描周期超过 100ms 时为 ON
	10～12	不可使用
	13	常 ON
	14	常 OFF
	15	运行开始时 1 个扫描周期内为 ON
254	00	1min 时钟脉冲（30s ON/30s OFF）
	01	0.02 秒时钟脉冲（0.01s ON/0.01s OFF）
	02	负数标志（N）
	03～05	不可使用
	06	微分监视完成标志（微分监视完成时为 ON）
	07	STEP 指令中一个行程开始时，仅一个扫描周期为 ON
	08～15	不可使用
255	00	0.1s 时钟脉冲（0.05s ON/0.05s OFF）
	01	0.2s 时钟脉冲（0.1s ON/0.1s OFF）
	02	1s 时钟脉冲（0.5s ON/0.5s OFF）
	03	ER 标志（执行指令，出错发生时为 ON）
	04	CY 标志（执行指令，结果有进位或借位发生时为 ON）
	05	>标志（比较结果大于时为 ON）
	06	=标志（比较结果等于时为 ON）
	07	<标志（比较结果小于时为 ON）
	08～15	不可使用

3）暂存继电器区（TR）

暂存继电器用于暂存复杂梯形图中分支点的 ON/OFF 状态，在语句表编程时使用。CPM1A 有 8 个暂存继电器，其范围为 TR0～TR7。暂存继电器在同一程序段内不能重复使用，在不同的程序段内可重复使用。

4）保持继电器区（HR）

保持继电器区具有断电保持功能，即当电源掉电时，它们能够保持掉电前的 ON/OFF 状态。保持继电器以 HR 标识，有 20 个通道 HR00～HR19。每个通道有 16 个继电器，编号为 00～15，共有 320 个继电器。保持继电器的使用方法同内部辅助继电器一样。

保持继电器既能以位为单位使用，又能以通道为单位使用。其断电保持功能通常有两种方法：

（1）以通道为单位使用，用作数据通道，此时断电后数据不会丢失，恢复供电时，数据亦可恢复。

（2）以位为单位使用，与 KEEP 指令配合使用，或者用于本身带有的自保电路。

5）辅助记忆继电器区（AR）

辅助记忆继电器区共有 16 个通道 AR00～AR15。AR 区用来存储 PLC 的工作状态信息，包括扩展单元连接的台数、断电发生的次数、扫描周期最大值及当前值，以及高速计数、脉冲输出的工作状态标志和通信出错码、系统设定区域异常标志等。用户可根据其状态了解系统运行状况。辅助记忆继电器区具有断电保持功能。表 8-7 显示了 CPM1A 辅助记忆继电器功能。

表 8-7　辅助记忆继电器功能

通 道 号	继电器号	功　　能	
AR00、AR01		不可使用	
AR02	00～07	不可使用	
	08～11	扩展单元连接的台数	
	12～15	不可使用	
AR03～AR07		不可使用	
AR08	00～07	不可使用	
	08～11	外围设备通信出错码（BCD 码）。0：正常终了；1：奇偶出错；2：格式出错；3：溢出出错	
	12	外围设备通信异常时为 ON	
	13～15	不可使用	
AR09		不可使用	
AR10	00～15	电源断电发生的次数（BCD 码），复位时用外围设备写入 0000	
AR11	00	1 号比较条件满足时为 ON	高速计数器进行区域比较时，各编号的条件符合时成为 ON 的继电器
	01	2 号比较条件满足时为 ON	
	02	3 号比较条件满足时为 ON	
	03	4 号比较条件满足时为 ON	
	04	5 号比较条件满足时为 ON	
	05	6 号比较条件满足时为 ON	
	06	7 号比较条件满足时为 ON	
	07	8 号比较条件满足时为 ON	

续表

通 道 号	继 电 器 号	功　　能
AR11	08～14	不可使用
	15	脉冲输出状态，0：停止中；1：输入中
AR12		不可使用
AR13	00	DM6600～6614（电源 ON 时读出的 PLC 系统设定区域）中有异常时为 ON
	01	DM6615～6644（运行开始时读出的 PLC 系统设定区域）中有异常时为 ON
	02	DM6645～6655（经常读出的 PLC 系统设定区域）中有异常时为 ON
	03、04	不可使用
	05	在 DM6619 中设定的扫描时间比实际扫描时间大时为 ON
	06、07	不可使用
	08	在用户存储器（程序区域）范围以外存在有继电器区域时为 ON
	09	高速存储器发生异常时为 ON
	10	固定 DM 区域（DM6144～6599）发生累加和校验出错时为 ON
	11	PLC 系统设定区域发生累加和校验出错时为 ON
	12	在用户存储器（程序区）发生累加和校验出错，执行不正确指令时为 ON
	13～15	不可使用
AR14	00～15	扫描周期最大值（BCD 码 4 位）（×0.1ms）；运行开始以后存入的最大扫描周期；运行停止时不复位，但运行开始时被复位
AR15	00～15	扫描周期当前值（BCD 码 4 位）（×0.1ms）；运行中最新的扫描周期被存入；运行停止时不复位，但运行开始时被复位

6）链接继电器区（LR）

链接继电器区共有 16 个通道 LR00～LR15。当 CPM1A 之间，CPM1A 与 CQM1、CPM1、SRM1 以及 C200HS、C200HX/HG/HE 之间进行 1：1 链接时，用链接继电器与对方交换数据。不进行 1：1 链接时，链接继电器可作为内部辅助继电器使用。

7）定时器/计数器区（TIM/CNT）

定时器/计数器区用于定时器和计数器。CPM1A 的定时器和计数器统一编号，编号又称为 TC 号。CPM1A 共有 128 个定时器和计数器，其 TC 号为 000～127。CPM1A 有两种定时器和两种计数器，分别为：普通定时器 TIM、高速定时器 TIMH、普通计数器 CNT、可逆计数器 CNTR。一个 TC 号既可用作定时器，又可用作计数器，但所有定时器或计数器的 TC 号不能重复。例如，TC 号 000 用作普通定时器，则其他的普通定时器、高速定时器、高速计数器、可逆计数器便不能再使用 TC 号 000。

当电源断电时，定时器复位，计数器保持断电前的状态。

8）数据存储区（DM）

数据存储区用来存储数据，共有 1536 个字（通道），范围为 DM0000～DM1023、DM6144～DM6655，每字包含 16 位二进制数。数据存储区只能以字为单位使用，不能以位为单位使用。利用 DM 区可进行间接寻址。DM 区有断电保持功能。

DM0000～0999、DM1022～1023 为程序可读写区，用户程序可自由读写其内容。

DM1000～DM1021 主要用来作为故障履历存储器，记录有关故障信息。如果不用作故障履历存储器，则可作为普通数据存储器使用。是否作为故障履历存储器，由 DM6655 的 00～03 位来设定。

DM6144～DM6599 为只读存储器，用户程序可以读出但不能改写其内容，利用编程器可预先写入数据内容。

DM6600～DM6655 称为系统设定区，用来设定各种系统参数，通道中的数据不能用程序写入，只能用编程器写入。DM6600～DM6614 仅在编程模式时使用；DM6615～DM6655 可在编程模式时设定，也可在监控模式时设定。

PLC 系统设定区域的内容可以在下述时间定时读出，以反应 CPM1A 的动作。

DM6600～DM6614：CPM1A 的电源 ON 时，仅一次读出。

DM6615～DM6644：运行开始时（执行程序），仅一次读出。

DM6645～DM6655：CPM1A 的电源 ON 时，经常被读出。

若 PLC 系统设定区域的设定内容有错，则在 CPM1A 的定时读出时，会产生运行出错（故障码 9B），此时反应设定通道有错的辅助记忆继电器 AR1300～AR1302 将为 ON。对于有错误的设定只有用初始化来处理。

PLC 系统设定区的功能简介如下：

DM6600：电源 ON 时 PLC 工作模式（编程、监控、运行）的设定。

DM6601：电源 ON 时内部继电器是否清零。

DM6602：用户程序可否改写，编程器显示用英文还是日文。

DM6617：外设口通信服务时间设定。

DM6618～DM6619：扫描周期监视时间设定。

DM6620～DM6625：输入时间常数设定。

DM6628：输入中断设定。

DM6642：高速计数器设定。

DM6650～DM6653：外设端口通信设定。

DM6655：故障履历设定。

表 8-8 显示了 PLC 系统设定区功能。

表 8-8　PLC 系统设定区功能

通道号	位	功　　能	默认值	定时读出
DM6600	00～07	电源 ON 时工作模式设定。00：编程；01：监控；02：运行	根据编程器的模式设定开关	电源 ON 时
	08～15	电源 ON 时工作模式设定。 00：编程器的模式设定开关； 01：电源断电之前的模式； 02：用 00～07 位指定的模式		
DM6601	00～07	不可使用	非保持	
	08～11	电源 ON 时 IOM 保持标志保持/非保持设定。 0：非保持；1：保持		
	12～15	电源 ON 时 S/R 保持标志保持/非保持设定。 0：非保持；1：保持		
DM6602	00～03	0：用户程序存储器可写； 1：用户程序存储器不可写（除 DM6602）	可写	

续表

通道号	位	功　　能	默认值	定时读出
DM6602	04～07	0：编程器信息显示用英文； 1：编程器信息显示用日文	英文	电源 ON 时
	08～15	不可使用		
DM6603～6614		不可使用		
DM6615～6616		不可使用		运行开始时
DM6617	00～07	外围设备通信口服务时间的设定有效/无效。 00：无效（固定为扫描周期的 5%）； 01：有效（用 00～07 位指定）		
	08～15	不可使用		
DM6618	00～07	扫描监视时间的设定。 设定值范围：00～99（BCD 码），时间单位用 08～15 位设定	无效	
	08～15	扫描周期监视有效/无效设定。 00：无效（120ms 固定）； 01：有效，单位时间 10ms； 02：有效，单位时间 100ms； 03：有效，单位时间 1ms。 监视时间=设定值×单位时间	120ms 固定	
DM6619		扫描周期可变/不变设定。 0000：扫描周期可变； 0001～9999：扫描周期不变为固定时间（单位为 ms）	扫描时间可变	
DM6620	00～03	00000～00002 的输入滤波器时间常数设定	0：默认值（8ms）； 　1：1ms； 　2：2ms； 　3：4ms； 　4：8ms； 　5：16ms； 　6：32ms； 　7：64ms； 　8：128ms	0：默认值（8ms）
	04～07	00003～00004 的输入滤波器时间常数设定		
	08～11	00005～00006 的输入滤波器时间常数设定		
	12～15	00007～00011 的输入滤波器时间常数设定		
DM6621	00～07	001CH 的输入滤波器时间常数设定		
	08～15	002CH 的输入滤波器时间常数设定		
DM6622	00～07	003CH 的输入滤波器时间常数设定		
	08～15	004CH 的输入滤波器时间常数设定		

通道号	位	功　　能		默认值	定时读出
DM6623	00～07	005CH 的输入滤波器时间常数设定			
	08～15	006CH 的输入滤波器时间常数设定			
DM6624	00～07	007CH 的输入滤波器时间常数设定			
	08～15	008CH 的输入滤波器时间常数设定			
DM6625	00～07	009CH 的输入滤波器时间常数设定			
	08～15	不可使用			
DM6626～6627		不可使用			
DM6628	00～03	输入号 00003 的中断输入设定	0：通常输入； 1：中断输入； 2：快速输入	通常输入	
	04～07	输入号 00004 的中断输入设定			
	08～11	输入号 00005 的中断输入设定			
	12～15	输入号 00006 的中断输入设定			
DM6629～6641		不可使用			
DM6642	00～03	高速计数器模式设定。 4：递增计数模式； 0：加减计数模式		没有使用计数器	电源 ON 时经常读出
	04～07	高速计数器的复位方式设定。 0：Z 相信号+软件复位； 1：软件复位			
	08～15	高速计数器使用设定。 00：不使用； 01：使用			
DM6643～6644		不可使用			
DM6645～6649		不可使用			
DM6650	00～07	上位链接总线	外围设备通信口通信条件标准格式。 00：标准设定。 启动位：1 位；字长：7 位；奇偶校验：偶； 停止位：2 位；波特率：9600bps。 01：个别设定 DM6651 的设定。 其他：系统设定异常（AR1302 为 ON）	外围设备通信口设定为上位链接	

续表

通道号	位	功　能		默认值	定时读出
DM6650	08～11	1：1 链接 （主动方）	外围设备通信口 1：1 链接区域设定。0：LR00～15CH	外围设备通信口设定为上位链接	
	12～15	全模式	外围设备通信口使用模式设定。 0：上位链接； 2：1：1 链接从动方； 3：1：1 链接主动方； 4：NT 链接； 其他：系统设定异常（AR1302 为 ON）		
DM6651	00～07	上位链接	外围设备通信口波特率设定（单位：bps）。 00：12；01：2400；02：4800；03：9600； 04：19200（可选）		
	08～15	上位链接	外围设备通信口的帧格式设定。 　　　　启动位　字长　停止位　奇偶校验 00：　1　　7　　1　　　偶校验 01：　1　　7　　1　　　奇校验 02：　1　　7　　1　　　无校验 03：　1　　7　　2　　　偶校验 04：　1　　7　　2　　　奇校验 05：　1　　7　　2　　　无校验 06：　1　　8　　1　　　偶校验 07：　1　　8　　1　　　奇校验 08：　1　　8　　1　　　无校验 09：　1　　8　　2　　　偶校验 10：　1　　8　　2　　　奇校验 11：　1　　8　　2　　　无校验 其他：系统设定异常（AR1302 为 ON）		
DM6652	00～15	上位链接	外围设备通信的发送延时设定。 设定值：0000～9999（BCD），单位 10ms； 其他：系统设定异常（AR1302 为 ON）		
DM6653	00～07	上位链接	外围设备通信上位 LINK 模式的机号设定。 设定值：00～31（BCD）； 其他：系统设定异常（AR1302 为 ON）		
	08～15	不可使用			
DM6654	00～15	不可使用			
DM6655	00～03	故障履历存入法的设定。 0：超过 10 个记录，则移位存入； 1：存到 10 个记录为止（不移位），其他不存入		移位方式	
	04～07	不可使用			
	08～11	扫描周期超出检测，0：检测；1：不检测		检测	
	12～15	不可使用			

8.2.3 技术指标

PLC 的性能指标主要有以下几种：

1. I/O 点数

I/O 点数即输入、输出端子的个数，I/O 点数越多，PLC 可外接的输入开关器件和输出控制器件就越多，控制规模就越大。因此 I/O 点数是衡量 PLC 的一个重要指标。

2. 用户程序存储器容量

用户程序存储器容量决定了 PLC 可以容纳用户程序的长短，一般以字为单位来计算。每 16 位二进制数为一个字，每 1024 字为 1K 字。中小型 PLC 的存储容量一般在 8K 以下，大型 PLC 的存储容量一般达到 256K～2M。

3. 扫描速度

扫描速度是指 PLC 执行程序的速度，是衡量 PLC 控制速度的重要指标。以 ms/K 字为单位表示，例如 20ms/K 字，表示扫描 1K 字的用户程序所需时间为 20ms。

4. 指令种类及条数

这是衡量 PLC 编程能力强弱的主要指标。指令种类及条数越多，其编程功能就越强，即处理能力、控制能力就越强。

5. 内部器件的种类和数量

内部器件包括辅助继电器、定时器、计数器、保持继电器、特殊辅助继电器、数据存储器等。其种类和数量越多，同样反映其控制功能越强。

在描述 PLC 内部器件时，经常用到以下术语：位（bit）、数字（digit）、字节（byte）及字（word）或通道（channel）。位是二进制数的一位，仅有 1、0 两个取值，分别对应继电器线圈得电（ON）或失电（OFF）。4 个二进制位构成一个数字。这个数字可以是 0～9（用于十进制数的表示），也可是 0～F（用于十六进制数的表示）。两个数字或 8 个二进制位构成一个字节，两个字节构成一个字。字也可称为通道，一个通道含 16 位，或说含 16 个继电器。

6. 智能单元

PLC 不仅能完成开关量的逻辑控制，而且利用智能单元可完成模拟量控制及通信联网等。智能单元的种类、功能的强弱是衡量 PLC 产品水平高低的一个重要指标。各个 PLC 生产厂家都非常重视智能单元的开发，近年来智能单元的发展很快，种类日益增多，功能越来越强。

8.3　CPM 系列 PLC 指令系统

8.3.1　概述

PLC 的指令系统根据功能分为基本指令和应用指令两大类。基本指令指直接对输入/输出点进行操作的指令，包括输入、输出和逻辑"与"、"或"、"非"基本运算等。应用指令是指进行数据传送、处理、运算、程序控制等操作的指令，包括定时指令、联锁指令、跳转指令、数据比较指令、数据移位指令、数据传送指令、数据转换指令、十进制运算指令、二进制运算指令、逻辑运算指令、子程序控制指令、高速计数器控制指令、脉冲输入控制指令、中断控制指令、步进指令及一些特殊指令等。

1．指令的格式、操作数及标志

指令的格式为：
助记符（指令码）操作数 1
　　　　　　　　操作数 2
　　　　　　　　操作数 3

助记符表示指令的功能，指令码是指令的代码，用两位数 00～99 表示，有些基本指令没有指令码，而所有应用指令都有指令码。在简易编程器上，只有最基本指令的助记符有应用键，输入程序时只需按下对应的按键即可，其他指令没有相应的按键，输入程序时可以按下相应键，再输入其指令码。

操作数提供指令执行的对象或数据。少数指令不带操作数，有的指令带 1 个或 2 个，有的有 3 个。操作数可以是继电器号、通道号或常数，可以对 DM 区进行间接寻址，为区别继电器通道号，常数前需加前缀#。操作数为常数时，可以是十进制数或十六进制数，取决于指令的要求。

有的指令执行后不影响标志位，有的指令执行后可能影响标志位。SR 区的 25503～25507 是执行指令结果的标志位。

2．指令的微分形式

CPM1A 的绝大多数应用指令都有微分型和非微分型两种形式，微分型指令是在指令助记符前加@标记。

只要执行条件为 ON，指令的非微分形式在每个循环周期都将执行。微分指令只在执行条件为 OFF 变为 ON 时才执行一次，如果执行条件不发生变化，或者从上一个循环周期的 ON 变为 OFF，微分指令是不执行的。

8.3.2　基本指令

1．LD 和 LD NOT 指令

功能：LD 指令表示常开触点与左侧母线连接；LD NOT 指令表示常闭触点与左侧母线连接。

LD、LD NOT 指令只能以位为单位进行操作，且不影响标志位。

格式：LD　N　　　LD NOT　N

图 8-3 描述了 LD、LD NOT 指令的梯形图符号及操作数取值区域。

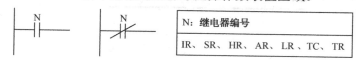

	N：继电器编号
	IR、SR、HR、AR、LR、TC、TR

图 8-3　LD、LD NOT 指令的梯形图符号及操作数取值区域

2. OUT 和 OUT NOT 指令

功能：OUT 指令输出逻辑运算结果；OUT NOT 指令将逻辑运算结果取反后再输出。输出位相当于继电器线路中的线圈，若输出位为 PLC 的输出点，则运算结果输出到 PLC 的外部；若输出位为 PLC 的内部继电器，则逻辑运算结果为中间结果，不输出到 PLC 外部。

格式：OUT N　　　OUT NOT　N

图 8-4 描述了 OUT、OUT NOT 指令的梯形图符号及操作数取值区域。

	N：继电器编号
	IR、SR、HR、AR、LR、TC、TR

图 8-4　OUT、OUT NOT 指令的梯形图符号及操作数取值区域

说明：

OUT、OUT NOT 指令只能以位为单位进行操作，且不影响标志位。

IR 区中已用作输入通道的位不能作为 OUT、OUT NOT 的输出位。

OUT、OUT NOT 指令常用于一条梯形图支路的最后，但有时也用于分支点（见 TR 指令）。线圈并联输出时，可连续使用 OUT、OUT NOT 指令，如图 8-5 所示。

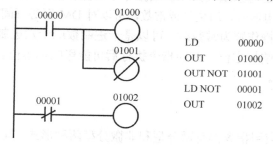

LD	00000
OUT	01000
OUT NOT	01001
LD NOT	00001
OUT	01002

图 8-5　OUT、OUT NOT 指令举例

3. AND 和 AND NOT 指令

功能：AND 指令表示常开触点与前面的触点电路相串联，或者说 AND 后面的位与其前面的状态进行逻辑"与"运算；AND NOT 指令表示常闭触点与前面的触点电路相串联，或者说 AND NOT 后面的位取"反"后再与其前面的状态进行逻辑"与"运算。

格式：AND　N　　　AND NOT　N

图 8-6 描述了 AND、AND NOT 指令的梯形图符号及操作数取值区域，图 8-7 所示为 AND、AND NOT 指令应用举例。

图 8-6　AND、AND NOT 指令的梯形图符号及操作数取值区域

在图 8-7 中，第一条支路的常开触点 00001 与前面的触点相串联，OUT 输出位 01000 的状态是 00000 和 00001 逻辑"与"的结果，只有 00000 和 00001 都为 ON 时，01000 才为 ON，否则 01000 为 OFF。第二条支路的常闭触点 01000 与前面的触点相串联，OUT 输出位 01001 的状态是 01000 取"反"后再和 00002 逻辑"与"的结果，只有 01000 为 OFF、00000 为 ON 时，01001 才为 ON，否则 01001 为 OFF。

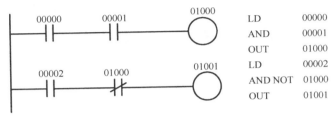

图 8-7　AND、AND NOT 指令举例

说明：

（1）AND、AND NOT 指令只能以位为单位进行操作，且不影响标志位。

（2）串联触点的个数没有限制。

4. OR 和 OR NOT 指令

功能：OR 指令表示常开触点与前面的触点电路相并联，或者说 OR 后面的位与其前面的状态进行逻辑"或"运算；OR NOT 指令表示常闭触点与前面的触点电路相并联，或者说 OR NOT 后面的位取"反"后再与其前面的状态进行逻辑"或"运算。

格式：OR　　N　　　　　　OR NOT　　　N

OR、OR NOT 指令的梯形图符号及操作数取值区域如图 8-8 所示，应用举例如图 8-9 所示。

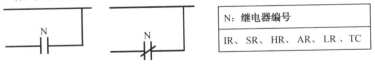

图 8-8　OR、OR NOT 指令的梯形图符号及操作数取值区域

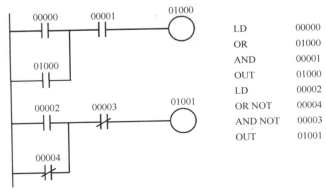

图 8-9　OR、OR NOT 指令举例

说明：

（1）OR、OR NOT 指令只能以位为单位进行操作，且不影响标志位。

（2）并联触点的个数没有限制。

5. AND LD 指令

功能：AND LD 指令用于逻辑块的串联连接，即对逻辑块进行逻辑"与"的操作。每一个逻辑块都以 LD 或 LD NOT 指令开始。AND LD 指令单独使用，后面没有操作数。图 8-10 所示为 AND LD 指令举例。

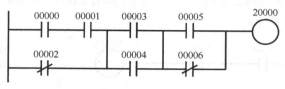

图 8-10 AND LD 指令举例

将图 8-10 写成语句形式，有两种方法：

方法 1		方法 2	
LD	00000	LD	00000
AND	00001	AND	00001
OR NOT	00002	OR NOT	00002
LD	00003	LD	00003
OR	00004	OR	00004
AND LD		LD	00005
LD	00005	OR NOT	00006
OR NOT	00006	AND LD	
AND LD		AND LD	
OUT	20000	OUT	20000

在方法 2 中，AND LD 指令之前的逻辑块数应小于等于 8，而方法 1 对此没有限制。

6. OR LD 指令

功能：OR LD 指令用于逻辑块的并联连接，即对逻辑块进行逻辑"或"的操作。每一个逻辑块都以 OR 或 LD NOT 指令开始。OR LD 指令单独使用，后面没有操作数。

举例说明见图 8-11。

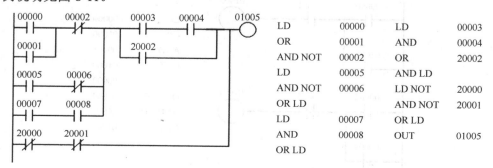

图 8-11 OR LD 指令举例

7. 置位和复位指令 SET 和 RESET

功能：当 SET 指令的执行条件为 ON 时，使指定计时器置位为 ON；当执行条件为 OFF 时，SET 指令不改变指定继电器的状态。当 RESET 指令的执行条件为 ON 时，使指定继电器复位为 OFF；当执行条件为 OFF 时，RESET 指令不改变指定继电器的状态。

格式：SET　N　　　RESET　　　N

SET、RESET 指令的梯形图符号及操作数取值区域如图 8-12 所示，举例说明见图 8-13。

图 8-12　SET、RESET 指令的梯形图符号及操作数取值区域

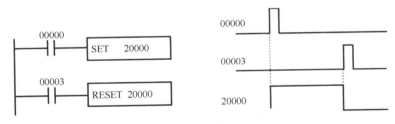

图 8-13　SET、RESET 指令举例

SET 和 RESET 指令常成对使用，一般用 SET 将某继电器置位为 ON；再用 RESET 将其置位为 OFF；也可以单独用 RESET 将已为 ON 的继电器置位为 OFF。

SET 和 RESET 指令的执行条件常使用短信号（脉冲信号）。这两条指令的语句之间可以插入别的指令语句。

8. 保持指令 KEEP（11）

该指令有两个执行条件，S 称为置位输入，R 称为复位输入。

功能：根据两个执行条件，KEEP 用来保持指定继电器 N 的 ON 状态或 OFF 状态，锁存继电器指令。当置位输入端为 ON 时，继电器 N 保持为 ON 状态直至复位输入端为 ON 时使其变为 OFF。复位具有高优先级，当两个输入端同时为 ON 时继电器 N 处在复位状态 OFF。

格式：KEEP（11）　　　N

KEEP 指令的梯形图符号及操作数取值区域如图 8-14 所示，举例说明见图 8-15。

图 8-14　KEEP 指令的梯形图符号及操作数取值区域

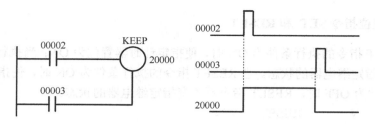

图 8-15　KEEP 指令举例

　　KEEP 指令的功能与 SET 和 RESET 指令的功能相似。用 KEEP 指令编程时，KEEP 指令是一个整体，需用三条语句。先编 S 端，然后编 R 端，最后编线圈。用 SET 和 RESET 指令编程时需用四条语句，但二者间可以插入别的指令，使用较灵活。

　　当用 KEEP 指令对保持继电器编程时，可实现断电保持功能，即当电源断电后又恢复供电时，保持继电器可保持断电前的状态。

9．上升沿微分和下降沿微分指令 DIFU（13）和 DIFD（14）

　　功能：当执行条件由 OFF 变为 ON 时，上升沿微分 DIFU 使指定继电器在一个扫描周期内为 ON；当执行条件由 ON 变为 OFF 时，下降沿微分 DIFD 使指定继电器在一个扫描周期内为 ON。

　　格式：DIFU（13）　　N　　　　　DIFD（14）　　N

DIFU、DIFD 指令的梯形图符号及操作数取值区域如图 8-16 所示，举例说明见图 8-17。

图 8-16　DIFU、DIFD 指令的梯形图符号及操作数取值区域

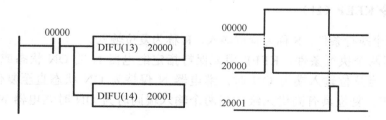

图 8-17　DIFU、DIFD 指令举例

10．空操作指令 NOP（00）

　　该指令无操作数，梯形图符号如图 8-18 所示。

　　功能：空操作指令用来取消某一步操作。

　　格式：NOP（00）

　　修改程序时，使用 NOP 指令，可使步序号变更较少。

11．结束指令 END

功能：END 指令表示程序结束。

格式：END（01）

梯形图符号见图 8-19。

图 8-18　NOP 指令梯形图符号　　　　　图 8-19　END 指令梯形图符号

在程序的最后，必须写入 END 指令。如果在程序无 END 指令状态下运行，则 CPU 单元前面的"ERROR" LED 灯亮，而不执行程序；如果在程序中有复数个 END 指令，则程序执行到最前面的 END 指令为止。需要注意的是，部分 PLC 厂商开发的编程软件会自动在用户程序后添加 END 指令，此时如果用户在编程时再加上 END，则会出现程序错误。

8.3.3　功能指令

功能指令又称为应用指令，CPM1A 系列 PLC 提供的功能指令主要用来实现程序控制、数据处理和算术运算等。这类指令在简易编程器上一般没有对应的指令键，只是为每个指令规定了一个功能代码，用两位数字表示。在输入这类指令时先按下"FUN"键，再按下相应的代码。下面将介绍部分常用的功能指令。

1．程序控制类指令

程序控制类指令包括空操作指令、结束指令、联锁/解锁指令、跳转等指令。表 8-9 所示为基本顺序控制指令。

表 8-9　基本顺序控制指令

功能	指令	符号	助记符 操作数	功　能	操作码相关的标志
00	空操作		NOP（00）		—
01	结束	END	END（01）	程序结束	—
02	联锁	IL	IL（02）	至 ILC 指令为止的继电器线圈、定时器，根据条件不同，输出及工作状态不同	—
03	解锁	ILC	ILC（03）	表示 IL 指令范围的结束	
04	跳转 开始	JMP	JMP（04）	至 JME 指令为止的程序由本指令前面的条件决定是否执行	00～49
05	跳转结束	JME	JME（05）	解除跳转指令	

1）联锁指令 IL（02）和解锁指令 ILC（03）

联锁指令 IL 和解锁指令 ILC 用来在梯形图的分支处形成新的母线，使某一部分梯形图受到某些条件的控制。

格式：IL（02）　　ILC（03）

IL、ILC 指令的梯形图符号如图 8-20 所示，指令举例见图 8-21。

图 8-20　IL、ILC 指令的梯形图符号

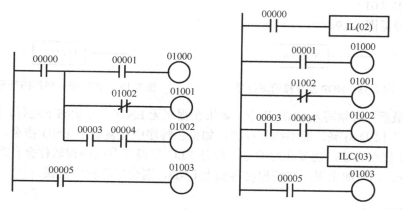

图 8-21　IL、ILC 指令举例

　　IL 和 ILC 指令应当成对配合使用，否则会出错。IL/ILC 指令的功能是：如果控制 IL 的条件成立（即 ON），则执行联锁指令；若控制 IL 的条件不成立（即 OFF），则 IL 与 ILC 之间的联锁程序段不执行，即位于 IL/ILC 之间的所有继电器均为 OFF，此时所有定时器将复位，但所有的计数器、移位寄存器及保持继电器均保持当前值。

　　2）跳转开始指令 JMP（04）和跳转结束指令 JME（05）

　　这两条指令不带操作数，JMP 指令表示程序转移的开始，JME 指令表示程序转移的结束。N 为跳转号，其范围为 00～49。

　　格式：JMP（04）N　　　　JME（05）N

　　JMP、JME 指令的梯形图符号见图 8-22，指令举例见图 8-23。

图 8-22　JMP、JME 指令的梯形图符号

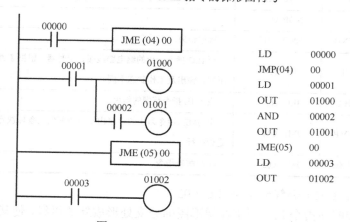

图 8-23　JMP、JME 指令举例

　　JMP/JME 指令组用于控制程序分支。当 JMP 条件为 OFF 时，程序转去执行 JME 后面的第一条指令；当 JMP 的条件为 ON 时，则整个梯形图按顺序执行，如同 JMP/JME 指令不存在一样。

在使用 JMP/JME 指令时要注意，若 JMP 的条件为 OFF，则 JMP/JME 之间的继电器状态为：输出继电器保持目前状态；定时器/计数器及移位寄存器均保持当前值。另外，JMP/JME 指令应配对使用，否则 PLC 显示出错。

说明：

（1）发生跳转时，JMP 和 JME 之间的程序不执行，且不占用扫描时间。

（2）发生跳转时，所有继电器、定时器、计数器均保持跳转前的状态不变。

（3）对同一个跳转号 N，如为 01～49 时为立即跳转，不执行中间任何指令，但每个跳转号只能用来定义一次跳转（只能在程序中使用一次）。但当跳转号为 00 时，JMP00/JME00 可以在程序中多次使用，且指令的执行比其他跳转号的执行时间长，因为 CPU 要花时间去找下一个具有 00 跳转号的 JME，有一个扫描的搜索过程。

（4）跳转指令可以嵌套使用，但必须是不同跳转号的嵌套。

例如：JMP00—JMP01—JME01—JME00 等。

（5）多个 JMP 可以共用一个 JME，程序检查会有错误信息显示"JMP—JME ERR"，但程序还会正常执行。

2．定时器/计数器指令

CPM1A 提供如下的定时/计数功能：

定时器 TIM、高速定时器 TIMH（15）、计数器 CNT 和可逆计数器 CNTR（12）。

定时器 TIM、高速定时器 TIMH（15）、计数器 CNT 和可逆计数器 CNTR（12），它们都位于 TC 区，统一为每个定时器或计数器分配一个编号，称为 TC 号。TC 号不能重复使用，同一 TC 号不能既用于定时器又用于计数器。TC 号的取值范围为 000～127。

定时器和计数器都有两个操作数：TC 号和设定值 SV。SV 可以是常数，也可以是通道号。是常数时必须是 BCD 数，在常数前面要加前缀#；是通道号时，通道内的数据作为设定值，也必须是 BCD 数。当 SV 由指定的输入通道设置时，通过连接输入通道的外设（如拨码开关）可以改变设定值。

定时器和计数器除了设定值 SV 外，还有当前值 PV。普通定时器、普通计数器工作时都是单项减计数，计数前设定值 SV 要赋给当前值 PV，当前值 PV 递减计数，一直到 0 为止。可逆计数器是双向可逆计数，当前值 PV 既可递增也可递减。通过 TC 号可以得到定时器或计数器的当前值 PV，因此 TC 号可以作为很多指令的操作数。

1）定时器指令 TIM

当输入条件（执行条件）为 ON 时开始定时（定时时间为 SV×0.1s），定时时间到，定时器的输出为 ON 且保持；当输入条件（执行条件）变为 OFF 时，定时器复位，输出变为 OFF，并停止定时。其当前值 PV 恢复为 SV。无掉电保持功能，断电时定时器复位，不能保存其当前值。

格式：TIM　　　　N

　　　　　　　　 SV

TIM 指令的梯形图符号如图 8-24 所示。

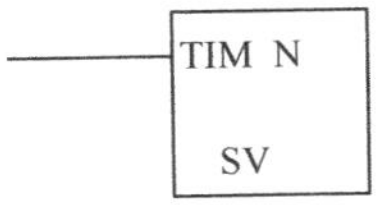

N：定时器编号，000～127。

SV：设定值，定时范围为 0～9999，最小设定单位为 0.1s。

取值区域可为 IR、SR、HR、AR、LR、DM、*DM、#立即数。

功能说明：见图 8-25。

图 8-24　TIM 指令的梯形图符号

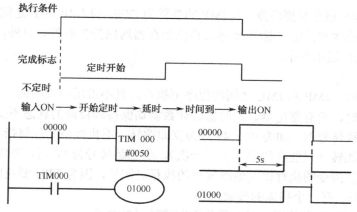

图 8-25 TIM 指令功能说明

2）高速定时器指令 TIMH（15）

高速定时器的最小定时单位为 0.01s，设定值 SV 的取值范围为 0～9999，无论是常数还是通道内的数据，SV 都必须是 BCD 数。除此之外，其他情况 TIMH 与 TIM 相同。

格式：TIMH   N

           SV

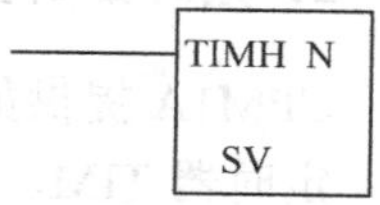

TIMH 指令的梯形图符号见图 8-26。

N：定时器编号，000～127。

SV：设定值，定时范围为 0～9999，最小设定单位为 0.01s。

图 8-26   TIMH 指令的梯形图符号

取值区域可为 IR、SR、HR、AR、LR、DM、*DM、#立即数。

3）计数器指令 CNT

功能：单向减计数器指令，有掉电保持功能。从 CP 端输入计数脉冲，当计数满设定值时其输出为 ON 且保持，并停止计数。只要复位端 R 为 ON，计数器即复位为 OFF，并停止计数。其当前值 PV 恢复为 SV。

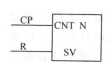

格式：CNT   N

           SV

CNT 指令的梯形图符号如图 8-27 所示。

N：计数器编号，000～127。

图 8-27   CNT 指令的梯形图符号

SV：计数设定值，取值范围为 0～9999。取值区域可为 IR、SR、HR、AR、LR、DM、*DM、#立即数。设定值 SV 无论是常数还是通道内的数据，都必须是 BCD 数。

CP 为计数脉冲输入端，R 为复位端。

功能说明见图 8-28。

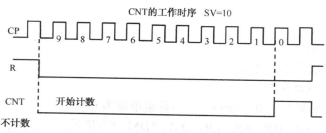

图 8-28   CNT 指令功能说明

4）可逆计数器指令 CNTR（12）

格式：CNTR（12）　　　　N

SV

CNTR 指令的梯形图符号如图 8-29 所示。

N：计数器编号，000～127。

SV：计数设定值，取值范围为 0～9999。取值区域可为 IR、SR、HR、AR、LR、DM、*DM、#立即数。

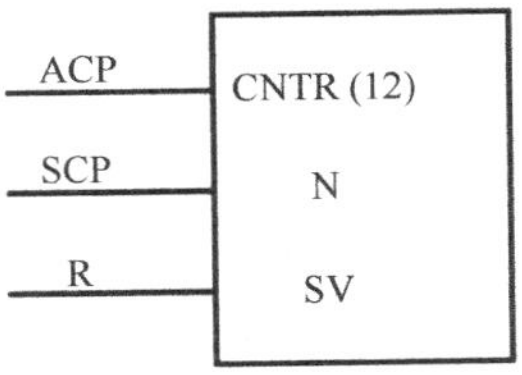

ACP 为加计数脉冲输入端，SCP 为减计数脉冲输入端，R 为复位端。

图 8-29　CNTR 指令的梯形图符号

功能说明见图 8-30。

（1）只要复位端 R 为 ON，计数器即复位为 OFF 并停止计数，且不论是加计数还是减计数其 PV 值均为 0。

（2）同时从 ACP 端和 SCP 端输入计数脉冲则不计数。

（3）从 ACP 端输入为加计数，从 SCP 端输入为减计数；加/减计数有进/借位时，输出 ON 一个计数脉冲周期。

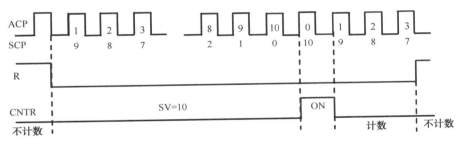

图 8-30　CNTR 指令功能说明

说明：

先编加计数脉冲输入端，再编减计数脉冲输入端，后编复位端，最后编 CNTR 指令。

CNT 和 CNTR 指令的主要区别如下：

（1）当计数器 CNT 到达 SV 值后，只要不复位，其输出就一直为 ON，即计数脉冲仍在输入。

（2）当计数器 CNTR 到达 SV 值后，其输出为 ON，只要不复位，在下一个脉冲到来时，计数器 CNTR 立即变为 OFF，且开始下一轮计数，是一个循环计数器。

5）长时定时功能

当多个 TIM 指令组合，或 TIM 指令与 CNT 指令组合使用时，可以实现长时间定时功能。图 8-31 和图 8-32 显示的就是组合产生的长时定时。

在图 8-31 中，当 00000 接通时，线圈 20000 通电，定时器 TIM001 开始计时，900s 后计时结束，TIM001 常开触点接通，定时器 TIM002 才开始计时。当线圈 01000 通电时，距 00000 接通已经过了 $(9000+9000)\times0.1=1800s=0.5h$，这样通过两个定时器的串联，就实现了较长时间的定时功能。

尽管定时器串联能够实现较长时间定时功能，但由于每一个定时器最长定时时间仅为 999.9s，当所需定时时间过长时，需要许多定时器串联使用，这样显然是很不方便的。图 8-32 则提供了一种采用定时器与计数器组合使用实现长时间定时的方法。

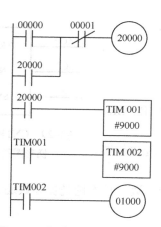

图 8-31　定时器组合定时梯形图

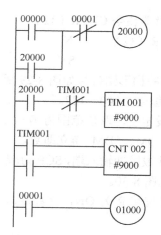

图 8-32　定时器、计数器组合定时梯形图

在图 8-32 中，当 00000 接通时，线圈 20000 通电，定时器 TIM001 开始计时，900s 后计时结束，TIM001 常开触点接通计数器 CNT002 电路，使后者计数+1。与此同时 TIM001 的常闭触点断开，使 TIM001 断电复位。断电后 TIM001 常闭触点闭合，TIM001 重新通电计时，CNT002 因具有保持功能，继续处于待计数状态，直到计数值计满或复位端 00001 通电清零。这样当线圈 01000 通电时，距 00000 接通已经过了 9000×0.1×9000＝8100000s＝2250h，约合 93.8 天。

在图 8-32 中，之所以在 TIM001 梯阶上串 TIM001 的常闭触点，是因为 CNT 只能对脉冲信号进行计数，如果在 TIM001 定时结束后不能自动使其复位，则计数器会始终处于计数值为 1 的状态，正常的计数将不能继续。

8.3.4　运算指令

1. 数据比较指令

CPM 系列提供四种数据比较指令：单字节比较指令 CMP、双字节比较指令 CMPL、块比较指令 BCMP、表比较指令 TCMP，见表 8-10。

表 8-10　数据比较指令

功　能	指　令	助记符 操作数	功　　能
20	比较	CMP（20） S1 S2	S1 数据（常数）与 S2 数据（常数）进行比较，根据比较结果分别设置比较标志：25505（S1>S2）、25506（S1=S2）、25507（S1<S2）
60	双字 比较	CMPL（60） S1 S2	S1+1、S1 数据与 S2+1、S2 数据进行比较，根据比较结果分别设置比较标志：25505（S1+1、S>S2+1、S2）、25506（S1+1、S＝S2+1、S2）、25507（S1+1、S<S2+1、S2）
68	块比较	BCMP/@BCMP S T D	S 的数据从 T 通道开始分 16 个比较区域，每个区域第一个为下限，第二个为上限，分 16 次对下限、上限数据（比较表）进行比较，在其之间将结果存入 D。0 不在上下限之间；1 在上下限之间

续表

功　能	指　令	助记符 操作数	功　　能
85	表比较	TCMP/@TCMP（85） S T D	S 的数据与从 T 开始的 16 个（至 T+15）比较数据（比较表）做比较。在一致的场合下将"1"输出到 D 的相应位（00～15），0：不一致；1：一致

2．数据移位指令

CPM 系列数据移位指令包括移位寄存器指令、可逆移位寄存器指令、字移位、算术左移位、算术右移位、循环左移位、循环右移位、数字左移、数字右移及异步移位寄存器指令等，见表 8-11。

表 8-11　数据移位指令

功　能	指　令	助记符　操作数	功　　能
10	移位寄存器	SFT（10） D1 D2	移位脉冲（SP）ON 时，从 D1 到 D2 的数据朝高位移一位，D2 的最高位溢出。复位端 ON 时，D2～D1 区域全部 OFF
84	可逆移位寄存器	SFTR/@SFTR（84） C D1 D2	根据控制数据（C）bit12～15 的内容把 D1～D2 通道的数据进行左右移位。C 通道内控制数据的内容：C12——移位方向（DR），0 右移，1 左移；C13——数据输入端（IN）；C14——移位脉冲端（SP）；C15——复位端（R）
16	字移位	WSFT/@WS FT（16） D1 D2	当执行条件 ON 时，每执行一次 D1 至 D2 通道中的数据以字为单位依次左移一次
25	算术左移位	ASL/@ASL（25） D	把 D 通道的数据向左移一位，原最高位溢出至 CY（25504），最低位补 0
26	算术右移位	ASR/@ASR（26） D	把 D 通道的数据向右移一位，原最低位溢出至 CY（25504），最高位补 0
27	循环左移位	ROL/@ROL（27） D	把 D 通道的数据包括进位位 CY（25504）循环左移
28	循环右移位	ROR/@ROR（28） D	把 D 通道的数据包括进位位 CY（25504）循环右移
74	数字左移	SLD/@SLD（74） D1 D2	以四位二进制码（桁）为单位将 D1 至 D2CH 的数据左移，D2 的最高位溢出丢失，D1 的最低位填 0
75	数字右移	SRD/@SRD（75） D1 D2	以桁为单位将 D1 至 D2 的数据右移，D1 的最低桁溢出丢失，D2 的最高桁填 0

功　能	指　令	助记符　操作数	功　能
17	异步移位寄存器	ASFT/@ASFT（17） C D1 D2	根据控制数据（C）bit13～15的内容，在D1～D2通道之间，将通道数据为0000的数据（上移或下移）与前后通道的数据相互替代。 C13——移位方向（为0时上移，为1时下移）； C14——移位允许位（为0时不移位，为1时移位）； C15——复位端（为1时复位）。 根据控制数据，将寄存器D1～D2CH中为0000的字与紧邻的高上（低下）地址通道之间交换数据，执行数次后，所有0000字可集中到寄存器的上（下）半部

3. 数据传送指令

CPM系列数据传送指令包括传送指令、取反传送指令、块传送指令、块设置指令、数据交换指令等，见表8-12。

表8-12　数据传送指令

功能	指　令	助　记　符	功　能
21	传送	MOV/@MOV（21） S D	将源数据S的数据、常数送到目的通道DCH中去
22	取反传送	MVN/@MVN（22） S D	将源数据S的数据反相后送到目的通道DCH中
70	块传送	XFER/@XFER（70） N S D	将由S开始的N个连续通道数据对应传送至D开始的几个连续通道中去
71	块设置	BSET/@BSET（71） S D1 D2	将源数据SCH的数据传送到从D1开始至D2结束的所有通道
73	数据交换	XCHG/@XCHG（73） D1 D2	指定的D1、D2C之间进行数据交换

4. 数据运算指令

CPM系列的数据运算指令见表8-13。

表 8-13　数据运算指令

名　　称	助　记　符	功　　能
BCD 加法	ADD S1 S2 D	S1 通道数据或常数与 S2 通道数据或常数进行 BCD 加法运算
BCD 减法	SUB S1 S2 D	S1 通道数据或常数与 S2 通道数据或常数进行 BCD 减法运算
BCD 乘法	MUL S1 S2 D	S1 通道数据或常数与 S2 通道数据或常数进行 BCD 乘法运算
BCD 除法	DIV S1 S2 D	S1 通道数据或常数与 S2 通道数据或常数进行 BCD 除法运算
加 1	INC	通道数据加 1
减 1	DEC	通道数据减 1
置进位位	STC	置进位标志
清进位位	CLC	清进位标志
二进制加法	ADB S1 S2 D	S1 通道数据或常数与 S2 通道数据或常数进行二进制加法运算
二进制减法	SBB S1 S2 D	S1 通道数据或常数与 S2 通道数据或常数进行二进制减法运算
二进制乘法	MLB S1 S2 D	S1 通道数据或常数与 S2 通道数据或常数进行二进制乘法运算
二进制除法	DVB S1 S2 D	S1 通道数据或常数与 S2 通道数据或常数进行二进制除法运算
位反相	COM D	把通道数据各位状态取反
逻辑与	ANDW S1 S2 D	以通道数据为单位。S1 通道数据或常数与 S2 通道数据或常数进行逻辑与运算
逻辑或	ORW S1 S2 D	以通道数据为单位。S1 通道数据或常数与 S2 通道数据或常数进行逻辑或运算
字异或	XORW S1 S2 D	以通道数据为单位。S1 通道数据或常数与 S2 通道数据或常数进行异或运算

续表

名　　称	助　记　符	功　　能
字同或	XNRW S1 S2 D	以通道数据为单位。S1 通道数据或常数与 S2 通道数据或常数进行同或运算

5. 数据变换指令

CPM 系列的数据变换指令见表 8-14。

表 8-14　数据变换指令

名　　称	助　记　符	功　　能
BIN-BCD 变换	BCD S D	S 通道的 BCD 数据变换成二进制送入 D 通道
BCD-BIN 变换	BIN S D	S 通道的二进制数据变换成 BCD 码送入 D 通道
4-16 译码器	MLPX S C D	根据 C 的内容把 S 通道内的数据译码，并将结果存放到 D
16-4 编码器	DMPX S C D	根据 C 的内容把 S 为首通道的数据编码，并将结果存放到 D 中
ASCII 码变换	ASC S C D	根据 C 的内容把 S 通道的数据转换成 ASCII 码，并将结果存放到 D

6. 流程控制指令

CPM 系列的流程控制指令见表 8-15。

表 8-15　流程控制指令

名　　称	助　记　符	功　　能
子程序	SBS NO	子程序调用
	SBN NO	子程序入口
	RET	子程序结束
宏指令	MCRO N S D	每当调用宏指令允许用单个子程序来替代数个子程序时，能够替代输入/输出继电器通道号的写入
间隔定时器控制	STIM C1 C2 C3	间隔计时器控制

续表

名　　称	助 记 符	功　　能
中断	INT　C1 000 C2	输入中断的执行控制
步进控制定义	STEP　S	步进控制的开始
	STEP	步进控制的终了
步进控制	SNXT S	前工程复位，下一个工程开始

8.3.5　特殊指令

CPM 系列 PLC 的特殊指令包括故障报警指令、信息显示指令、I/O 刷新指令及位计数指令。

1. 故障报警指令 FAL（06）、严重故障报警指令 FALS（07）

故障代码：

FAL 指令故障代码取值范围为 00～99，FALS 指令的故障代码取值范围为 01～99。故障代码可由用户任意指定。

FAL 指令功能：

FAL 产生非严重故障，当执行条件为 ON 时，FAL 指令将故障代码送至 FAL 输出区（SR25300～SR25307）中，同时 CPU 面板上的 ERROR 指示灯闪烁，但程序仍可继续执行。当故障代码值为 00 时，即执行 FAL（06）00 将把 FAL 输出区清零。

FAL 故障码保存在存储器中，通过执行 FAL（06）00 可清除上一个故障码，把下一个故障码存入 FAL 输出区中。

FALS 指令功能：

FALS 产生严重故障。当执行条件为 ON 时，FALS 指令将故障代码送入 FAL 输出区（SR25300～SR25307）中，同时 CPU 面板上的 ERROR 指示灯亮，RUN 指示灯熄灭，程序停止执行，所有输出复位。要使程序再度执行，必须先清除引起 FALS 故障的原因，然后用编程器把工作方式转换一下，即先转换到"PROGRAM"，再转换回"MONITOR"或"RUN"；另一种办法是清除故障原因，关掉电源重新开机。

2. 信息显示指令 MSG（46）/@MSG（46）

功能：当执行条件为 ON 时，MSG 从 FM～FM+7 通道中读取 16 个 ASCII 码，并把对应的字符显示在编码器屏幕上。

第一个字符的 ASCII 码是 FM 通道的高 2 位数字，第二个字符的 ASCII 码是 FM 通道的低 2 位数字，第三个字符的 ASCII 码是 FM+1 通道的高 2 位数字，第四个字符的 ASCII 码是 FM+1 通道的低 2 位数字，以此类推。在指定的 8 个通道中，如果有一个 8 位码不是 ASCII 码，则显示信息就在这个点上被截断。

信息显示缓冲区中最多可以存入三个 MSG 信息，一旦存入缓存区，它们按先进先出的顺序显示，每次只能显示一个 MSG 信息。因为在一次扫描循环中可能有多于三个 MSG 要执行，于是就有一个优先权安排，优先权高的 MSG 信息先存入显示缓存区中。

3. I/O 刷新指令 IORF（97）/@IORF（97）

PLC 在 I/O 刷新阶段读入输入信号，并将输出继电器的状态送至输出端。PLC 是在程序执行完毕即执行完 END 指令时，才对 I/O 通道进行集中刷新的。PLC 的这种集中输入、集中输出的刷新方式是造成输出滞后输入的原因之一。为了弥补此不足，CPM1A 设置了 I/O 刷新指令 IORF，在程序中执行该指令，可随时对指定的 I/O 通道进行刷新，以缩短输出滞后输入的时间，提高 I/O 响应速度。

功能：当执行条件为 ON 时，刷新从 St 到 E 之间的所有 I/O 通道。

说明：出错标志位 25503，当开始通道 St 大于结束通道 E 时，该位为 ON，此时该指令不执行。

4. 位计数指令 BCNT（67）/@BCNT（67）

功能：当执行条件为 ON 时，BCNT 计算在 S 和 S+（N-1）之间所有通道中为 1 的位（bit）的总数，结果以 BCD 码的形式存入 D 中。

思考与练习题

1. 试列出 CPM1A 的主要性能指标。
2. CPM1A 的 CPU 单元和 I/O 扩展单元有哪些？特殊功能单元有哪些？通信单元有哪些？
3. CPM1A 最多可扩展成多少个 I/O 点的系统？其 I/O 点如何编号？
4. CPM1A 为什么要设计时间常数可调的输入滤波器？说明其用途。
5. CPM1A 为什么要设置快速响应输入功能？其可接受的最窄输入脉冲宽度是多少？
6. CPM1A 有哪些通信功能？
7. 什么是微分型指令和非微分型指令？各有何执行特点？微分型指令如何用编程器输入？
8. 暂存继电器 TR 的作用是什么？
9. 什么是双线圈输出？为何要避免此现象？
10. 写出图 8-33、图 8-34 中的梯形图的语句表。

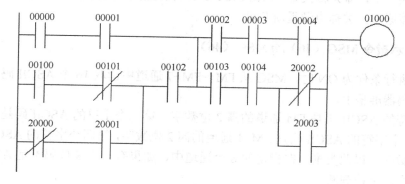

图 8-33　梯形图程序一

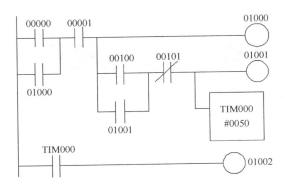

图 8-34　梯形图程序二

11. 绘出表 8-16 中语句表的梯形图。

表 8-16　语句表

题　目	语　句　表		
1	LD　00000 OR　20000 ANDNOT 00002 OUT　01001 OUT　20000 LD　00003 TIM　000 　　#0025	OUT 01002 LD　TIM000 TIM 001 　　#0035 OUT 01003 LD　00004 DIFU（13）20001 LD　00005	LD　20001 CNT 002 　　#0010 LD　00005 OUT 01004 END（01）
2	LD　00000 AND 00001 LD　00002 ANDNOT 0003 OR LD LD　00004	AND 00005 LD　00006 AND 00007 OR　LD AND LD LD　20000	AND 20001 OR LD AND 20002 OUT 01004 END（01）
3	LD　00000 AND 00001 OUT 20000 LD　00002 OR　00003 IL（02）	LD　00004 OUT 01000 LD　00005 IL（02） LD　00006 OUT 01002	LD　00007 OUT 01003 ILC（03） LD　00008 OUT 01004 END（01）

12. 说明 TIM 指令和 TIMH（15）指令的区别。

第 9 章 PLC 控制系统设计

在现代化的工业生产设备中，有大量的开关量及模拟量的控制装置，如电动机的启停，电磁阀的开闭，产品的计数，温度、压力、流量的设定与控制等，工业现场中的这些自动控制问题，采用可编程控制器（PLC）来解决自动控制问题已成为最有效的工具之一。然而，随着可编程控制器应用场合的不同、控制规模的不同、实际经验的不同等，目前还没有一个固定的设计模式。但是，我们可以根据可编程控制器的工作特点和以往的经验，提出控制系统设计时及实际应用时的注意事项。

9.1 设计过程

任何一种控制系统都是为了实现被控对象的工艺要求，以提高生产效率和产品质量。因此，在设计 PLC 控制系统时，应遵循以下基本原则：

1）最大限度地满足被控对象的控制要求

充分发挥 PLC 的功能，最大限度地满足被控对象的控制要求，是设计 PLC 控制系统的首要前提，这也是设计中最重要的一条原则。这就要求设计人员在设计前就要深入现场进行调查研究，收集控制现场的资料，收集相关先进的国内、国外资料。同时要注意和现场的工程管理人员、工程技术人员、现场操作人员紧密配合，拟定控制方案，共同解决设计中的重点问题和疑难问题。

2）保证 PLC 控制系统安全可靠

保证 PLC 控制系统能够长期安全、可靠、稳定运行，是设计控制系统的重要原则。这就要求设计者在系统设计、元器件选择、软件编程上要全面考虑，以确保控制系统安全可靠。例如，应该保证 PLC 程序不仅在正常条件下运行，而且在非正常情况下（如突然掉电再上电、按钮按错等）也能正常工作。

3）力求简单、经济、使用及维修方便

一个新的控制工程固然能提高产品的质量和数量，带来巨大的经济效益和社会效益，但新工程的投入、技术的培训、设备的维护也将导致运行资金的增加。因此，在满足控制要求的前提下，一方面要注意不断地扩大工程的效益，另一方面也要注意不断地降低工程的成本。这就要求设计者不仅应该使控制系统简单、经济，而且要使控制系统的使用和维护方便、成本低，不宜盲目追求自动化和高指标。

4）适应发展的需要

由于技术的不断发展，控制系统的要求也将会不断地提高，设计时要适当考虑到今后控制系统发展和完善的需要。这就要求在选择 PLC、输入/输出模块、I/O 点数和内存容量时，要适当留有余量，以满足今后生产发展和工艺改进的需要。

9.1.1 列出系统的控制要求和工作流程

任何一个电气控制系统所要完成的控制任务，都是为满足被控对象（如生产控制设备、自动化生产线、生产工艺过程等）提出的各项性能指标，最大限度地提高劳动生产率，保证产品质量，减轻劳动强度和危害程度，提高自动化水平。

控制要求主要是指控制的基本方式、应完成的动作、自动工作循环的组成、必要的保护和联锁等。要深入细致地了解和分析被控对象的控制要求，包括生产设备、生产线、生产工艺、工作过程等方面。除此之外，PLC 系统的控制要求并不仅仅局限于设备或生产过程本身的控制功能，PLC 系统还应具有操作人员对生产过程的高水平监控与干预功能、信息处理功能、管理功能等。PLC 对设备或生产过程的控制功能是 PLC 系统的主体部分，其他功能是附属部分。PLC 系统设计应围绕主体展开，兼顾考虑附属功能。对一个较复杂的生产工艺过程，通常可将控制任务分成几个独立部分，而每个部分往往又可分解为若干个具体步骤。这样做有以下好处：

（1）将复杂的控制任务明确化、简单化、清晰化。

（2）有助于明确系统中各 PLC 或 PLC 中各继电器的控制任务分工及系统软硬件资源的合理分配。

（3）使分解后的自动化过程创建功能说明书变得更简单。

（4）在程序设计阶段，有助于编写出结构化程序。这不仅使应用程序简洁明了，而且易于程序的测试与维护。

（5）在调试阶段，有助于调试工作分步化、系统化。

【例 9-1】 某煤矿的输煤系统全长大约 300m。将地下开采的煤通过提升机提到地面并翻斗到前煤仓。此时提升上来的煤是各种物体的混合体，其中包括煤、煤矸石、煤末、木棍等。煤矿地面生产系统的主要目的是将提升上来的混合物变成我们需要的煤末和煤块。煤末通过皮带 1 和皮带 2 传送到后仓，由刮板刮到舱下的火车车厢内。块煤和其他混合物通过手选 1 和手选 2 皮带传送，由站在两边的工作人员清除煤矸石、木棍等杂物，真正的煤块被传送到堆煤场。地面生产系统生产过程的示意图如图 9-1 所示。

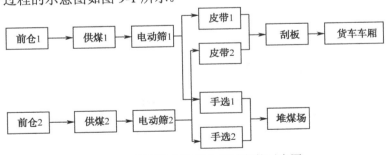

图 9-1 地面生产系统生产过程的示意图

在没有实现 PLC 控制以前，整个生产过程完全是手动的。工作人员按照以下生产流程启动生产线：

（1）启动刮板。

（2）启动皮带 1 和皮带 2。

（3）启动手选 1 和手选 2。

（4）启动电动筛 1 和电动筛 2。

（5）启动供煤 1 和供煤 2。

工作人员按照以下生产流程停止生产线：

（1）停止供煤 1 和供煤 2。

（2）停止电动筛 1 和电动筛 2。

（3）停止手选 1 和手选 2。

（4）停止皮带 1 和皮带 2。

（5）停止刮板。

每启动和停止一个设备都必须有一定的延时，停产时延时时间根据输煤线没有煤为标准。整个启动过程都是步行，工作人员的劳动强度较大。

9.1.2　确立控制方案

例 9-1 中输煤系统控制方案的确定：根据对输煤系统的工作流程分析，初步对该系统确定如下控制方案：

（1）保留原有地面生产系统，添加手动、自动转换。

（2）在启动生产线之前，先预警 20s，告知沿线工作人员注意安全。20s 后，系统按刮板，皮带 1、2，手选 1、2，电动筛 1、2 和供煤 1、2 的顺序依次启动。如果正常启动，则正常启动指示灯亮，系统正常开始生产。

（3）正常停车时，发出警示信号（0.2s 脉冲），告知沿线工作人员注意安全，系统按供煤 1、2，电动筛 1、2，手选 1、2，皮带 1、2 和刮板的顺序依次停止。各设备停止时间根据线上无煤为原则来进行设定。

（4）在无重大事故情况下，不可重载停车。

（5）手选 1 和手选 2 在人员安全受到危险的情况下，可急停。

（6）调试时，可甩掉电动机，直接控制接触开关，动作正常后，方可联机运行。

（7）利用接触器的辅助触点，在控制室里显示生产线的动作流程。

9.1.3　系统设计

1．可编程控制器系统设计的一般步骤

PLC 控制系统设计包括以下几个步骤，如图 9-2 所示。

1）分析生产过程，明确控制要求

2）绘制系统的流程图

3）系统设计与设备选型

（1）分析所控制的设备或系统。PLC 最主要的目的是控制外部系统。这个系统可能是单个机器、机群或一个生产过程。

（2）判断一下所要控制的设备或系统的输入/输出点数是否符合可编程控制器的点数要求（选型要求）。

（3）判断一下所要控制的设备或系统的复杂程度，分析内存容量是否够。

4）I/O 赋值（分配输入/输出）

（1）将所要控制的设备或系统的输入信号进行赋值，与 PLC 的输入继电器地址编号对应。

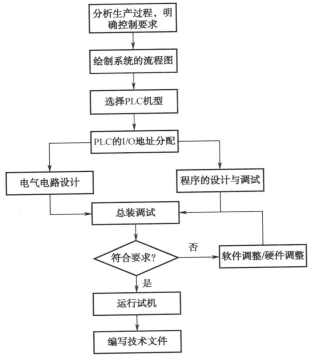

图 9-2　系统设计一般步骤

（2）将所要控制的设备或系统的输出信号进行赋值，与 PLC 的输出继电器地址编号相对应（列表）。

5）设计控制原理图

（1）设计出较完整的控制草图。

（2）编写控制程序。

（3）在达到控制目的的前提下尽量简化程序。

6）将程序写入 PLC

将程序写入可编程控制器。

7）调试、修改程序

（1）程序查错（逻辑及语法检查）。

（2）在局部插入 END，分段调试程序。

（3）整体运行调试。

8）监视运行情况

在监视方式下，监视一下控制程序的每步操作是否正确。如不正确则返回步骤 7），如果正确则进行第 9）步。

9）运行程序并备份

10）编写技术文件

2. 系统硬件和软件设计

PLC 控制系统设计过程中包括硬件设计和软件设计。

1）硬件设计

PLC 控制系统的硬件设计是指 PLC 外部设备的设计。在硬件设计中要进行输入设备的选择（如操作按钮、行程开关、接近开关等输入设备）、执行元件（如接触器的线圈、电磁阀线圈、指示灯等）的选择，以及操作控制台的设计。根据所选的 PLC 机型，要对 PLC 输入/输出继电器进行分配，在进行 I/O 地址分配时，应做出 I/O 地址分配表，表中应包含 I/O 继电器地址编号，以及对应的现场信号、设备代号、名称及功能。应尽量将相同类型的信号、相同电压等级的信号排在一起，以便于施工。对于较大的控制系统，为便于软件设计，可根据工作流程，将所需的计数器、定时器及辅助继电器进行相应的分配。

PLC 硬件设计的最后一个步骤，是根据 I/O 地址分配表，绘制完整、详尽的 I/O 接线图。

2）软件设计

PLC 控制系统的软件设计是编写用户的控制程序，是 PLC 控制系统设计中工作量最大的工作。软件设计的主要内容一般包括：存储器空间的分配、专用寄存器的确定、系统初始化程序的设计、各个功能块子程序的编制、主程序的编制及调试、故障应急措施、其他辅助程序的设计。

对于电气技术人员来说，编写用户的控制程序就是设计梯形图程序，可以采用逻辑设计法或经验设计法。对于控制规模比较大的系统，可根据工作流程图，将整个流程分解为若干步，确定每步的转换条件，配合分支、循环、跳转及某些特殊功能便可很容易地转为梯形图设计。对于传统的继电器控制线路的改造，则可根据系统的继电器控制线路图，将某些桥式电路进行改造后，就可以很容易地依照梯形图的编程规则，直接转化为梯形图。这种方法设计周期短，修改调试程序简易方便。

软件设计可以与现场施工同步进行，即在硬件设计完成之后，同时进行软件设计和现场施工，以缩短施工周期。

3）PLC 控制系统设计举例

以例 9-1 中的输煤系统设计为例。

（1）硬件设计。根据以上的生产过程分析，这个系统是一个输入/输出信号数量较少的控制系统，输入点数少于输出点数，考虑到留有一些备用点，选择了 FX1N-40M 型 24 入/16 出的 PLC，而 8K 字的编程容量可满足系统要求，进而设计了下面 PLC 控制的煤矿地面生产系统，地址分配见表 9-1。

表 9-1　煤矿地面控制系统 I/O 分配表

作　　用	输入点名称	对应继电器地址	作　　用	输出点名称	对应继电器地址
总复位	X400	X000	预报警（电笛）	Y430	Y000
预启动	X401	X001	刮板	Y431	Y001
启动	X402	X002	皮带 1	Y432	Y002
报警清除	X403	X003	皮带 2	Y433	Y003
手选 1 急停	X404	X004	手选 1	Y434	Y004
手选 2 急停	X405	X005	手选 2	Y435	Y005
控制室总停止	X406	X006	筛煤 1	Y436	Y006
现场正常停止	X407	X007	筛煤 2	Y437	Y007
无供煤正常停止	X408	X010	供煤 1	Y440	Y010
紧急重载停止	X409	X011	供煤 2	Y441	Y011
启动正确指示灯	X410	X012			Y012

（2）软件设计。PLC 控制程序设计在后文中将详细介绍，这里不再赘述。

9.1.4　系统调试

当 PLC 的软件设计完成之后，应首先在实验室进行模拟调试，看是否符合控制要求。当控制规模较小时，模拟调试可以根据所选机型，外接适当数量的输入开关作为模拟输入信号，通过输出端子的发光二极管，可观察 PLC 的输出是否满足要求。

对于一个较大的可编程控制器控制系统，程序调试一般需要经过单元测试、总体实验室联调和现场联机统调等几个步骤。

1．实验室模拟调试

与一般的过程调试不同，PLC 控制系统的程序调试需要大量的过程 I/O 信号才能进行。但是在程序的前两步调试阶段，大量的现场信号不能接入 PLC 的输入端。因此要靠现场的实际信号去检查程序的正确性通常是不可能的。只能采用模拟调试法。这是在实践中最常用、最有效的调试方法。

根据产生现场信号的方式不同，模拟调试有硬件模拟法和软件模拟法两种形式。

（1）硬件模拟法是使用一些硬件设备（如用另外一台 PLC 或一些输入设备等）模拟产生现场的信号，并将这些信号以硬接线的方式连到 PLC 系统的输入端，其时效性较强。这种方法适用于 PLC 的 I/O 点数余量不大、内存较为紧张的场合。

（2）软件模拟法是在 PLC 中另外编写一套模拟程序，模拟提供现场信号，其简单易行，但时效性不易保证。这种方法适用于 PLC 点数和内存均有一点余量的场合，这时不需要另外附加设备。模拟调试过程中，可对软件分段进行调试。

2．现场联机统调

当现场施工和软件设计完成之后，可采用现场联机统调。在统调时，一般应首先屏蔽外部输出，再利用编程器的监控功能，采用分段分级调试方法，通过运行检查外部输入量是否无误，然后再利用 PLC 的强迫置位/复位功能逐个运行输出设备。

联机调试过程应循序渐进，从 PLC 只连接输入设备、再连接输出设备、再接上实际负载等逐步进行调试。如不符合要求，则对硬件和程序进行调整。通常只需修改部分程序即可。具体调试步骤如下：

（1）做好调试准备。

（2）主机系统通电。

（3）与编程器联机调试。

（4）PLC 系统组态配置与投入。

（5）I/O 模块调试。

（6）PLC 系统与控制台、模拟屏的联调。

（7）PLC 与现场输入设备和传动设备的联调。

（8）用调试程序进行系统静调。

9.1.5 系统的试运行

系统的试运行可包括以下过程:

1. 系统空操作调试

电机控制中心（MCC）主电路不送电，而操作回路给电，在操作台上（包括就地操作台）进行就地手动、自动各种操作，检查继电器、接触器动作情况，这种调试称为空操作调试，此时应用程序全部投入。由于这时机电设备没有运转，一部分硬件联锁条件不能满足，需要临时短接处理。

2. 空载单机调试

依次给单台设备控制回路送电，进行就地手动试车，主要是配合机械调试，同时调整转向、行程开关、接近开关、编码设备、定位等。要仔细调整应用程序，以实现各项控制指标，如定位精度、动作时间、速度响应等。

3. 空载联调

尽可能把全系统所有设备都纳入空载联调，这时应使用实际的应用程序，但某些在空载时无法得到的信号仍然需要模拟，如料斗装放料信号、料流信号等，可用时间程序产生。

空载联调时，局部或系统的手动/自动/就地切换功能、控制功能、电气传动设备的综合控制特性、系统的抗干扰性、对电源电压的波动和瞬时断电的适应性等主要性能，都应得到检查。空载联调时应保证有足够的时间，很多接口中的问题往往此时才能暴露出来。

4. 实际热负载试车

热负载试车尽量采取间断方式，即试车－处理－再试车。这是 PLC 系统硬件、软件的考验完善阶段。要随时复制程序，随时修改图样，一直到正式投产。

全部调试完毕后，交付运行。经过一段时间运行，如果工作正常，程序不需要修改，应将程序固化到 EPROM 中，以防程序丢失。

9.1.6 编写系统技术文件

系统技术文件包括功能说明书、电气原理图、电器布置图、电气元件明细表、PLC 梯形图等。

功能说明书是在自动化过程分解的基础上对过程的各部分进行分析，把各部分必须具备的功能、实现的方法和所要求的输入条件及输出结果，以书面形式描述出来。

在完成各部分的功能说明书后，即可进行归纳统计，整理出系统的总体技术要求。因此，功能说明书是进行 PLC 系统设备选型、硬件配置、程序设计、系统调试的重要技术依据，也是 PLC 系统技术文档的重要组成部分。在创建功能说明书时，还可能发现过程分解中的不合理的地方并予以修正。

9.2　机型的选择

随着 PLC 技术的发展，PLC 产品的种类也越来越多。不同型号的 PLC，其结构形式、性能、容量、指令系统、编程方式、价格等也各有不同，适用的场合也各有侧重。因此，合理选用 PLC，对于提高 PLC 控制系统的技术经济指标有着重要意义。

9.2.1　PLC 机型选择的原则

PLC 机型选择的基本原则是在满足功能要求及保证可靠、维护方便的前提下，力争最佳的性能价格比。选择时主要考虑以下几点：

1．合理的结构形式

PLC 主要有整体式、模块式、混合式三种形式。

整体式 PLC 的每一个 I/O 点的平均价格比模块式的便宜，且体积相对较小，一般用于系统工作过程较为固定的小型控制系统中；而模块式 PLC 的功能扩展灵活方便，在 I/O 点数、输入点数与输出点数的比例、I/O 模块的种类等方面选择余地大，且维修方便，一般用于较复杂的控制系统。

2．安装方式的选择

PLC 系统的安装方式分为集中式、远程 I/O 式以及多台 PLC 联网的分布式。

集中式不需要设置驱动远程 I/O 硬件，系统反应快、成本低；远程 I/O 式适用于大型系统，系统的装置分布范围很广，远程 I/O 可以分散安装在现场装置附近，连线短，但需要增设驱动器和远程 I/O 电源；多台 PLC 联网的分布式适用于多台设备分别独立控制又要相互联系的场合，可以选用小型 PLC 实现控制，但必须附加通信设备。

3．相应的功能要求

一般小型（低档）PLC 具有逻辑运算、定时、计数等功能，对于只需要开关量控制的设备都可满足。

对于以开关量控制为主，带少量模拟量控制的系统，可选用能带 A/D 和 D/A 转换模块，具有加减算术运算、数据传送功能的增强型低档 PLC。

若系统控制较复杂，要求实现 PID 运算、闭环控制、通信联网等功能，则可视控制规模大小及复杂程度，选用中档或高档 PLC。但是中、高档 PLC 价格较贵，一般用于大规模过程控制和集散控制系统等场合。

4．响应速度要求

PLC 是为工业自动化设计的通用控制器，不同档次 PLC 的响应速度一般都能满足其应用范围内的需要。如果要跨范围使用 PLC，或者某些功能或信号有特殊的速度要求，则应该慎重考虑 PLC 的响应速度，可选用具有高速 I/O 处理功能的 PLC，或选用具有快速响应模块和中断输入模块的 PLC 等。

5．系统可靠性要求

对于一般系统，PLC 的可靠性均能满足。对可靠性要求很高的系统，应考虑是否采用冗余系统或热备用系统。

6．机型尽量统一

一个企业，应尽量做到 PLC 的机型统一。主要考虑以下三方面问题：

（1）机型统一，其模块可互为备用，便于产品备件的采购和管理。

（2）机型统一，其功能和使用方法类似，有利于技术力量的培训和技术水平的提高。

（3）机型统一，其外部设备通用，资源可共享，易于联网通信，配上位计算机后易于形成一个多级分布式控制系统。

9.2.2　PLC 功能要求

1．PLC 的性能指标

1）存储容量

存储容量是指用户程序存储器的容量。用户程序存储器的容量大，可以编制出复杂的程序。一般来说，小型 PLC 的用户存储器容量为几千 K 字，而大型机的用户存储器容量为几万 K 字。

2）I/O 点数

输入/输出（I/O）点数是 PLC 可以接收的输入信号和输出信号的总和，是衡量 PLC 性能的重要指标。I/O 点数越多，外部可接的输入设备和输出设备就越多，控制规模就越大。

3）扫描速度

扫描速度是指 PLC 执行用户程序的速度，是衡量 PLC 性能的重要指标。一般以扫描 1K 字用户程序所需的时间来衡量扫描速度，通常以 ms/K 字为单位。PLC 用户手册一般给出执行各条指令所用的时间，可以通过比较各种 PLC 执行相同的操作所用的时间，来衡量扫描速度的快慢。

4）指令的功能与数量

指令功能的强弱、数量的多少也是衡量 PLC 性能的重要指标。编程指令的功能越强、数量越多，PLC 的处理能力和控制能力也越强，用户编程也越简单和方便，越容易完成复杂的控制任务。

5）内部元件的种类与数量

在编制 PLC 程序时，需要用到大量的内部元件来存放变量、中间结果、保持数据、定时计数、模块设置和各种标志位等信息。这些元件的种类与数量越多，表示 PLC 的存储和处理各种信息的能力越强。

6）特殊功能模块

特殊功能模块种类的多少与功能的强弱是衡量 PLC 产品的一个重要指标。近年来各 PLC 厂商非常重视特殊功能模块的开发，特殊功能模块种类日益增多，功能越来越强，使 PLC 的控制功能日益扩大。

7）可扩展能力

PLC 的可扩展能力包括 I/O 点数的扩展、存储容量的扩展、联网功能的扩展、各种功能模块的扩展等。在选择 PLC 时，经常需要考虑 PLC 的可扩展能力。

在工作流程比较固定、环境条件较好（维修量较小）的场合，建议选用整体式结构的 PLC，其他情况则最好选用模块式结构的 PLC。

8）通信功能

若系统需要进行数据传输通信，则应选用具有联网通信功能的 PLC。一般 PLC 都带有通信接口如 RS-232、RS-422、RS-485，但有些 PLC 通信接口仅能用于连接手持式编程器。

根据不同的应用对象，表 9-2 列出了 PLC 的几种功能选择。

表 9-2　PLC 功能选择

序　号	应 用 对 象	功 能 要 求	应 用 场 合
1	替代继电器	继电器触点输入/输出、逻辑线圈、定时器、计数器	替代传统使用的继电器，完成条件控制和时序控制功能
2	数学运算	四则数学运算、开方、对数、函数计算、双倍精度的数学运算	设定值控制、流量计算；PID 调节、定位控制工程量单位换算
3	数据传送	寄存器与数据表的相互传送等	数据库的生成、信息管理、批量控制、诊断、材料处理等
4	矩阵功能	逻辑与、逻辑或、异或、比较、置位（位修改）、移位和变反等	这些功能通常按"位"操作，一般用于设备诊断、状态监控、分类和报警处理等
5	高级功能	表与块间的传送、校验、双倍精度运算、对数和反对数、平方根、PID 调节等	通信速度和方式、与上位计算机的联网功能、调制解调器等
6	诊断功能	PLC 的诊断功能有内诊断和外诊断两种。内诊断是 PLC 内部各部件性能和功能的诊断，外诊断是 CPU 与 I/O 模块信息交换的诊断	
7	串行接口（RS-232C）	一般中型以上的 PLC 都提供一个或一个以上串行标准接口（RS-232C），以连接打印机、上位计算机或另一台 PLC	
8	通信功能	现在的 PLC 能够支持多种通信协议，比如现在比较流行的工业以太网等	对通信有特殊要求的用户

2．确定 I/O 点数

根据控制系统的要求确定所需要的 I/O 点数时，应再增加 10%～20%的备用量，以便随时增加控制功能要求。对于一个控制对象，由于采用的控制方法不同或编程水平不同，I/O 点数也应有所不同。典型电气传动设备及常用电气元件所需的 I/O 点数见表 9-3。

表 9-3　典型电气传动设备及常用电气元件所需的 I/O 点数

序　号	电气设备、元件	输入点数	输出点数	序　号	电气设备、元件	输入点数	输出点数
1	Y–△启动的笼型异步电动机	4	3	12	光电管开关	2	—
2	单向运行的笼型异步电动机	4	1	13	信号灯	—	1

续表

序 号	电气设备、元件	输入点数	输出点数	序 号	电气设备、元件	输入点数	输出点数
3	可逆运行的笼型异步电动机	5	2	14	拨码开关	4	—
4	单向变极电动机	5	3	15	三挡波段开关	3	—
5	可逆变极电动机	6	4	16	行程开关	1	—
6	单向运行的直流电动机	9	6	17	接近开关	1	—
7	可逆运行的直流电动机	12	8	18	制动器	—	1
8	单线圈电磁阀	2	1	19	风机	—	1
9	双线圈电磁阀	3	2	20	位置开关	2	—
10	比例阀	3	5	21	单向运行的绕线转子异步电动机	3	4
11	按钮	1	—	22	可逆运行的绕线转子异步电动机	4	5

3．存储容量的选择

用户应用程序占用多少内存与许多因素有关，如 I/O 点数、控制要求、运算处理量、程序结构等。因此在程序设计之前只能粗略地估算。根据经验，每个 I/O 点及有关功能器件占用的内存大致如下：

开关量 I/O 所需内存字数=I/O 开关量总点数×(10～15)。仅有模拟量输入时，所需内存字数=模拟量点数×(100～200)。

存储器的总字数再加上一个备用量即为存储容量。例如，作为一般应用下的经验公式是：所需内存字数=I/O 开关量总点数×（10~15）+模拟量 I/O 总点数×（150～250），再按 30%左右预留余量。

根据上面的经验公式得到的存储容量估算值只具有参考价值，在明确对 PLC 要求存储容量时，还应依据其他因素对其进行修正。需要考虑的因素有：

（1）经验公式仅是对一般应用系统，而且主要是针对设备的直接控制功能而言的，特殊的应用或功能可能需要更大的存储容量。

（2）不同型号的 PLC 对存储器的使用规模与管理方式的差异，会影响存储量的选择。

（3）程序编写水平对存储容量的需求有较大的影响。由于存储容量估算时不确定因素较多，因此很难估算准确。工程实践中大多采用粗略估算，加大余量，实际选型时就应参考此值采用就高不就低的原则。

另外，在选择存储容量的同时，注意对存储器类型的选择。PLC 系统所用的存储器基本上由 ROM、EPROM 及 RAM、COMS RAM 四种类型组成，ROM、EPROM 用来存放系统程序，用户一般不做更改；RAM、COMS RAM 用来存放用户程序和工作数据。存储容量则随机器的大小变化，一般小型机的最大存储能力低于 3K 字，中型机的最大存储能力可达 32K 字，大型机的最大存储能力可达上兆字。使用时可以根据程序及数据的存储需要来选用合适的机型，必要时也可专门进行存储容量的扩充设计。

9.2.3　响应速度

1．响应时间

PLC 的扫描周期是指 PLC 一次完成读输入、程序执行、写输出三个阶段所需要的时间。但是由于采用了扫描工作方式，从 PLC 输入端有一个输入信号发生变化到输出端对该输入变化做出反应，需要一段时间，这段时间就称为 PLC 的响应时间或滞后时间。

但是对于一般的工业控制，这种滞后是允许的。响应时间的大小与如下因素有关：

输入电路的时间常数；输出电路的时间常数；用户语句的安排和指令的使用；PLC 的循环扫描方式；PLC 对 I/O 的刷新方式。

其中，前三个因素可以通过选择不同的模块和合理编制程序得到改善。

2．PLC 的响应速度应满足实时控制的要求

PLC 工作时，从输入信号到输出控制存在着滞后现象，即输入量的变化一般要在 1～2 个扫描周期之后才能反映到输出端，这对于一般的工业控制是允许的。但有些设备的实时性要求较高，不允许有较大的滞后时间。例如，PLC 的 I/O 点数在几十到几千点范围内，这时用户应用程序的长短对系统的响应速度会有较大的差别。滞后时间应控制在几十毫秒之内，应小于普通继电器的动作时间（普通继电器的动作时间约为 100ms），否则就没有意义了。

3．I/O 响应时间的选择

对开关量控制的系统，PLC 的 I/O 响应时间一般都能满足实际工程的要求，可不必考虑 I/O 响应问题。但对模拟量控制的系统，特别是闭环控制系统就要考虑这个问题。对于快速响应的信号需要选取扫描速度高的机型，例如，三菱 FX2N 的基本指令的运行处理时间为每条指令 0.08μs。

可以采用以下几种方法提高 PLC 的响应速度：

（1）选择 CPU 处理速度快的 PLC，使执行一条基本指令的时间不超过 0.5μs。

（2）优化应用软件，缩短扫描周期。

（3）采用高速响应模块，如高速计数模块，其响应的时间可以不受 PLC 扫描周期的影响，而只取决于硬件的延时。

9.2.4　指令系统

一个 PLC 的所有指令称为该 PLC 的指令系统，指令系统功能的强弱、指令数量的多少也是衡量 PLC 性能的重要指标。一般来讲，功能强、性能好的 PLC，其指令系统必然丰富，PLC 的处理能力和控制能力也越强，用户编程也越简单和方便，越容易完成复杂的控制任务。

PLC 的指令可分为基本指令和功能指令。基本指令用于处理逻辑关系，以实现逻辑控制。功能指令包括：数据处理指令、数据运算指令、流程控制指令、状态监控指令等。

9.2.5　机型选择的工程应用考虑

1．电源模块的选择

电源模块的选择仅针对模块式结构的 PLC 而言，对于整体式 PLC 则不存在电源的选择问题。

电源模块的选择主要考虑电源输出额定电流和电源输入电压。电源模块的输出额定电流必须大于 CPU 模块、I/O 模块和其他特殊模块等消耗电流的总和，同时还应考虑今后 I/O 模块的扩展等因素；电源输入电压一般根据现场的实际需要而定。

2．软件的选择

在系统的实现过程中，PLC 的编程问题是非常重要的。用户应当对所选择 PLC 产品的软件功能有所了解。有时一个工作系统可能需要包括复杂数学计算和数据处理操作的特殊控制或数据采集功能。指令集的选择将决定实现软件任务的难易程度。可用的指令集将直接影响实现控制程序所需的时间和程序执行的时间。

3．支撑技术条件的考虑

选用 PLC 时，有无支撑技术条件同样是重要的选择依据。支撑技术条件包括下列内容：

1）编程软件的选择

目前大部分 PLC 公司都有其专用的 PLC 编程软件，且大多数情况下，这些软件都不能通用，因此在选择 PLC 时，需要考虑编程软件与 PLC 的配套情况。

2）通信器件

通信功能对于 PLC 而言越来越发挥着重要的作用。PLC 与上位机的通信、PLC 网络功能的实现都要求有齐备的通信硬件和软件。不同的通信功能和通信接口是选择 PLC 时必须要考虑的内容。

4．PLC 的环境适应性

由于 PLC 通常直接用于工业控制，生产厂都尽可能地保证自己的产品具有高的可靠性。尽管如此，每种 PLC 都有自己的环境技术条件，用户在选用时，特别是在设计控制系统时，对环境条件要予以充分的考虑。

一般 PLC 及其外部电路（包括 I/O 模块、辅助电源等）都能在表 9-4 所列的环境条件下可靠工作。

表 9-4　PLC 的工作环境

序号	项　目	说　明
1	温度	工作温度范围为 0～55℃，最高为 60℃，储存温度范围为-40～+85℃
2	湿度	相对湿度 5%～95%，无凝结霜
3	振动和冲击	满足国际电工委员会标准
4	电源	采用 220V 交流电源，允许变化范围为-15%～+15%，频率为 47～53Hz，瞬间停电保持 10ms
5	环境	周围空气不能混有可燃性、爆炸性和腐蚀性气体

9.3　I/O 模块的选择

PLC 是一种工业控制系统，它的控制对象是工业生产设备或工业生产过程，工作环境是工业生产现场。它与工业生产过程的联系是通过 I/O 接口模块来实现的。

通过 I/O 接口模块可以检测被控生产过程的各种参数，并以这些现场数据作为控制信息对被控对象进行控制。同时，通过 I/O 接口模块将控制器的处理结果送给被控设备或工业生产过程，从而驱动各种执行机构来实现控制。PLC 从现场收集的信息及输出给外部设备的控制信号都需经过一定距离，为了确保这些信息正确无误，PLC 的 I/O 接口模块都具有较好的抗干扰能力。根据实际需要，一般情况下，PLC 都有许多 I/O 接口模块，包括开关量输入模块、开关量输出模块、模拟量输入模块、模拟量输出模块以及其他一些特殊模块。不同的 I/O 模块，其电路及功能也不同，直接影响 PLC 的应用范围和价格，应当根据实际需要加以选择。

1．输入回路的设计

1）电源回路

PLC 供电电源一般为 AC 85～240V（也有 DC 24V），适应电源范围较宽，但为了抗干扰，应加装电源净化元件（如电源滤波器、1∶1 隔离变压器等）。

2）DC 24V 电源的使用

各公司 PLC 产品上一般都有 DC 24V 电源，但该电源容量小，为几十至几百毫安，用其带负载时要注意容量，同时做好防短路措施。

3）外部 DC 24V 电源

若输入回路有 DC 24V 供电的接近开关、光电开关等，而 PLC 上 DC 24V 电源容量不够，则要从外部提供 DC 24V 电源。

4）输入的灵敏度

各厂家对 PLC 的输入端电压和电流都有规定，如日本三菱公司 F1 系列 PLC 的输入值为：DC 24V、7mA，启动电流为 4.5mA，关断电流小于 1.5mA。因此，当输入回路串有二极管或电阻（不能完全启动），或者有并联电阻或有漏电流时（不能完全切断），就会有误动作，灵敏度下降，对此应采取措施。

另一方面，当输入器件的输入电流大于 PLC 的最大输入电流时，也会引起误动作，应采用弱电流的输入器件，并且选用 NPN 型晶体管输入的 PLC。

2．输出回路的设计

根据 PLC 输出端所带的负载是直流型还是交流型，是大电流还是小电流，以及 PLC 输出动作的频率等，从而确定输出端是采用继电器输出，还是采用晶体管或晶闸管输出。不同的负载选用不同的输出方式，对系统的稳定运行是很重要的。例如，频繁通断的感性负载，应选择晶体管或晶闸管输出型的，而不应选用继电器输出型的。但继电器输出型的 PLC 有许多优点，如导通压降小，有隔离作用，价格相对较便宜，承受瞬时过电压和过电流的能力较强，其负载电压灵活（可交流、可直流）且电压等级范围大等。所以动作不频繁的交、直流负载可以选择继电器输出型的 PLC。

1）各种输出方式之间的比较

（1）继电器输出。优点是不同公共点之间可带不同的交、直流负载，且电压也可不同，带负载电流可达 2A/点；但继电器输出方式不适用于高频动作的负载，这是由继电器的寿命决定的。其寿命随带负载电流的增加而减少，一般在几十万次至几百万次之间，有的公司产品可达 1000 万次以上，响应时间为 10ms。

（2）晶闸管输出。带负载能力为 0.2A/点，只能带交流负载，可适应高频动作，响应时间为 1ms。

（3）晶体管输出。最大优点是适应于高频动作，响应时间短，一般为 0.2ms 左右；但它只能带 DC 5~30V 的负载，最大输出负载电流为 0.5A/点，且每 4 点不得大于 0.8A。

当系统输出频率为每分钟 6 次以下时，应首选继电器输出，因其电路设计简单，抗干扰和带负载能力强。当频率为每分钟 10 次以下时，可采用继电器输出方式。

2）抗干扰与外部互锁

当 PLC 输出端带感性负载，负载断电时会对 PLC 的输出端造成浪涌电流的冲击，为此，对直流感性负载应在其旁边并接续流二极管，对交流感性负载应并接浪涌吸收电路，可有效保护负载电路。

9.3.1 开关量输入模块的选择

PLC 的输入模块用来检测来自现场（如按钮、行程开关、温控开关、压力开关等）的电压信号，并将其转换为 PLC 内部的低电压信号。开关量输入模块按输入点数分，常用的有 8 点、12 点、16 点、32 点等；按工作电压分，常用的有直流 5V、12V、24V，交流 110V、220V 等；按外部连线方式，又可分为汇点输入、分组式输入等。

选择时主要应考虑以下几个方面：

1. 输入信号的类型及电压等级

开关量输入模块有直流输入、交流输入和交流/直流输入三种类型。选择时主要根据现场输入信号和周围环境因素等。直流输入模块的延迟时间较短，还可以直接与接近开关、光电开关等电子输入设备连接；交流输入模块可靠性好，适合在有油雾、粉尘的恶劣环境下使用。

开关量输入模块的输入信号的电压等级有：直流 5V、12V、24V、48V、60V 等；交流 110V、220V 等。

根据现场输入信号（如按钮、行程开关）与 PLC 输入模块距离的远近来选择电压的高低。一般来说，24V 以下属低电压，其传输距离不宜太远。例如，12V 电压模块一般不超过 10m，距离较远的设备选用较高电压模块比较可靠。

2. 输入接线方式

开关量输入模块主要有汇点式和分组式两种接线方式，如图 9-3 所示。

汇点式的开关量输入模块所有输入点共用一个公共端（COM）；而分组式的开关量输入模块是将输入点分成若干组，每一组（几个输入点）有一个公共端，各组之间是分隔的。分组式的开关量输入模块价格较汇点式的高，如果输入信号之间不需要分隔，则一般选用汇点式输入模块。

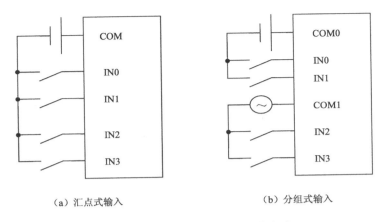

（a）汇点式输入　　　　　　　　（b）分组式输入

图 9-3　开关量输入模块的接线方式

3．注意同时接通的输入点数量

对于高密度的输入模块（如 32 点、48 点等），允许同时接通的点数取决于输入电压和环境温度。一般来说，同时接通的点数不得超过总输入点数的 60%。

4．输入门槛电平

为了提高系统的可靠性，必须考虑输入门槛电平的大小。门槛电平越高，抗干扰能力越强，传输距离也越远，具体可参阅 PLC 说明书。

9.3.2　开关量输出模块的选择

开关量输出模块将 PLC 内部低电压信号转换成驱动外部输出设备的开关信号，并实现 PLC 内外信号的电气隔离。选择时主要应考虑以下几个方面：

1．输出方式

开关量输出模块有继电器输出、晶闸管输出和晶体管输出三种方式。

继电器输出的价格便宜，既可以用于驱动交流负载，又可以用于直流负载，而且适用的电压大小范围较宽，导通压降小，同时承受瞬时过电压和过电流的能力较强；但其属于有触点元件，动作速度较慢（驱动感性负载时，触点动作频率不得超过 1Hz），寿命较短，可靠性较差，只能适用于不频繁通断的场合。

对于频繁通断的负载，应该选用晶闸管输出或晶体管输出，它们属于无触点元件。但晶闸管输出只能用于交流负载，而晶体管输出只能用于直流负载。

2．输出接线方式

开关量输出模块主要有分组式和分隔式两种接线方式，如图 9-4 所示。

分组式输出是几个输出点为一组，一组有一个公共端，各组之间是分隔的，可分别用于驱动不同电源的外部输出设备；分隔式输出是每一个输出点有一个公共端，各输出点之间相互隔离。选择时主要根据 PLC 输出设备的电源类型和电压等级而定。一般整体式 PLC 既有分组式输出，也有分隔式输出。

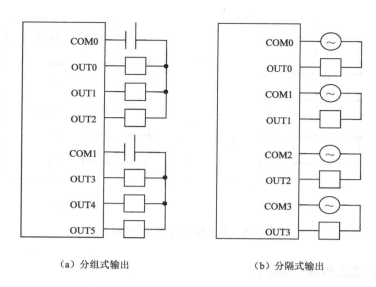

（a）分组式输出　　　　　　　　（b）分隔式输出

图 9-4　开关量输出模块的接线方式

3．驱动能力

开关量输出模块的输出电流（驱动能力）必须大于 PLC 外接输出设备的额定电流。用户应根据实际输出设备的电流大小来选择输出模块的输出电流。如果实际输出设备的电流较大，输出模块无法直接驱动，可增加中间放大环节。

4．注意同时接通的输出点数量

选择开关量输出模块时，还应考虑能同时接通的输出点数量。同时接通输出设备的累计电流值必须小于公共端所允许通过的电流值，如一个 220V/2A 的 8 点输出模块，每个输出点可承受 2A 的电流，但输出公共端允许通过的电流并不是 16A（8×2A），通常要比此值小得多。一般来讲，同时接通的点数不要超出同一公共端输出点数的 60%。

5．输出的最大电流与负载类型、环境温度等因素有关

开关量输出模块的技术指标与不同的负载类型密切相关，特别是输出的最大电流。另外，晶闸管的最大输出电流随环境温度升高会降低，在实际使用中也应注意。

9.3.3　模拟量模块的选择

模拟量 I/O 模块的主要功能是数据转换，并与 PLC 内部总线相连，同时为了安全也有电气隔离功能。模拟量输入（A/D）模块是将现场由传感器检测而产生的连续的模拟量信号转换成 PLC 内部可接收的数字量；模拟量输出（D/A）模块是将 PLC 内部的数字量转换为模拟量信号输出。

典型模拟量 I/O 模块的量程为-10～+10V、0～+10V、4～20mA 等，可根据实际需要选用，同时还应考虑其分辨率和转换精度等因素。

模拟量模块的分辨率用转换后的二进制数的位数来表示，一般有 8 位和 12 位两种。8 位的模拟量模块的分辨率低，一般用在要求不高的场合。12 位二进制数能表示的范围为 0～4095。

满量程的模拟量（如 0~10V）对应的转换后的数据一般为 0~4000，以 0~10V 的量程为例，12 位模拟量输入模块的分辨率为 10V/4000。

PLC 的模拟量输入模块的 A/D 转换过程一般是周期性自动进行的，不需要用户程序来启动 A/D 转换过程，用户程序只需要直接读取当前最新的转换结果就可以了。如果想用较长的时间间隔读取模拟量的值，对采样周期性要求不高时可以用定时器来对读取的时间间隔定时，对定时精度要求较高时可以用中断来定时。

一些制造厂家在 PLC 上设计有特殊模拟接口，因而可接收低电压信号，如电阻温度探测器 RTD（Resistance Temperature Detector）、热电偶等。一般来说，这类接口模块可用于接收同一模块上不同类型的热电偶或 RTD 混合信号。

9.3.4 智能 I/O 模块的选择

目前，PLC 制造厂家相继推出了一些具有特殊功能的 I/O 模块，有的还推出了自带 CPU 的智能型 I/O 模块，可对输入或输出信号做预先规定的处理，并将处理结果送入主机 CPU 内或直接输出，这样可提高 PLC 的处理速度并节省存储容量。如高速计数器（可做加法计数或减法计数）、凸轮模拟器（用作绝对编码输入）、带速度补偿的凸轮模拟器、单回路或多回路的 PID 调节器、RS-232/422 接口通信模块等。选择 PLC I/O 接口模块的一般规则见表 9-5。

表 9-5 选择 PLC I/O 接口模块的一般规则

I/O 模块类型	现场设备或操作（举例）	说　明
开关量输入模块	选择开关、按钮、光电开关、限位开关、电路断路器、接近开关、液位开关、电动机启动器触点、继电器触点、拨盘开关	输入模块用于接收 ON/OF 或 OPENED/CLOSED（开/关）信号，开关量信号可以是直流的，也可以是交流的
开关量输出模块	报警器、控制继电器触点、风扇、指示灯、扬声器、阀门、电动机启动器触点、电磁线圈触点	输出模块用于将信号传递到 ON/OFF 或 OPENED/CLOSED（开/关）设备。开关量信号可以是交流的或直流的
模拟量输入模块	温度变送器、压力变送器、湿度变送器、流量变送器、电位器	将连续的模拟量信号转换成 PLC 处理器可接收的输入信号
模拟量输出模块	模拟量阀门、执行机构、图表记录器、电动机驱动器、模拟仪表	将 PLC 处理器的输出转为现场设备使用的模拟量信号（通常是通过变送器进行）
特种 I/O 模块	电阻、电偶、编码器、流量计、I/O 通信、称重计、条形码阅读器、标签阅读器、显示设备	通常用作位置控制、PID 和外部设备通信等专门用途

9.4 PLC 控制系统设计方法

9.4.1 逻辑设计法

逻辑设计法是根据控制功能，通过建立输入与输出信号之间的逻辑函数关系进行梯形图设计的一种 PLC 控制系统设计方法。

其基本步骤分为：

（1）根据输入、输出信号关系，列出逻辑状态表。

（2）对上述所得的逻辑函数进行化简或变换。

（3）对化简后的函数，利用 PLC 的逻辑指令实现其函数关系（进行 I/O 分配，画出 PLC 梯形图）。

（4）添加特殊要求的程序。

（5）上机调试程序，进行修改和完善。

【例 9-2】 采用逻辑设计法设计一个 4 台通风机控制系统，要求采用两台指示灯显示通风机的各种运行状态：3 台及 3 台以上风机开机时，绿灯常亮；两台开机时，绿灯以 5Hz 的频率闪烁；一台开机时，红灯以 5Hz 的频率闪烁；全部停机时，红灯常亮。

分析：由题目可知，PLC 的输入信号是各台风机运行状态信号，用 A、B、C、D 表示 4 台通风机，风机开为"1"，停为"0"；输出信号是各指示灯的状态信号，设置红灯为 F1，绿灯为 F2，灯亮为"1"、灯灭为"0"。

为了简化设计，可以将上述几种运行情况分开考虑。

（1）红灯（F1）常亮的程序设计。当 4 台风机都不开机时，红灯常亮，其逻辑关系如表 9-6 所示。

表 9-6 红灯常亮逻辑关系表

A	B	C	D	F1
0	0	0	0	1

由表 9-6 可得逻辑关系式：$F1 = \overline{A} \cdot \overline{B} \cdot \overline{C} \cdot \overline{D}$，进而可画出红灯（F1）常亮的梯形图，如图 9-5 所示。

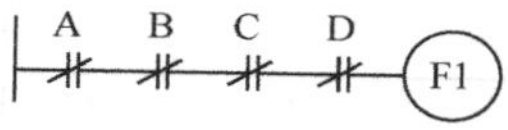

（2）绿灯（F2）常亮的程序设计。能引起绿灯常亮的情况有 5 种，其逻辑关系如表 9-7 所示。

图 9-5 红灯常亮的梯形图

表 9-7 绿灯常亮逻辑关系表

A	B	C	D	F2
0	1	1	1	1
1	0	1	1	1
1	1	0	1	1
1	1	1	0	1
1	1	1	1	1

可得逻辑关系式： $F2 = \overline{A}BCD + A\overline{B}CD + AB\overline{C}D + ABC\overline{D} + ABCD$

化简后得： $F2 = AB(C+D)+(A+B)CD$

由逻辑关系式可画出绿灯（F2）常亮的梯形图，如图 9-6 所示。

（3）红灯（F1）闪烁、绿灯（F2）闪烁的程序设计。参照前面的设计方法可以方便得到红灯（F1）闪烁和绿灯（F2）闪烁的梯形图（设闪烁为"1"，使用特殊继电器 25501 产生 5Hz 的脉冲），分别如图 9-7 和图 9-8 所示。

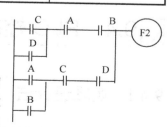

图 9-6 绿灯常亮的梯形图

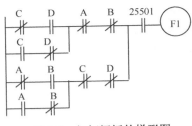

图 9-7　红灯闪烁的梯形图

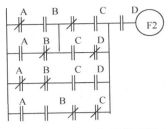

图 9-8　绿灯闪烁的梯形图

（4）根据所选用的 PLC 机型，作出 I/O 分配表，如表 9-8 所示。用 PLC 的 I/O 点编号替换梯形图中的变量。

表 9-8　I/O 分配表

输　入				输　出	
A	B	C	D	F1	F2
00001	00002	00003	00004	01001	01002

（5）综合几个梯形图，得出最终的程序如图 9-9 所示。

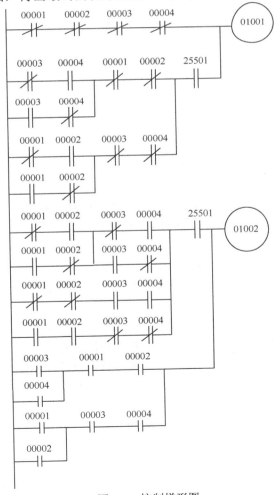

图 9-9　控制梯形图

（6）最后只需对上面获得的梯形图进行上机调试，即可进一步修改、完善。

需要注意的是，逻辑设计法是建立在对逻辑分析、逻辑化简较为熟悉的基础上的，一般需要使用者有较好的逻辑代数基础，对于初学者有一定的难度，适用于有一定设计经验的设计者。

9.4.2　时序图设计法

时序图设计法是由时序图入手，按 PLC 各输出信号状态变化的时间顺序进行程序设计的方法。其基本步骤是：

（1）根据各输入、输出信号之间的时序关系，画出输入和输出信号的工作时序图。

（2）把时序图划分成若干个区段，确定各区段的时间长短。找出区段间的分界点，弄清分界点处各输出信号状态的转换关系和转换条件。

（3）确定所需的定时器个数，分配定时器号，确定各定时器的设定值。

（4）明确各定时器开始定时和定时到两个时刻各输出信号的状态。最好作一个状态转换明细表。

（5）作 PLC 的 I/O 分配表。

（6）根据时序图、状态转换明细表和 I/O 分配表，画出 PLC 梯形图。

（7）进行模拟实验，进一步修改、完善程序。

采用时序图设计梯形图最典型的应用是交通红绿灯控制，本书在实验内容中对此有详细的介绍，故在此不再赘述。

需要注意的是，时序图设计法只适用于输入或输出状态按时间变化的场合，不同状态的转换都必须与时间有关，即必须能画出时序图，否则将不能使用时序图设计法。

9.4.3　顺序控制设计法

顺序控制设计法又称为功能表图（SFC 图）设计法，它基于功能表图进行设计，面向一线工程技术人员，具有很好的学习性和使用性。许多 PLC 厂商甚至专门在 PLC 指令集中开发了适用于顺序控制设计法的步进指令。采用顺序控制设计法可以有效解决设计思路不清、程序更新升级困难等问题，它是目前应用最为广泛的 PLC 控制系统设计方法。

顺序控制设计法的步骤主要有：

（1）根据控制要求将控制过程分成若干个工作步。

明确每个工作步的功能，弄清步的转换是单向进行（单序列）的还是多向进行（选择或并行序列）的。

确定各步的转换条件（可能是多个信号的"与"、"或"等逻辑组合）。

必要时可画一个工作流程图，它有助于理顺整个控制过程的进程。

（2）为每个步设置控制位，确定转换条件。控制位最好使用同一个通道的若干连续位。

（3）确定所需输入和输出点，选择 PLC 机型，进行 I/O 分配。

（4）在前两步的基础上画出功能表图。

（5）根据功能表图画梯形图。

（6）添加某些特殊要求的程序。

（7）上机调试程序，进行修改和完善。

在第 6 章中，我们已经学习过功能表图（SFC 图）的画法规则，接下来，我们主要研究 SFC 图转换成梯形图的规则。

（1）前一步的常开触点串联转移条件，激活后一步线圈。

（2）后一步的常闭触点串联在前一步的线圈支路中，中止前一步。

（3）使用每一步的自锁结构，确保该步持续通电。

（4）使用每一步的常开触点，接通该步动作说明。

（5）合并多次出现的线圈。

【例 9-3】　某传送带传送物体的系统结构如图 9-10 所示，GK1、GK2 为两个光电开关，系统工作过程为：按一下启动按钮，皮带机 A 运行，B 停；当物体前端接近 GK1 时，A 与 B 都运行；当物体后端离开 GK1 时，B 运行，A 停；当物体后端离开 GK2 时，A 与 B 都不运行。用顺序控制设计法设计 PLC 控制程序。

图 9-10　传送带系统结构图

分析：由题意可得，该系统的 SFC 图为单序列结构。可分为 4 步进行，用光电开关和启动按钮作为转移条件。

表 9-9 所示为 I/O 分配表。

表 9-9　I/O 分配表

输　　入			输　　出	
启动按钮	GK1	GK2	皮带机 A 接触器	皮带机 B 接触器
00002	00000	00001	01000	01001

绘制的功能表图如图 9-11 所示。

由功能表图设计的梯形图如图 9-12 所示。

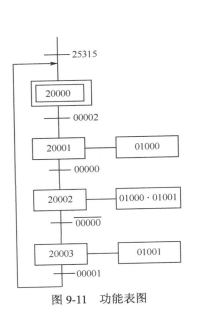

图 9-11　功能表图

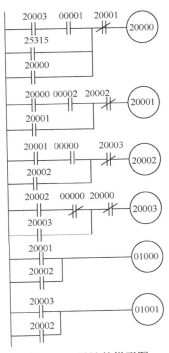

图 9-12　设计的梯形图

此外，如果功能表图出现两步小循环，如图 9-13 所示，步 20000 向步 20001 转移，但后者也向前者转移，这样转移方向将出现混乱现象，PLC 将不知道是向上转移还是向下转移，原有的编程规则将不能使用。此时需要人为增设第三步，用时间继电器控制第三步时间为 0.1s，如图 9-14 所示，这样短的时间既不会影响系统的正常控制过程，又可以有效解决转移方向问题，确保步与步正常地转移。

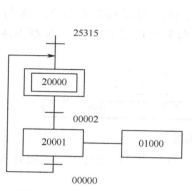

图 9-13　两步小循环功能表图

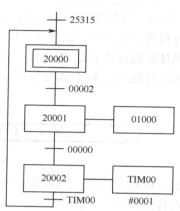

图 9-14　带增设步的功能表图

9.4.4　经验设计法

所谓经验设计法是指依据设计者个人编程经验和设计思路，进行 PLC 程序设计的过程。经验设计法的基础是：具有继电器控制的设计经验，熟练掌握 PLC 指令的功能。设计者如果能凭经验进行设计，大多是将熟练掌握的典型继电器控制电路的设计思路移植到 PLC 程序设计中。

由于经验设计法凭借的是设计者个人的设计经验，故采用这种方法设计的程序有很大的随意性，其他人在阅读程序时很可能不能准确把握设计思路，因此此种方法一般只用于设计一些程序的简单环节，如手动控制单元等。较复杂的程序、自动控制程序很少采用经验设计法设计。

9.4.5　替代法

替代法又称为继电器-接触器控制电路转换设计法，它是在继电器控制电路的基础上，经过转换，将继电器控制电路转换成 PLC 控制程序。

替代时应注意以下几个问题：

1）各种继电器、接触器、电磁阀、电磁铁等的转换

这些电器的线圈是 PLC 的执行元件，要为它们分配相应的 PLC 输出继电器号。

中间继电器可以用 PLC 的内部辅助继电器来代替。

2）常开、常闭按钮的转换

常开、常闭按钮在梯形图中与常开、常闭触点的画法是一致的。

3）热继电器的处理

一般热继电器触点不接入 PLC 中，而接在 PLC 外部的启动控制电路中。

4）时间继电器的处理

时间继电器可用 PLC 的定时器代替。

PLC 定时器的触点只有接通延时闭合和接通延时断开两种。可以通过编程设计出所需的时间控制。

事实上，一个较为复杂的 PLC 控制系统往往需要多种设计方法组合使用、共同设计。例如，对于控制系统的手动控制环节，可以采用经验设计法；对于自动控制环节，则可以使用顺序控制设计法或逻辑控制设计法，只有综合使用多种设计方法，才能设计出一套完整、有效的 PLC 程序。

思考与练习题

1. 可编程控制器系统设计一般分为几步？
2. 如何估算可编程控制器控制系统的 I/O 点数？
3. 可编程控制器的选型应考虑哪些因素？
4. 如何减少 PLC 的 I/O 点数？

第10章　PLC 应用

10.1　数控机床及机电控制系统概述

10.1.1　数控机床的组成

数控机床由程序编制及程序载体、输入装置、数控（CNC）装置、伺服驱动及位置检测装置、辅助控制装置、机床本体等几部分组成，如图 10-1 所示。

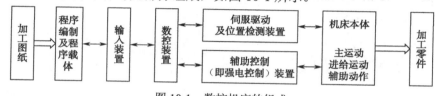

图 10-1　数控机床的组成

1．程序编制及程序载体

数控程序是数控机床自动加工零件的工作指令。在对加工零件进行工艺分析的基础上，确定零件坐标系在机床坐标系上的相对位置（即零件在机床上的安装位置）、刀具与零件相对运动的尺寸参数、零件加工的工艺路线、切削加工的工艺参数以及辅助装置的动作等，得到零件的所有运动、尺寸、工艺参数等加工信息后，用由文字、数字和符号组成的标准数控代码，按规定的方式和格式，编制零件加工的数控程序单。编制程序的工作可由人工进行；对于形状复杂的零件，则要在专用的编程机或通过计算机进行自动编程（APT）或 CAD/CAM 设计。

编好的数控程序，存放在便于输入到 CNC 装置的一种存储载体上，它可以是穿孔纸带、磁带、磁盘等。采用哪一种存储载体，取决于 CNC 装置的设计类型。

2．输入装置

输入装置的作用是将程序载体（信息载体）上的数控程序传递并存入 CNC 装置内。根据存储介质的不同，输入装置可以是光电阅读机、磁带机或软盘驱动器等。数控程序也可以通过键盘用手工方式直接输入 CNC 装置，数控程序还可由程序计算机用 RS-232C 或采用网络通信方式传送到 CNC 装置中。

数控程序的输入过程有两种不同的方式：一种是边读入边加工（当 CNC 装置内存较小时）；另一种是一次将数控程序全部读入 CNC 装置内部的存储器，加工时再从内部存储器中逐段调出进行加工。

3．CNC 装置

CNC 装置是数控机床的核心。

CNC 装置从内部存储器中取出或接收输入装置送来的一段或几段数控程序，经过 CNC 装置的逻辑电路或系统软件进行编译、运算和逻辑处理后，输出各种控制信号和指令，控制机床各部分的工作，使其进行规定的有序运动和动作。

零件的轮廓图形往往由直线、圆弧或其他非圆弧曲线组成，刀具在加工过程中必须按零件形状和尺寸的要求进行运动，即按图形轨迹移动。但输入的数控程序只能是各线段轨迹的起点和终点坐标值等数据，这不能满足要求，因此要进行轨迹插补，也就是在线段的起点和终点坐标值之间进行"数据点的密化"，求出一系列中间点的坐标值，并向相应坐标输出脉冲信号，控制各坐标轴（即进给动作的各执行元件）的进给速度、进给方向和进给位移量等。

4．驱动装置和位置检测装置

驱动装置接收来自 CNC 装置的指令信息，经功率放大后，严格按照指令信息的要求驱动机床移动部件，以加工出符合图样要求的零件。因此，它的伺服精度和动态响应性能是影响数控机床加工精度、表面质量和生产率的重要因素之一。驱动装置包括控制器（含功率放大器）和执行机构两大部分。目前大都采用直流或交流伺服电动机作为执行机构。

位置检测装置将数控机床各坐标轴的实际位移量检测出来，经反馈系统输入到机床的 CNC 装置之后，CNC 装置将反馈回来的实际位移量和设定值进行比较，控制驱动装置按照指令设定值运动。

5．辅助控制装置

辅助控制装置的主要作用是接收 CNC 装置输出的开关量指令信号，经过编译、逻辑判别和运动，再经功率放大后驱动相应的电器，带动机床的机械、液压、气动等辅助装置完成指令规定的开关量动作。这些控制包括主轴运动部件的变速、换向和启停指令，刀具的选择和交换指令，冷却、润滑装置的启停，工件和机床部件的松开、夹紧，分度工作台转位分度等开关辅助动作。

由于 PLC 具有响应快、性能可靠、易于使用、易编程和修改程序并可直接启动机床开关等特点，现已广泛用于数控机床的辅助控制装置。

6．机床本体

数控机床的机床本体和传统机床相似，由主轴传动装置、进给传动装置、机床、工作台，以及辅助运动装置、液压气动系统、润滑系统、冷却装置等组成。但数控机床在整体布局、外观造型、传动系统、刀具系统的结构以及操作机构等方面都已发生了很大的变化。这种变化的目的是为了满足数控机床的要求和充分发挥数控机床的特点。

10.1.2　PLC 在数控机床中的应用

1．数控机床用 PLC 的类型

在中、高档数控机床中，PLC 是重要组成部分。所用的 PLC 有两种类型，即内装型（Built-in

Type）和独立型（Stand-alone Type）。

1）内装型 PLC

具有内装型 PLC 的 CNC 装置框图如图 10-2 所示。

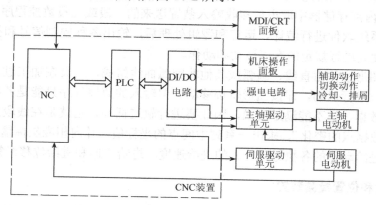

图 10-2　具有内装型 PLC 的 CNC 装置框图

内装型 PLC 具有如下特点：

（1）内装型 PLC 的性能指标由所从属的 CNC 装置的性能、规格来确定。其硬件和软件被作为 CNC 装置的基本功能统一设计。具有结构紧凑、适配性强等特点。

（2）内装型 PLC 有与 CNC 装置共用微处理器和具有专用微处理器两种类型。后者由于有独立的微处理器，多用于控制程序复杂、动作速度要求快的场合。

（3）内装型 PLC 与 CNC 装置的其他电路同装在一个机箱内，共用一个电源和地线。

（4）内装型 PLC 的硬件电路可与 CNC 装置的其他电路制作在同一块印制电路板上，也可以单独制成一块附加印制电路板，供用户选择。

（5）内装型 PLC 不单独配置 I/O 接口，而是使用 CNC 装置本身的 I/O 接口。

（6）采用内装型 PLC，扩大了 CNC 装置内部直接处理的窗口通信功能，可以使用梯形图编程和传送高级控制功能，且造价低，提高了 CNC 装置的性能价格比。

2）独立型 PLC

独立型 PLC 与 CNC 装置的关系如图 10-3 所示。

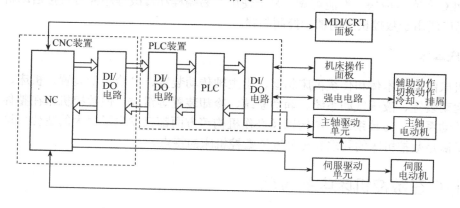

图 10-3　独立型 PLC 与 CNC 装置的关系

独立型 PLC 的特点如下：

（1）根据数控机床对控制功能的要求，可以灵活地选购或自行开发通用型 PLC。一般来说，数控车床、铣床、加工中心等单机数控设备所需 PLC 的 I/O 点数少，选用微型和小型 PLC 即可。而大型数控机床、FMC 或 FMS、FA、CIMS，则需要选用大中型和大型 PLC。

（2）要进行 PLC 与 CNC 装置、PLC 与机床侧的 I/O 连接。CNC 装置和 PLC 均有自己的 I/O 接口，需将对应的 I/O 信号的接口电路连接起来。通用型 PLC 一般采用模块化结构，装在插板式机箱内。I/O 点数可通过 I/O 模块或者插板的增减灵活配置，使得 PLC 与 CNC 装置的 I/O 信号的连接变得简单。

（3）可以扩大 CNC 装置的控制功能。在闭环（或半闭环）数控机床中，采用 D/A 和 A/D 模块，可以实现对伺服驱动装置的直接控制，从而可以形成两个以上的附加轴控制，扩大 CNC 装置的控制功能。

（4）在性能/价格上不如内装型 PLC。

总的来看，单微处理器的 CNC 装置多采用内装型 PLC；而独立型 PLC 主要用在多微处理器 CNC 装置、FMC 或 FMS、FA、CIMS 中，具有较强的数据处理、通信和诊断功能，成为 CNC 装置与上级计算机联网的重要设备。单机 CNC 装置中的内装型 PLC 和独立型 PLC 的作用是一样的，主要是协助 CNC 装置实现低速辅助信息的控制。

国外有些数控机床制造厂家，或是为了展示自己长期形成的技术特色，或是为了保守某些技术诀窍，或者纯粹是因管理上的需要，在购进的 CNC 装置中，舍弃了 PLC 功能，而采用外购或自行开发的通用型 PLC 作为控制器。

2. 数控机床用 PLC 的工作方式

数控机床用 PLC 作为数控机床的有机组成部分，其工作方式必须与数控机床的动作方式相协调。数控机床用 PLC 要按照数控机床的动作要求，编制特定的 PLC 程序，进行顺序控制，并连续工作。所谓顺序控制，即按照梯形图给定的顺序进行工作；所谓连续工作，即当按照顺序执行到程序结尾时，会自动返回到程序起始处，再从程序起始处重复执行程序，直至加工结束。

数控机床用 PLC 的顺序程序分为高级顺序程序和低级顺序程序两部分。需要及时处理的信号，如急停信号、返回参考点减速信号、超程信号、外部减速信号、进给保持信号、倍率开关信号、删除信号、表面速度恒定控制用的非触点输出信号等，被编写在高级顺序程序中。数控机床用 PLC 的工作次序和顺序程序的划分分别示于图 10-4 中。

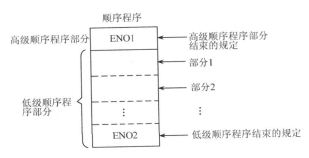

图 10-4　数控机床用 PLC 的顺序程序的划分

数控机床用 PLC 的工作次序如图 10-5 所示。高级顺序程序每个定时周期执行一次，定时周期剩余的时间用来执行低级顺序程序的一部分。执行完一次低级顺序程序需要若干个定时周期。

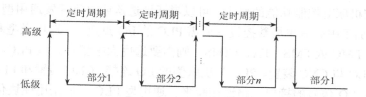

图 10-5　数控机床用 PLC 的工作次序

为此，将低级顺序程序划分成若干个程序量相等的部分。高级顺序程序越长，每个定时周期能处理的低级程序就越少，执行顺序程序的时间就越长。因此，应尽量缩短高级顺序程序的长度。定时周期可以是 8ms、12ms、16ms。

数控机床用 PLC 的高级顺序程序和低级顺序程序对信号进行不同的处理。高级顺序程序对来自 NC（Numerical Control）或机床的信号是立即执行的；而低级顺序程序对来自 NC 或机床的信号从程序开始便进行同步处理，直到程序结束才处理完毕。这就要求在低级顺序程序执行的一个循环中，从 NC 或机床来的信号应保持不变。为此设置了同步输入信号存储器，如图 10-6 所示。

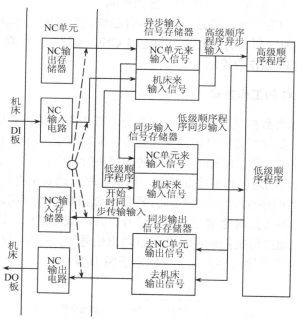

图 10-6　I/O 信号及同步处理示意图

当低级顺序程序开始执行时，来自 NC 或机床的信号在被输送到高级顺序程序的异步输入信号存储器的同时，也被输送到低级顺序程序的同步输入信号存储器。在执行顺序程序的过程中，低级顺序程序从开始执行到结束，同步输入信号存储器中的输入信号状态一直保持不变。

与 PLC 连接的信号有输入信号和输出信号，所谓输入、输出都是相对 PLC 而言的。在顺序程序中，全部信号都要指定地址。不同的 CNC 装置和不同的机床，PLC 所用的具体地址也不同，但一般包括三类地址，即：

（1）与 NC 连接的信号地址。

（2）与机床连接的信号地址。

（3）PLC 内部的信号地址，包括控制继电器地址、定时器/计数器地址、保持继电器地址及参数地址、数据表地址等。

3. 数控机床用 PLC 程序设计

对于数控机床用 PLC，一般按以下过程来设计它的机床控制程序。

（1）确定从机床输入到 PLC 的信号（如按钮、行程开关、继电器触点、无触点开关信号等），包括从机床送到 NC 的信号，以及从 PLC 输出到机床的信号（如继电器线圈、指示灯及其他执行电路等），从而计算出相对于 PLC 的输入线和输出线的数目。

（2）根据所控制的机床，估算所用 PLC 存储器的容量。PLC 的存储容量与机床的复杂程度有关。例如，数控车床用 PLC 存储器的容量为 1000～1500 步，中、小型加工中心用 PLC 存储器的容量为 1500～2000 步，复杂的大型加工中心用 PLC 存储器的容量约为 5000 步。

（3）根据确定的输入线和输出线数目、所估计的 PLC 存储器的容量以及所选用的 CNC 装置来选用适配的 PLC。不同的 CNC 装置，与之配用的 PLC 也不同。例如，FANUC System 6 配用 FANUC PMC-A/B，FANUC System 10/11 配用 FANUC PMC-1，FANUC System 15/16/18 配用 FANUC PMC-N，SIEMENS SINUMERIK 820 配用 SIEMENS S5-135W，SIEMENS SINUMERIK 850 配用 SIEMENS S5-130WB/S5-150U/S5-155U 等。

（4）制作 PLC 地址表。根据 PLC 所给定的地址范围，对所有与 PLC 控制有关的信号都赋予专用的信号名称和地址。凡是输入给 PLC 的信号（从机床或从 NC 输入的信号）均称为 PLC 的输入，凡是从 PLC 输出的信号（从 PLC 输出给机床或 NC 的信号）均称为 PLC 的输出，本着这一原则来制作 PLC 的 I/O 地址表。此外，还需要制作控制继电器地址表、计时器地址表、保持继电器地址表及数据地址表等。

（5）制作梯形图。根据机床的控制要求，以及 PLC 所指定的表达方式制作顺序控制图，并将其转换成梯形图。

（6）编写顺序程序。用 PLC 指令描述梯形图的内容，以便把用梯形图表示的顺序程序写入存储器。

（7）写入顺序程序。一种简单可行的方法是用编程器键盘输入程序。在确认顺序程序写入无误后，把顺序程序写入 EPROM 芯片，并将芯片插到 PLC 的指定位置。

（8）调试顺序程序。可以用模拟装置代替机床进行顺序程序的调试。用开关的"闭合"和"断开"状态来模拟从机床输入的信号，用指示灯的"亮"和"灭"来检查 PLC 的输出。经调试，确认程序无误，程序设计工作完成。若程序有误，则对顺序程序进行修改，重新写程序，再调试，直到程序无误为止。

10.1.3　机电控制技术

当今的机电控制技术是微电子、电力电子、计算机、信息处理、通信、检测、过程控制、伺服传动、精密机械及自动控制等多种技术相互交叉、相互渗透、有机结合而成的一种综合性技术。

机电系统的核心是控制，因此，常将机电系统称为机电控制系统。机电系统强调机械技术与电子技术的有机结合，强调系统各个环节之间的协调与匹配，以便达到系统整体最佳的目标。

就机电控制技术所应用的制造工业而言，已由最初的离散型制造工业，拓宽到连续型流程工业和混合型制造工业。应用机电控制技术就会开发出各式各样的机电系统，机电系统遍及各个领域。

10.1.4 机电控制系统的基本要素和功能

首先要了解"系统"的含义。所谓系统，是由相互制约的各个部分组成的具有一定功能的整体。机电控制系统存在于各个领域，可以说是无处不在，而且种类繁多、千差万别。但归纳起来，它们都是由五大要素组成的，即由控制器、传感器、机械装置、动力装置及执行器组成，如图 10-7 所示。机电控制系统的五大功能如图 10-8 所示。

图 10-7 机电控制系统的五大要素　　　　图 10-8 机电控制系统的五大功能

1．机械装置（结构功能）

机械装置是由机械零件组成的、能够传递运动并完成某些有效工作的装置。机械装置由输入部分、转换部分、传动部分、输出部分及安装固定部分等组成。通用的传递运动的机械零件有齿轮、齿条、链条、链轮、蜗杆、蜗轮、带、带轮、曲柄及凸轮等。两个零件互相接触并相对运动，就形成了运动副，由若干运动副组成的具有确定运动的装置称为机构。就传动而言，机构就是传动链。

为了实现机电控制系统整体最佳的目标，从系统动力学方面来考虑，传动链越短越好。因为在传动副中存在"间隙非线性"，根据控制理论的分析，这种间隙非线性会影响系统的动态性能和稳定性。另外，传动本身的转动惯量也会影响系统的响应速度及系统的稳定性。

2．执行器（驱动功能和能量转换功能）

执行机构包括以电、气压和油压等作为动力源的各种元器件及装置。例如，以电作为动力源的普通直流电动机、直流伺服电动机、三相交流异步电动机、变频用三相交流电动机、三相交流永磁伺服电动机、步进电动机、比例电磁铁、电磁粉末离合器/制动器、电动调节阀及电磁泵等；以油压作为动力源的液压电动机和液压缸等。

选择执行器时，要考虑执行器与机械装置之间的协调与匹配。例如，在需要低速、大推力或大扭矩的场合下，可考虑选用液压缸或液压电动机。

为了实现机电控制系统整体最佳的目标，实现各个要素之间的最佳匹配，已经研制出将电动机、专用控制芯片、传感器或减速器等合为一体的装置。

3．传感器（检测功能）

传感器是从被测对象中提取信息的器件，用于检测机电控制系统工作时所要监视和控制的物理量、化学量和生物量。大多数传感器是将被测的非电量转换为电信号，用于显示和构成闭环控制系统。

传感器的发展趋势是频率化、复合化、数字化、集成化和智能化。为了实现机电控制系统整体最佳的目标，在选用或研制传感器时，要考虑传感器和其他要素之间的协调与匹配。例如，集传感检测、变动、信息处理及通信等功能于一体的智能化传感器，已广泛用于现场总线控制系统。

4．计算机（控制功能）

机电控制系统的核心是控制，机电控制系统的各个部分必须以控制论为指导，由控制器实现协调与匹配，使整体处于最佳工况，实现相应的功能。目前，机电产品、机电系统中控制部分的成本已占总成本的 50%或超过 50%。

目前，几乎所有的控制器都是由具有微处理器的计算机、I/O 接口、通信接口及周边装置等组成的。机电控制系统中的控制器可归纳为 12 种模式。

1）专用单片机

为了实现控制器与其他要素之间的协调和匹配，机电控制系统中的单片机通常是针对系统功能专门研制的，如变频调速用单片机 80C196MC，与 MCS-51 相比，80C196MC 中增加了波形生成器和信号处理阵列。波形生成器具有正弦脉冲宽度调制（SPWM）的功能。采用这种专用单片机，片外只需连接光电耦合器和功率驱动模块，就可以构成 SPWM 变频调速系统，从而使机电系统的软、硬件大为简化。

2）嵌入式控制器

嵌入式控制器的特点在于其独特的层叠栈接结构，该结构无须底板和机箱，可直接叠装。以 PC/104 系列为例，某公司 PCM 系列模板尺寸为 90mm×96mm。用于机电控制系统的模板有 PCM-10410 高速数据采集板、PCM-10411 模拟量/开关量转换板、PCM-10416 开关量/模拟量转换板、PCM-10450 光电隔离 16 通道开关量输入模板及 PCM-3680 隔离 CAN 总线通信模板等 36 种。

嵌入式控制模式的板卡种类丰富，加之独特的层叠栈接结构，可构成低成本控制系统。

3）智能 I/O 模块

基于网络的模块化控制器是 21 世纪工控产品的发展主流。在机电控制系统中，采用工业控制计算机（IPC）为上位机，用于监视和管理，现场控制器（也称为前端控制器）为基于网络的智能 I/O 模块，如采用 8 种现场总线之一的 CAN 总线的智能 I/O 模块。

智能 I/O 模块包括数据采集型模块（SMCAN01）、回路控制型模块（SMCAN02）、混合型模块（SMCAN03）、开关量输入/输出模块（SMCAN04），以及热电阻信号采集模块（SMCAN05）等。

4）超级 ADAM 模块装置

ADAM 系列是研华公司开发的远程智能信号处理模块（智能控制器），是专门为恶劣环境下能可靠运行而设计的小体积的分布式数据采集与控制系统。

5）PLC

1969 年，美国 DEC 公司研制出世界上第一台 PLC，用于美国通用汽车公司的自动装配生产线。汽车制造业属于离散型制造工业，故 PLC 是针对离散型制造工业提出来的，侧重于顺序控制。经过许多年的实践和发展，目前的 PLC 具有顺序控制、定位控制、运动控制及过程控制等多种功能，广泛用于离散型制造工业、连续型流程工业及混合型制造工业。

作为一种特殊形式的计算机控制装置，PLC 具有许多独特之处，其特点参见第 6 章。

6）可编程计算机控制器

可编程计算机控制器（Programmable Computer Controller，PCC）是由 PLC 发展而来的，它

可用于既有开关量又有模拟量的控制系统，也可用于复杂的过程控制和集散控制系统。PCC 具有以下几个特点：

（1）独立的 I/O 总线和系统总线。系统总线与 I/O 总线分离，两者不会相互影响。I/O 模块和电源模块位于 I/O 总线上，多处理器模块、网络模块等系统模块位于系统总线上。I/O 总线具有可靠的协议，并行数据传输，数据传输速率高。

（2）PCC 的分时多任务操作系统。PCC 的最大特点是具有大型计算机的分时多任务操作系统（PCCSW）。分时多任务操作系统来自大型计算机，它将整个操作界面划分为数个具有不同优先权的任务等级，每个任务等级又包括多个具体任务，在这些具体的任务中再进行优先权的划分，优先权高的任务先被执行。分时多任务操作系统将控制要求分成多个任务，并且在一个扫描周期内同时执行。一般 PLC 的扫描周期取决于用户程序的长短，程序越长扫描周期也越长，这就限制了控制系统的响应速度。PCC 采用分时多任务操作系统，使得用户程序的运行周期与程序长短无关，运行周期由操作系统的循环周期决定，从而改善了控制系统的实时性。

应用分时多任务操作系统，可以方便地根据各种监控任务的要求，如温度 PID 控制、运动控制、数据采集、上下限报警及通信控制等，分别编制出控制程序模块（任务），在分时多任务操作系统的调度管理上并行工作，实现各种监控任务。

（3）PCC 专用软件包。使用 PCC 专用软件包，就可将分时多任务操作系统应用于控制系统中。专用软件包由系统管理器、标准任务层、高速任务层、通信软件、功能库、系统任务、中断任务、循环任务及非循环任务等软件模块组成。

（4）多种编程语言。PCC 使用的编程语言包括梯形图、助记符语言、顺序功能图、结构文本及高级语言（Automation Basic、Ansi C）等。

（5）通信与网络。PCC 具有强大的通信能力。除标准的网络通信协议外，通过帧驱动可以很容易地制作任意第三家的串行通信协议。

7）可编程多轴控制器

可编程多轴控制器（Programmable Multi-Axis Controllers，PMAC）是一种优秀的开放式数控系统，克服了各种专用数控系统之间的自成一体所带来的互不兼容的弊病，其配置灵活，功能扩展简便，具有统一管理功能。

8）数字调节器、智能调节器、可编程调节器

数字调节器是内部含有微处理器的微机化控制仪表。数字调节器是针对过程控制提出来的，主要用于温度、压力、液位、流量及成分等过程控制系统。目前，国外、国内各个公司生产的数字调节器大都具有某种智能控制算法，如模糊控制、专家控制及神经网络控制等，人们将这种数字调节器称为智能调节器。

有些智能调节器具有可编程序的功能，利用厂家提供的控制软件包可以实现各种控制功能和控制策略。以日本霍尼韦尔公司的 SDC 系列智能调节器为例，该调节器具有神经网络控制、模糊控制及智能整定等先进控制策略，具有四则运算、超前、滞后、前馈、串级、逻辑等 80 余种运算模块，用户进行控制方案组态时，只需在计算机显示器屏幕上将所需的运算模块用线条连接起来，即可轻松地完成调节器的编程。组态后的控制方案在与现场设备连接前可进行仿真实验，以验证控制方案的正确性。

可编程调节器是针对离散型制造工业提出来的，智能调节器是针对连续型流程工业提出来的。大量存在的混合型工业中既有运动控制又有过程控制，为了满足混合型工业的需要，可编程控制器和智能调节器都在向对方靠拢。例如，可编程调节器中增加了温度控制模块、PID 控制模块；智能调节器中增加了顺序控制功能。

9）新型结构体系工业控制计算机

工业控制计算机（IPC）是脱胎于 IBN 计算机而发展起来的用于工业领域的计算机。需要指出的是，目前市场上销售的是加固型计算机，它取消了原计算机中的大母板，采用计算机插件，开发了各种工业 I/O 板卡，采用工业电源，机箱密封并加正压送风散热。

IPC 的特点是具有丰富的通用板卡和专业板卡。以研华公司的系列板卡为例，包括开关量 I/O 板、脉冲量接口板、模拟量 I/O 板、信号调理板、多功能 I/O 板、通信板、网络板、三轴步进电动机控制板、三轴伺服电动机控制板及三轴编码计数板等 88 种板卡，能满足各种控制任务。IPC 还具有多种工业控制组态软件包，故可快速完成系统集成。

10）EIC

EIC（Electrical Instrumentation Computer）常被称为电控、仪控、计算机一体化，也有人称它为"三电一体化"。EIC 是一种面对被控对象的紧凑、低成本自动控制系统。它通常是利用典型基础控制器，有针对性地进行系统设计和二次开发，二次开发的重点是系统组织、专用于系统或部件开发及应用软件开发等。

EIC 的思路是将运动控制和过程控制统一起来，这样可以减少投资和精简人员。

例如，EIC2000 系统可实现现场总线控制系统（Fieldbus Control System，FCS）、可变规模控制系统（SCS）和混合控制系统（HCS）。

11）混合型控制器 HC900

HC900 是美国 Honeywell 公司推出的混合型控制器。它具有连续过程控制、逻辑控制和顺序控制的功能，具备全局的系统数据库，可满足用户在控制、操作、生产管理等方面的各种要求。HC900 采用自行开发的 Plant Scape Vista 监控与网络系统软件，能够大幅度降低生产成本，提高生产效率。其各种灵活使用的工具、丰富的控制算法和开放系统工具软件能满足用户的所有生产控制和管理的要求。它采用 Modbus/TCP 以太网络实现高可靠性的实时控制通信，并通过 TCP/IP 以太网络构成上层管理系统。HC900 接口全面支持 Modbus ASSCⅡ、Modbus TCP/IP、Universal Modbus/HC900，支持各种 RTU 控制设备。

HC900 混合控制器有三种类型的控制机架，包括 4 槽、8 槽和 12 槽机架。每种控制机架均可满足各种现场应用要求。每个 HC900 可挂接 4 个远程扩展机架（包括本地机架在内），现场安装使用灵活，可节省线缆成本和安装费用。

12）FCS

（1）现场总线（Fieldbus）。现场总线是应用在生产现场设备与机房设备之间实现双向串行多节点数字通信的系统，也称为开放式、数字化、多点通信的底层网络。

现场总线连接自动化底层的现场控制器和现场智能仪表设备，网线上传输的是检测信息、状态信息及控制信息。与局域网相比，现场总线传输的数据量较小，传输速率较低，但实时性高。局域网用于连接局域区域的各台计算机，网线上传输大批量的数字信息，如文本、声音、图像等，传输速率高，但实时性相对较低。

目前有 40 多种现场总线，其中最具影响力的有 5 种，分别是 FF、Profibus、HART、CAN 和 LonWorks。

① FF（Foundation Fieldbus，现场基金会总线）。

它由美国仪器协会（ISA）于 1994 年推出，代表公司有 Honeywell 和 Fisher-Rosemount，主要应用于石油化工、连续工业过程控制中的仪表。FF 的特色是其通信协议在 ISO 的 OSI 物理层、数据链路层和应用层三层之上附加了用户层，通过对象字典 OD（Object Dictionary）和设备描述语言 DDL（Device Description Language）实现可互操作性。

② Profibus（Process Fieldbus）。

它由德国西门子公司于 1987 年推出，主要应用于 PLC。其产品有三类：FMS 用于主站之间的通信，DP 用于制造行业从站之间的通信，PA 用于过程行业从站之间的通信。基于 Profibus 开发生产的现场总线产品是 10 年前开发的，限于当时计算机网络水平，大多建立在 IT 网络标准基础上。随着应用领域不断扩大和用户要求的提高，现场总线产品只能在原有 IT 协议框架上进行局部的修改和补充，以致在控制系统内增加了很多的转换单元（如各种耦合器），这为该产品今后的进一步发展带来了一定的局限性。

③ HART（Highway Addressable Remote Transducer ）可寻址远程传感器数据通路）。

它由美国 Rosemount 公司于 1989 年推出，主要应用于智能变送器。HART 为一过渡性标准，它通过在 4~20mA 电源信号线上叠加不同频率的正弦波（2200Hz 表"0"，1200Hz 表"1"）来传送数字信号，从而保证了数字系统和传统模拟系统的兼容性，预计其生命周期为 20 年。

④ CAN（Controller Area Network，控制局域网络）。

它由德国 Bosch 公司于 1993 年推出，应用于汽车监控、开关量控制、制造业等。介质访问方式为非破坏性位仲裁方式，适用于实时性要求很高的小型网络，且开发工具廉价。Motorola、Intel、Philips 均生产独立的 CAN 芯片和带有 CAN 接口的 80C51 芯片。CAN 型总线产品有 AB 公司的 DeviceNet、研华公司的 ADAM 数据采集产品等。

⑤ LonWorks（LON Local Operating Systems，局部操作系统）。

它由美国 Echelon 公司于 1991 年推出，主要应用于楼宇自动化、工业自动化和电力行业等。它采用 LonTalk 的全部 7 层协议，介质访问方式为 P-P CSMA（预测 P-坚持载波监听多路复用），采用网络逻辑地址寻址方式，优先权机制保证了通信的实时性，安全机制采用证实方式，因此能构建大型网络控制系统。Echelon 公司推出的 Neuron 神经元芯片实质为网络型微控制器，该芯片强大的网络通信处理功能配以面向对象的网络通信方式，大大降低了开发人员在构造应用网络通信方面所需花费的时间和费用，使其精力集中在所擅长的应用层进行控制策略的编制，因此业内许多专家认为 LonWorks 总线是一种很有希望的现场总线。基于 LonWorks 的总线产品有美国 Action 公司的 Flexnet & Flexlink 等。

（2）FCS 对的特点。基于现场总线技术的控制系统称为现场总线控制系统。用现场总线这一开放的、具有可互操作的网络将现场设备，如传感器、变送器、开关设备、驱动器、执行机构、指示装置、显示设备、人机操作接口等互连，构成现场总线控制系统。FCS 是一种开放的、可互操作的、彻底分散的分布式控制系统。

现场总线控制系统的特点如下：

① 开放性和可互操作性。开放性意味 FCS 将打破 DCS 大型厂家的垄断，给中小企业发展带来了平等竞争的机遇。可互操作性实现控制产品的"即插即用"功能，从而使用户对不同厂家工控产品有更多的选择余地。

② 彻底的分散性。彻底的分散性意味着系统具有较高的可靠性和灵活性，系统很容易进行重组和扩建，且易于维护。

③ 低成本。计算一个控制系统的总体成本，不仅要考虑其造价，而且应该考虑系统从安装调试到运行维护整个生命周期内的总投入。相对 DCS 而言，FCS 开放的体系结构和 OEM 技术将大大缩短开发周期，降低开发成本，且彻底分散的分布式结构将 1 对 1 模拟信号传输方式变为 1 对 n 的数字信号传输方式，节省了模拟信号传输过程中大量的 A/D 和 D/A 转换装置的成本、布线安装成本和维护费用。因此，从总体上来看，FCS 的成本大大低于 DCS 的成本。

现场总线的出现引起了控制系统结构的变革，形成了新型的网络集成式全分布控制系统。

现场总线的出现促进了传感器、变送器、调节器（控制器）及执行器的数字化、集成化、复合化、网络化和智能化。例如，集检测温度、压力、流量功能于一身的多变量变送器，集检测、运算和控制功能于一体的变送控制器，带有控制模块并具有故障检测功能的执行器，具有现场总线协议的智能调节器等。

以上简要介绍了机电系统中控制器的 12 种模式。在工程实践中，根据工艺要求和机电系统所要实现的功能，还可以将上述 12 种模式中的几种组合起来加以应用。例如，IPC 为上位机，用于监视和管理，PLC 和智能调节器为现场控制器（下位机），通过通信实现上位机和下位机之间的信息交换，有多种工控组态软件可供选用。这种系统的硬件和软件组态方便、快捷、运行可靠。

5．动力装置（运转功能）

动力或能源是指驱动电动机的电源、驱动液压系统的液压源和驱动气压系统的气压源。驱动电动机常用的电源包括直流调速器、变频器、交流伺服驱动器及步进电动机驱动器等。液压源通常称为液压站，气压源通常称为空压站。应用时应注意动力与执行器、机械装置的匹配。

10.1.5　现代生产的三大类型

1．离散型制造工业及其发展过程

机械加工业、汽车制造业等属于离散型制造业。这类工业侧重于运动控制，如位置、速度、加速度控制。这类工业的发展过程如下：

（1）自动化单机和刚性自动化流水线。它适用于少品种、大批量的加工过程。

（2）数控加工。首先是 NC，直接输入数字数据控制一台设备。20 世纪 70 年代出现了 CNC，由一台计算机以数控方式使一台设备工作。还有 DNC（Direct NC），由一台计算机以数控方式使两台或两台以上的设备工作。CNC 和 DNC 适用于多品种、小批量的加工过程。

（3）柔性制造。首先是柔性制造单元 FMC（Flexible Manufacturing Cell），它可以作为柔性制造系统（Flexible Manufacturing System，FMS）的基本单元，若干个 FMC 可以组成 FMS。柔性制造系统 FMS 通常由数控加工设备、传送系统、生产调度监控系统、中央刀具库及其管理系统、自动化仓库及其管理系统等组成。

（4）计算机集成制造系统（Computer Integrated Manufacturing System，CIMS）。CIMS 意译为"计算机综合自动化生产系统"。CIM 是组织管理和运行企业生产的一种新概念和新哲理。CIMS 是 CIM 的具体实现，它采用计算机和网络技术，将 CAD、CAM、FMS 等系统综合为一个有机的整体，以实现产品的订货、设计、制造、管理和销售等过程的高度自动化和总体最优化，使得企业的经济效益和社会效益大为提高。

2．连续型流程工业及其发展过程

石油、化学及电力等工业部门属于连续型流程工业。这类工业侧重于温度、压力、流量、成分及物性等过程控制。连续型流程工业的发展过程如下：

（1）控制室仪表盘操作控制。

（2）模拟式电子仪表控制。

（3）计算机集中控制。

（4）集散控制系统（Distributed Control System，DCS）。它集中监视、操作、管理，分散控制。

（5）FCS。现场总线是安装在生产区的现场装置与控制室内的自动控制装置之间的数字式、双向、串行、多变量、多站的数据通信系统。现场装置包括各种传感器、检测装置、变送器、调节阀、执行器、记录仪、显示器、终端装置、PLC 及各种智能仪表等。现场装置、现场总线和控制室内自动控制系统组成 FCS。

（6）计算机集成过程系统（Computer Integrated Process System，CIPS）。它是针对连续型流程工业提出来的，侧重于过程控制。也有人将 CIMS 扩展到包括 CIPS，从而更加全面地发展了 CIM 哲理。

3. 混合型制造工业

除了上述两大类制造工业外，大量存在的是混合型制造工业，这类制造工业既具有离散型制造工业的特点，又具有连续型流程工业的特点，既有运动控制又有过程控制，其系统控制模式较多。

以上简要地介绍了现代生产的三大类型及其发展过程，也可以说是机电系统的发展过程。

人们从 20 世纪 50 年代开始实施工厂自动化（FA），经历了单机自动化、自动化流水线、集中控制、集散控制、柔性制造等阶段。

在生产和管理方面广泛地应用计算机，如计算机辅助设计 CAD、计算机辅助制造 CAM、计算机辅助工程 CAE（Computer Aided Engineering）、计算机辅助质量管理 CAQ（Computer Aided Quality）、计算机辅助工艺过程设计 CAPP（Computer Aided Process Programming）、数值控制（NC）、计算机数控（CNC）、直接数控 DNC、柔性制造单元（FMC）、柔性制造系统（FMS）、柔性加工线（FML）、管理信息系统（Management Information System，MIS）、成组技术（Group Technology，GT）、制造资源计划（Manufacturing Resources Planning，MRP）、MRP-Ⅱ 及机器人等。

但是，实践表明，各单项自动化子系统的应用并未达到人们期望的目标，也就是说，它们的叠加没有产生人们原先预测的巨大的经济效益和社会效益。人们逐渐认识到，必须将各单项自动化子系统、单元自动化技术有机地结合起来，使工厂企业的订货、设计、制造、管理和销售等要素之间实现最佳匹配，即企业整体最优化。

企业整体最优化就是 CIMS、CIPS。也有人提出将 CIMS 扩展，使之包含 CIPS。CIMS 发展的下一个阶段是智能制造系统（Intelligent Manufacturing System，IMS），是工厂企业综合自动化的发展方向，也是机电控制系统的发展方向。

10.2　机械手的控制

机械手的任务是将一工件从 A 位置搬运到 B 位置，机械手的动作由电磁液压缸完成。该电磁液压缸的特点是当某个线圈一旦通电，就发生相对应的动作，直到线圈断电时，动作结束。

假设机械手在原点位置，则机械手完成搬运工作的动作是：向右、向下、抓紧工件、向上、向左、放松工件和向上，返回原点。

10.2.1 控制要求

为使动作到位需要设置上、下、左、右、抓紧和放松 6 个行程开关。

设置的停止开关可以在任何一个步时停止步的执行，返回第 0 步。

当设置的连续开关接通时，机械手连续运行，否则运行一个周期就停止。

设置 6 个手工操作按钮，允许手工操作机械手的各种动作，而且行程开关可以在手工操作到位时停止机械手的动作。

假设机械手在上到位、左到位的初始位置，则为了完成将工件从 A 位置搬运到 B 位置的动作，机械手的动作周期如下：

向右→向下→抓紧→向上→向左→向下→放松→向上。

10.2.2 机械手控制的顺序功能图

根据控制要求可得机械手控制的顺序功能图，如图 10-9 所示。

10.2.3 机械手控制的 I/O 地址分配表

机械手控制的 I/O 地址分配表如表 10-1 所示。

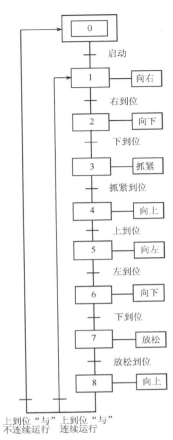

图 10-9　机械手控制的顺序功能图

表 10-1　机械手控制的 I/O 地址分配表

输　入		输　出		步	
00000	右行程开关	01000	向右线圈	20000	第 0 步
00001	左行程开关	01001	向左线圈	20001	第 1 步
00003	上行程开关	01002	向下线圈	20002	第 2 步
00004	下行程开关	01003	向上线圈	20003	第 3 步
00005	抓紧行程开关	01004	抓紧线圈	20004	第 4 步
00006	放松行程开关	01005	放松线圈	20005	第 5 步
00007	停止按钮			20006	第 6 步
00008	启动按钮			20007	第 7 步
00009	连续/不连续切换开关			20008	第 8 步
00010	手工向左				
00011	手工向右				
00012	手工向上				
00013	手工向下				
00014	手工抓紧				
00015	手工放松				

10.2.4 机械手控制的梯形图

机械手控制的主流程梯形图如图 10-10 所示，机械手控制的输出/手动梯形图如图 10-11 所示。

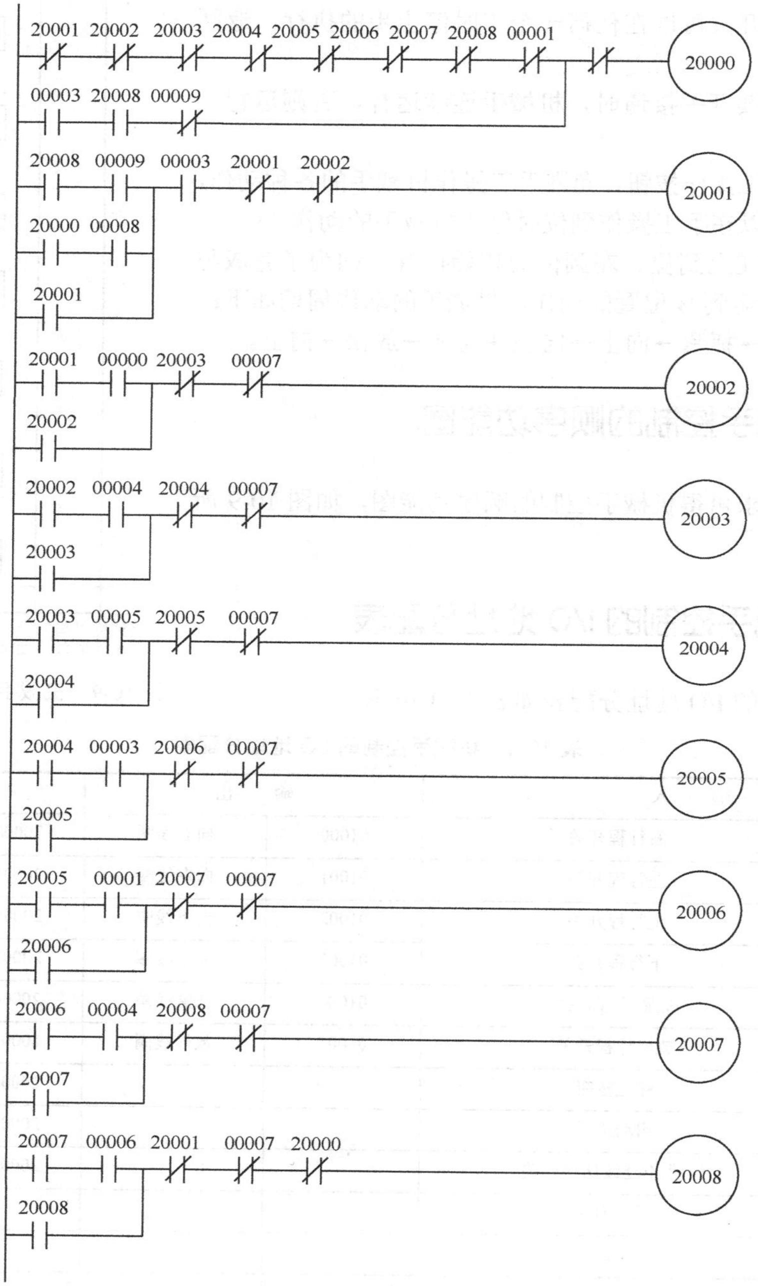

图 10-10 机械手控制的主流程梯形图

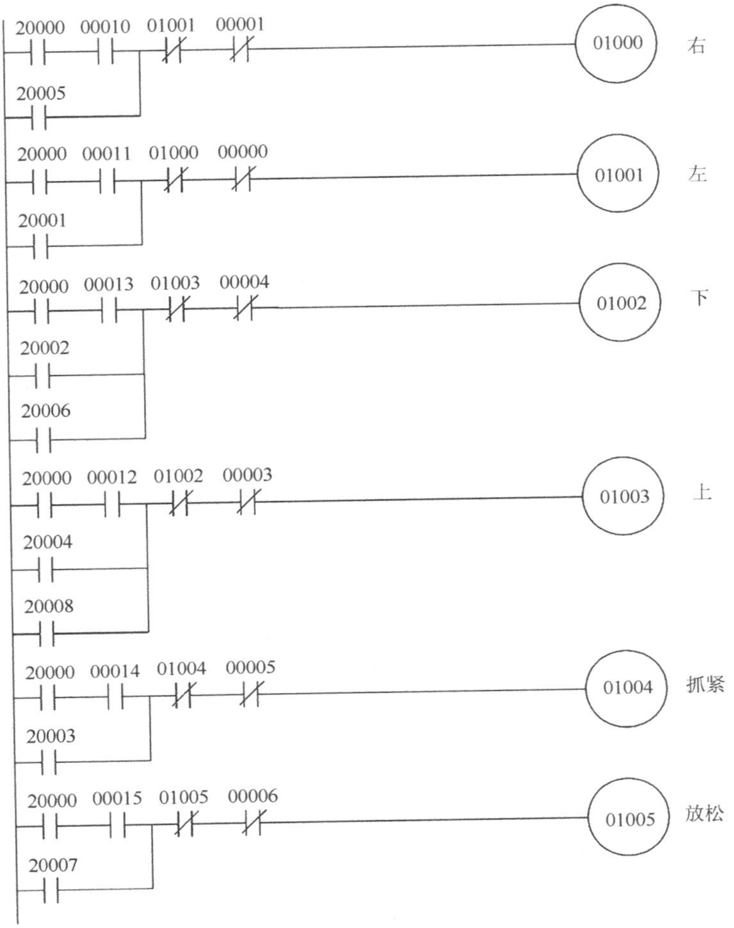

图 10-11 机械手控制的输出/手动梯形图

10.3 大电动机的 Y-△ 启动控制

Y-△ 启动是笼型电动机的降压启动方式之一。将电动机定子绕组接成 Y 形启动，启动电流是用 △ 形接法直接启动的 1/3，达到规定的速度后，再将电动机的定子绕组切换成 △ 形连接运行。这种减小启动电流的启动方法，适合于容量大、启动时间长的大电动机启动，或者在受到电源容量限制为避免启动时过大的启动电流造成电源电压下降过大时使用。

10.3.1 控制要求

Y-△ 启动控制的接线图和时序图如图 10-12 所示。当主接触器 KM1 与接触器 KM2 同时接通时，电动机工作在 Y 形连接的启动状态；而当主接触器 KM1 与接触器 KM3 同时接通时，电动机就工作在 △ 形连接的正常运行状态。

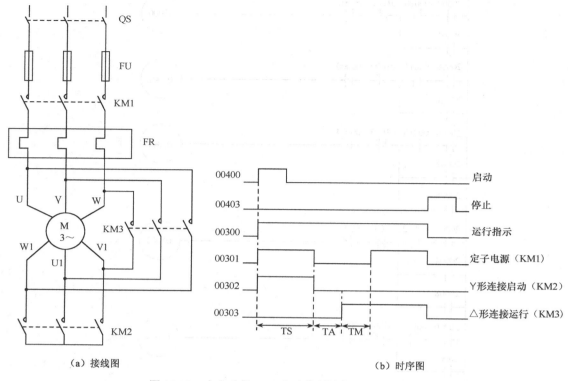

图 10-12　大电动机 Y-△启动控制的接线图和时序图

由于 PLC 内部切换时间很短，必须有防火花的内部锁定。TA 为内部锁定时间。当电动机绕组从 Y 形连接切换到△形连接时，从 KM2 完全截止到 KM3 接通这段时间即为 TA，其值过长过短都不好，应通过试验确定。从 KM3 接通到 KM1 接通这段时间为 TM，TM 一般小于 TA。Y 形连接启动时间为 TS。

10.3.2　大电动机 Y-△启动控制的 I/O 地址分配表

大电动机 Y-△启动控制的 I/O 地址分配表如表 10-2 所示。

表 10-2　大电动机 Y-△启动控制的 I/O 地址分配表

输　入		输　　出	
00001	启动	01000	电动机运行指示灯
00002	停止	01001	定子绕组主接触器
00003	热继电器的动合触点	01002	定子绕组 Y 形连接
		01003	定子绕组△形连接

10.3.3　大电动机 Y-△启动控制的梯形图程序

大电动机 Y-△启动控制的梯形图如图 10-13 所示。其中，00003 为动合触点，且 01002 和 01003 不能同时为 ON，否则将造成电源短路。

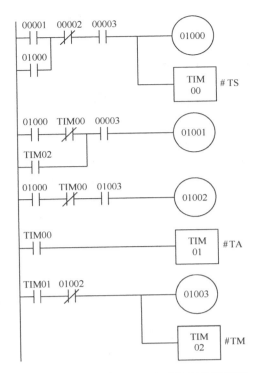

图 10-13　大电动机 Y-△ 启动控制的梯形图

10.4　三层电梯的自动控制

某三层大楼安装电梯一部，大楼的每一层安装呼叫按钮一个和呼叫灯一个。电梯的升降由一台电动机拖动，电动机正转电梯上升，反之，电梯下降；每一层设置有行程开关，当电梯到达时，行程开关触点接通。

10.4.1　控制要求

（1）电梯在一层或二层时，三层呼叫，电梯上升到三层。

（2）电梯在二层或三层时，一层呼叫，电梯下降到一层。

（3）电梯在一层时，二层呼叫，电梯上升到二层。

（4）电梯在三层时，二层呼叫，电梯下降到二层。

（5）电梯在一层时，二层呼叫后，三层又呼叫，电梯上升到二层，停 2s 后，继续上升到三层。

（6）电梯在三层时，二层呼叫后，一层又呼叫，电梯下降到二层，停 2s 后，继续下降到一层。

（7）电梯在一层时，三层呼叫后，电梯到达二层前，二层呼叫，电梯在二层停 2s 后，继续上升到三层。若是到达二层以后，则不理会二层呼叫。

（8）电梯在三层时，一层呼叫后，电梯到达二层前，二层呼叫，电梯在二层停 2s 后，继续下降到一层。若是到达二层以后，则不理会二层呼叫。

（9）电梯在二层时，一层呼叫后，三层也呼叫，则电梯下降到一层，在一层停 2s 后再上升到三层。

（10）电梯在二层时，三层呼叫后，一层也呼叫，则电梯上升到三层，在三层停 2s 后再下降到一层。

（11）电梯在上升或下降途中，任何反方向的呼叫均无效。

10.4.2　三层电梯自动控制的顺序功能图

三层电梯自动控制的顺序功能图如图 10-14 所示。

图（a）是电梯在三层时，一层呼叫和一层呼叫后二层又呼叫的情况。

图（b）是电梯在一层时，三层呼叫和三层呼叫后二层又呼叫的情况。

图（c）是电梯在三层时，二层呼叫和二层呼叫后一层又呼叫的情况。

图（d）是电梯在一层时，二层呼叫和二层呼叫后三层又呼叫的情况。

图（e）是电梯在二层时，一层呼叫后，三层又呼叫的情况。

图（f）是电梯在二层时，三层呼叫后，一层又呼叫的情况。

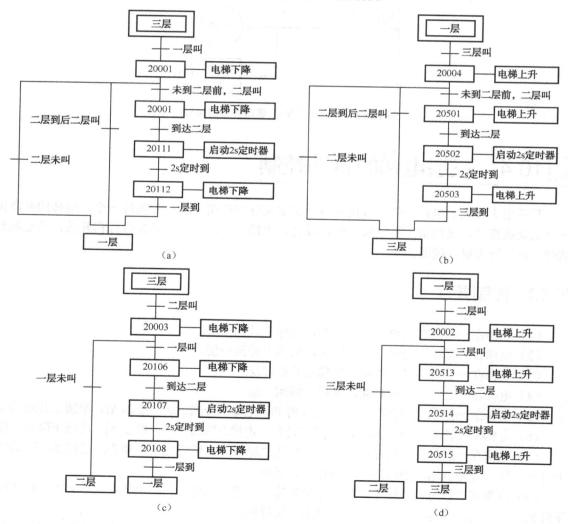

图 10-14　三层电梯自动控制的顺序功能图

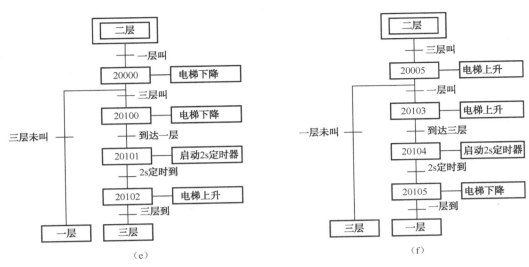

图 10-14　三层电梯自动控制的顺序功能图（续）

10.4.3　三层电梯自动控制的 I/O 地址分配表

三层电梯自动控制的 I/O 地址分配表如表 10-3 所示。

表 10-3　三层电梯自动控制的 I/O 地址分配表

输　　入		输　　出		步	
00000	一层呼叫	01000	电梯下降	20000	程序段（e）的第一步
00001	二层呼叫	01001	电梯上升	20001	程序段（a）的第一步
00003	三层呼叫			20002	程序段（d）的第一步
00011	一层行程开关			20003	程序段（c）的第一步
00012	二层行程开关			20004	程序段（b）的第一步
00013	三层行程开关			20005	程序段（f）的第一步

10.4.4　三层电梯的梯形图程序

图 10-14 所示的顺序功能图对应的梯形图如图 10-15 所示。图 10-16 所示为三层电梯自动输出电路的梯形图。为实验方便，增加了图 10-17 所示的三层电梯的楼层到位指示灯梯形图。

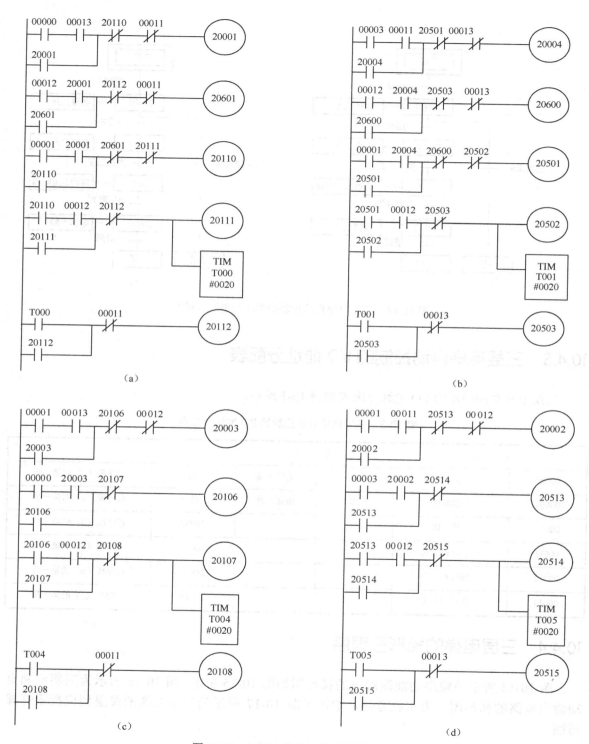

图 10-15　三层电梯自动控制的梯形图

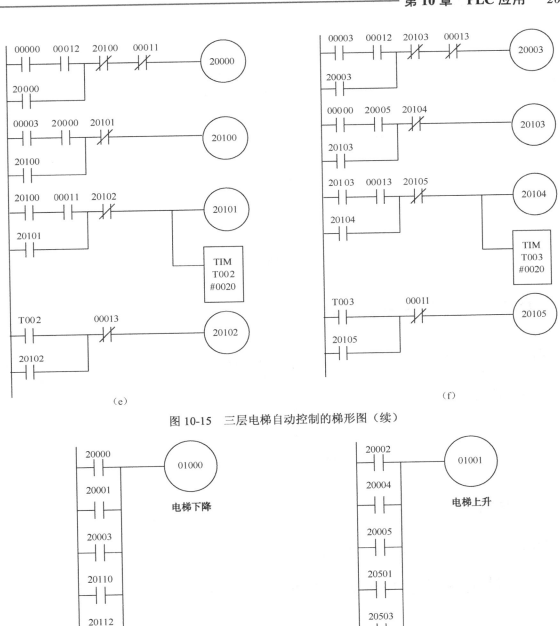

图 10-15 三层电梯自动控制的梯形图（续）

图 10-16 三层电梯自动控制输出电路的梯形图

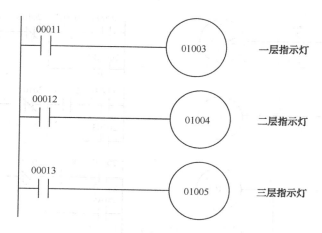

图 10-17　三层电梯的楼层到位指示灯梯形图

10.5　运料小车控制

图 10-18 所示为运料小车运行示意图，小车可以在 A、B 之间运动，在 A、B 点有一个行程开关。小车从 A 点向 B 点前进，到达 B 点，停车 10s 后，从 B 点后退到 A 点，在 A 点停车 20s 后再向 B 点前进，如此往复不止。

图 10-18　运料小车运行示意图

10.5.1　控制要求

要求可以人为控制小车的前进启动和后退启动，并且任何时候都可以停止小车运行。

10.5.2　运料小车控制的顺序功能图

画顺序功能图时应该知道所有的步（状态）、转移条件和在各个状态下的动作。

运料小车的步：小车前进、定时 10s、小车后退和定时 20s 共四个步。

转移条件：小车到达 B 点时行程开关闭合、B 点定时 10s 时间到、小车到达 A 点时行程开关闭合和 A 点定时 20s 时间到。

动作：小车从 A 点向 B 点的前进动作、启动 10s 定时器动作、小车从 B 点向 A 点的退回动作和启动 20s 定时器动作。

要求能够前进启动和后退启动，即当按下前进启动按钮时，小车向 B 点前进；当按下后退启动按钮时，小车向 A 点后退。停止按钮的动作是停止正在工作的步，回到步 0。

根据以上所述，运料小车的顺序功能图如图 10-19 所示。

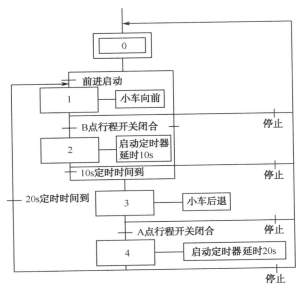

图 10-19 运料小车控制的顺序功能图

10.5.3 运料小车控制的 I/O 地址分配表

运料小车控制的 I/O 地址分配表如表 10-4 所示。

表 10-4 运料小车控制的 I/O 地址分配表

地　　址	信　　号	地　　址	信　　号
00001	前进启动	01000	小车前进
00002	后退启动	01001	B 点定时工作步
00003	停止	01002	小车后退
00004	B 点行程开关	01003	A 点定时工作步
00005	A 点行程开关	01004	前进启动微分
		01005	后退启动微分
		TIM00	B 点定时器
		TIM01	A 点定时器

10.5.4 运料小车控制的梯形图

根据 I/O 表，按照转换注意事项，将运料小车控制的顺序功能图转换成梯形图，如图 10-20 所示。

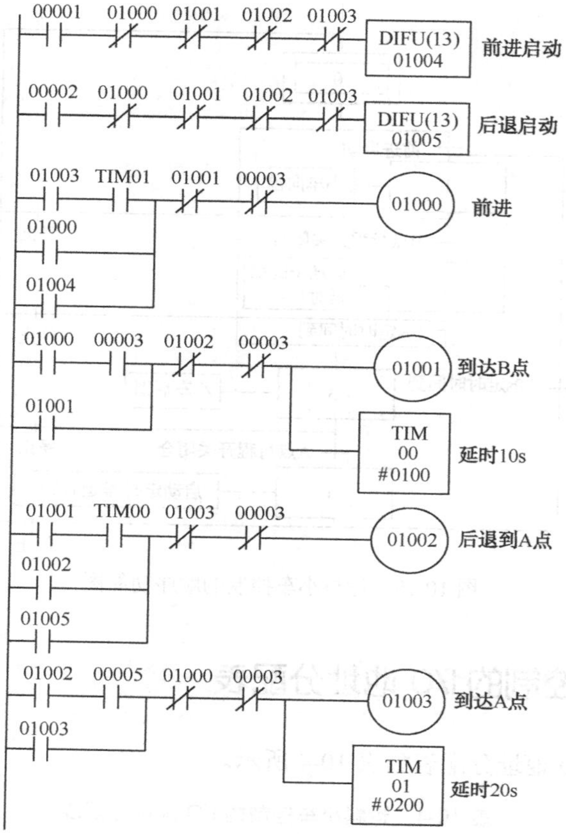

图 10-20　运料小车控制的梯形图

10.6　钻孔动力头的控制

10.6.1　控制要求

　　自动线上有一个钻孔动力头，该动力头的工作循环过程如下。动力头在原位时，加启动命令接通电磁阀 F1，动力头快进。碰到限位开关 K1 时接通电磁阀 F1 和 F2 转为工作进给，碰到限位开关 K2 时，停止进给。延时 10s 后接通电磁阀 F3，动力头快速退回，当原点限位开关 K3 接通时动力头快退结束。

10.6.2　钻孔动力头控制的顺序功能图

　　钻孔动力头控制的顺序功能图如图 10-21 所示。

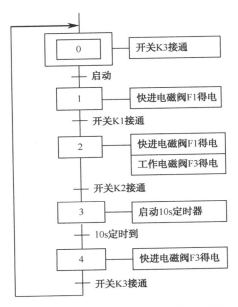

图 10-21　钻孔动力头控制的顺序功能图

10.6.3　钻孔动力头控制的 I/O 地址分配表

钻孔动力头控制的 I/O 地址分配表如表 10-5 所示。

表 10-5　钻孔动力头控制的 I/O 地址分配表

输　入		输　出		步	
00000	启动按钮	01000	快进电磁阀 F1	20000	第 0 步
00001	停止按钮	01001	给进电磁阀 F2	20001	第 1 步
00004	快进限位开关 K1	01002	快退电磁阀 F3	20002	第 2 步
00005	给进限位开关 K2			20003	第 3 步
00006	原点限位开关 K3			20004	第 4 步

10.6.4　钻孔动力头控制的梯形图

钻孔动力头控制的梯形图如图 10-22 所示。

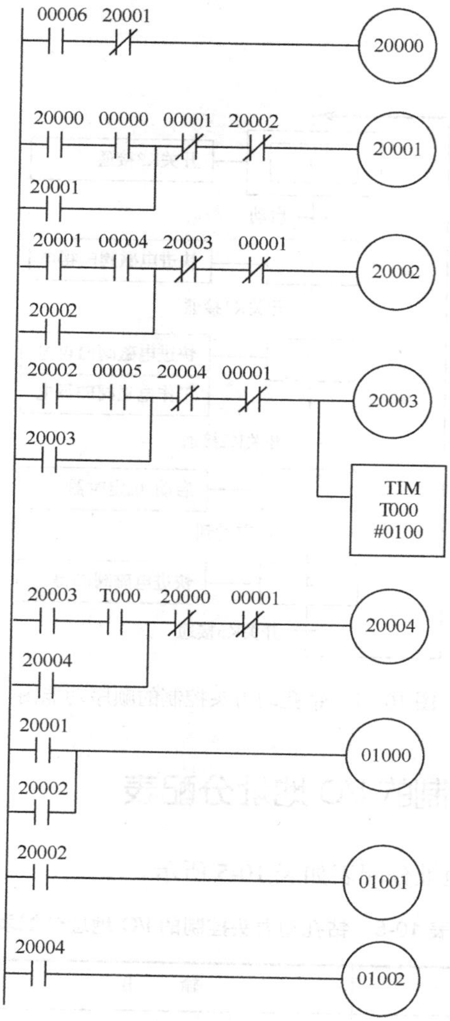

图 10-22　钻孔动力头控制的梯形图

第 11 章 常用 PLC 简介

目前，世界上有 200 多家 PLC 厂商、400 多种 PLC 产品，按地域可分成美国、欧洲和日本三个流派产品，各流派 PLC 产品都各具特色。美国和欧洲的 PLC 技术是在相互隔离的情况下独立研究开发的，因此美国和欧洲的 PLC 产品有明显的差异性。而日本的 PLC 技术是由美国引进的，对美国的 PLC 产品有一定的继承性，但日本主要发展中小型 PLC，其小型 PLC 性能先进，结构紧凑，价格便宜，在世界市场上占有重要地位。著名的 PLC 生产厂家主要有美国的 GE（General Electric）公司、A-B（Allen-Bradly）公司，日本的三菱电机（Mitsubishi Electric）公司、欧姆龙（OMRON）公司，德国的 AEG 公司、西门子（Siemens）公司，法国的 TE（Telemecanique）公司等。本章中，我们主要介绍在国内市场上使用较广泛的 OMRON 公司 C 系列 PLC、西门子公司 S7 系列 PLC、三菱公司 FX 系列 PLC 和 GE FANUC 公司 Series 90™ PLC 家族，以供大家学习和参考。

11.1 OMRON 公司 C 系列 PLC

日本 OMRON（立石公司）电机株式会社是世界上生产 PLC 的著名厂商之一。SYSMAC C 系列 PLC 产品以其良好的性价比被广泛地应用于化学工业、食品加工、材料处理和工业控制过程等领域，在我国也是应用比较广泛的 PLC 之一。

11.1.1　C 系列 P 型机的特点与功能

日本立石公司（OMRON）生产的 SYSMAC-C 系列可编程控制器，主要有普通型、P 型（袖珍型，又称增强型）、H 型（高功能型）及超小型 SP10。其控制点数可从 20 点至 2048 点，控制功能从开关量控制到模拟量控制再到闭环控制。在本章中，我们将以 C 系列 P 型机为例，它属于小型 PLC。图 11-1 所示为 C 系列 P 型 PLC 外形图。

图 11-1　C 系列 P 型 PLC 外形图

1．P 型机的特点和功能

（1）体积小。其体积 20P 及 C28P 为 205mm×110mm×100mm，C40P 为 300mm×110mm×100mm，C60P 为 350mm×110mm×100mm，使用它们可大幅度节省空间。

（2）有 2kHz 的高速计数器作为定位控制标准功能件，外部复位信号可使定位更为准确。

（3）带有 4 位 64 个数据存储器，具有编码、译码、数制之间转换、计数/定时器的外部设定等功能。

（4）可使用 I/O 链接单元进行分散控制，实现小型 FA 系统，可与其他系列同位机进行 I/O 链接。

（5）能用工业计算机对系统进行监控和管理。

（6）AC 电源可在 AC 100～240V 电压范围内任意变动。

机内装有供输入用的 DC 24V 电源，电流 C20P～C40P 为 0.2A，C60P 为 0.3A。

（7）可以共用编程器、EPROM 写入器、打印机接口单元及图形编程器等 C 系列丰富的外围设备。

功能上，它不仅具有一般小型 PLC 所具有的逻辑运算指令、定时指令、计数指令，还具有简单的数据处理功能，如加法、减法、数据传送、移位、比较、数制变换、编码、译码及高速计数器等功能，能够满足比较复杂的开关量控制的需要。

同时，它能通过 I/O 扩展实现 10～140 点输入/输出点数的灵活配置，并可连接可编程终端直接从屏幕上进行编程；可以连接其他的外部设备，如编程器、打印机、EPROM 写入器等；还可通过 I/O 链接单元与 C 系列其他 PLC 进行 I/O 链接，或与上位计算机通信，构成分散控制系统。还可用计算机对系统进行监控和管理。

2．机型及编号表示

C 系列 P 型机的型号标准如图 11-2 所示。

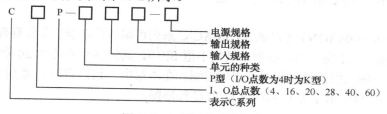

图 11-2　P 型机的型号标准

11.1.2　系统配置

C 系列 P 型机包括 C20P、C28P、C40P、C60P，一般专用于开关量控制。表 11-1 所示为 P 型机基本单元品种。

表 11-1　P 型机基本单元品种

型　号	输入点数	输出点数	I/O 点数	扩展接口数
C20P	12	8	20	1
C28P	16	12	28	1

续表

型 号	输 入 点 数	输 出 点 数	I/O 点数	扩展接口数
C40P	24	16	40	1
C60P	32	28	60	1

1．基本构成

其基本构成可分为三部分：主机、I/O 扩展单元和编程器。

1）主机

C 系列 P 型机是小型整体式结构，其主机就是包含了 CPU 的中央处理单元。在主机中，有 CPU、RAM/ROM，有输入/输出端子、输入/输出状态指示发光二极管（LED），有高速计数输入端子、DC 24V 输出端子。还有与编程器或 EPROM 写入器等外设相连的接口，有与 I/O 扩展单元相连的扩展接口。此外，还有电源指示灯、运行指示灯和报警灯。

2）I/O 扩展单元

当主机的 I/O 点数不够时，可采用 I/O 扩展单元，增加所需的 I/O 点数。P 型机的 I/O 扩展单元有两种类型，一种是与主机的 I/O 点数相同的 I/O 扩展单元，如 C20P、C40P、C60P I/O 扩展单元（在 I/O 扩展单元中无 CPU 和存储器）；另一种是单一扩展单元，即扩展的点数或者都是输入点，或者都是输出点，扩展点数只有 4 点和 16 点，如 C4K、C16P。

利用主机，I/O 扩展单元构成最大达 2048 点的精细控制系统（P 型机最大 148 点，其连接方法是：C60 主机+C60 扩展单元+C28 扩展单元共 148 点）。它不仅体积小，而且具有丰富的功能；不仅能处理开关量，而且还能处理模拟量；具有高速计数功能；根据控制要求扩展输入、输出点数。

P 型机的主机、扩展单元及 I/O 链接单元均包括电源部分。这部分电源除包括将交流（AC）电源变为 PLC 内部工作所需的直流（DC）电源外，一般还提供 24V 直流输出。当输入信号或输出负载需要直流电源时，就可由自身提供。在 PLC 内部，还装有支持 RAM 存储器的锂电池，其使用寿命为 3～5 年。

3）编程器

编程器的作用是对程序进行输入和编辑，并能对 PLC 的运行情况进行实时监视。可分为简易编程器和图形编程器，在整个系列内均通用。

编程器可直接插在主机箱体上，用两个螺钉固定，也可以用加长电缆与主箱体相连。用电缆连接时，只能用于编程和监控方式，即只能在 PROGRAM 或 MONITOR 状态下运行。

如果要将梯形图程序直接送入 PLC 的内存中去，则必须采用图形编程器（如 GPC/CRT 型）。要是采用普通的简易编程器，那么必须首先把梯形图程序转换成语句表语言，然后才可送入 PLC 的内存。

可用于 C 系列 P 型机的其他单元包括 I/O 链接单元、A/D 转换单元、D/A 转换单元、模拟定时器单元。

2．I/O 扩展配置

P 型机的 I/O 点数可以根据所需要的输入和输出点数，由四种型号的主机单元、六种型号的 I/O 扩展单元组合，如表 11-2 所示。它们的组合使用如表 11-3 所示。

表 11-2　P 型机系统配置

I/O 点数			结　构	
总　　数	输　入	输　出	主机单元	I/O 扩展单元
20	12	8	C20P	
24	16	8	C20P	C4K-I
	12	12		C4K-O
28	16	12	C28P	
32	20	12	C28P	C4K-I
	16	16		C4K-O
36	28	8	C20P	C16P-I
	16	16		C16P-O
40	24	16	C40P	
44	32	12	C28P	C16P-I
	16	28		C16P-O
	28	16	C40P	C4K-I
	24	20		C4K-O
48	28	20	C28P	C20P
56	32	24	C28P	C28P
	40	16	C40P	C16P-I
	24	32		C16P-O
60	32	28	C60P	
	36	24	C40P	C20P
64	36	28	C60P	C4K-I
	32	32		C4K-O
68	40	28	C40P	C28P
76	48	28	C60P	C16P-I
	32	44		C16P-O
80	48	32	C40P	C40P
	44	36	C60P	C20P
88	48	40	C60P	C28P
100	56	44	C60P	C40P
120	60	60	C60P	C60P

说明：

C 系列 P 型机的 I/O 点数合计从 20 点到最大 148 点。

各种型号的主机再加 I/O 扩展单元后，其输入、输出通道的继电器排列方法不是"补齐"，而是另建一个通道。例如，C40P 的 CPU 单元外加 C20P 的 I/O 扩展单元，其输出通道的排列如下：0500～0511、0600～0603、0700～0707 三个通道，而不是 0500～0511、0600～0611 两个通道。同样，输入继电器的排列是 0000～0015、0100～0107、0200～0211，而不是 0000～0015、0100～0115、0200～0203。

表 11-3　单元组合方法

主机单元+I/O 扩展单元	主机单元+I/O 扩展单元
C20P+C20P	C40P
C20P+C28P	C28P+C20P
C20P+C40P	C40P+C20P
C20P+C60P	C60P+C20P
C28P+C40P	C40P+C28P
C28P+C60P	C60P+C28P
C40P+C60P	C60P+C40P

要注意的是，同一主机或 I/O 扩展单元的全部输出点都是同类型的输出形式，但在组合中，主机和 I/O 扩展单元可以选择不同的输出形式。例如，主机是继电器输出形式，而 I/O 扩展单元则可以选择晶闸管输出形式。系统配置模拟量单元时，应注意：一路模拟量输入或输出要占用一个相应的开关量输入或输出通道。

3．数据存储区的分配及各类继电器

下面分别介绍 OMRON P 型 PLC 的存储器分配和各类继电器的作用。

1）输入继电器（IR）

根据 PLC 的型号和系统配置的不同，输入继电器点数是不同的，如 C20P 是 12 个，C28P 是 16 个，C40P 是 24 个，C60P 是 32 个。

P 型机通过加接 I/O 扩展单元，可将输入点数（输入继电器个数）最多增加到 80 个。这 80 个继电器被分成 5 个通道（CH），每个通道分配一个通道号（00～04CH），每个通道内有 16 个继电器，每个继电器有一个具体编号，即继电器号（00～15）。前两位是通道号，后两位是继电器号，都是用十进制数来表示的，如表 11-4 所示。

表 11-4　P 型 PLC 数据存储器地址分配表

区　域　名　称	数　　量	通道号（CH）	地　址　编　号	备　　注
输入继电器 IR	80	00～04	0000～0415	
输出继电器 OR	60	05～09	0500～0915	各通道中只有 00～11 共 12 位可用于驱动负载
内部辅助继电器 AR	136	10～18	1000～1807	18CH 只有 00～07 共 8 位可用
专用内部继电器 SR	16	18～19	1808～1907	
暂存继电器 TR	8	0～7		
保持继电器 HR	160	0～9	000～915	
定时器/计数器 TC	48	00～47		
数据存储区 DM	64CH	00～63		

2）输出继电器（OR）

根据 P 型机的型号和系统配置，输出继电器的个数也是不同的，如 C20P 是 8 个，C28P 是 12 个，C40P 是 16 个，C60P 是 28 个。P 型机通过加接 I/O 扩展单元后，可将输出继电器点数最多增加到 60 个，并将其分成 5 个通道，其通道号为 05～09CH，如表 11-4 所示。

但是需要指出，P 型 PLC 每个输出通道的 12～15 四个继电器没有对应的端子号，因此只能当作内部辅助继电器使用，不能当作输出继电器而控制负载。因此每个通道的前 12 个继电器才能真正驱动负载，才有相应的输出端子。

输出继电器对应为"真实"的继电器，有晶体管型、晶闸管型和继电器型三种类型。

3）内部辅助继电器（AR）

内部辅助继电器（Inside Auxiliary Relay，简称 AR）不能直接驱动外部负载，可由 PLC 内部各继电器触点驱动，其作用与继电器接触控制中的中间继电器相似。每个内部继电器带有常开和常闭触点供编程使用。

P 型机共有 136 个内部辅助继电器，被分配到 9 个通道内，通道号为 10～18CH。其中第 18 个通道内只有 00～07 这 8 个继电器，其余各通道内均有 16 个继电器，见表 11-4 内部辅助继电器栏。

4）专用内部继电器（SR）

P 型机内有 16 个专用内部继电器（Special Relay，简称 SR）（1808～1907），用它们来监视 PLC 的工作情况，根据需要，它们可以被编程使用。其中主要有：

（1）备用电池电压监视继电器 1808。当 CPU 的备份电池电压偏低时，这个继电器为 ON，如果将这个继电器连接到外面的指示器（如 LED）上，就可以在指示器上指示出电池失效与否，以便提醒用户更换备份电池。图 11-3 给出了一个连接图和编程的例子。

图 11-3　1808 继电器的使用

（2）扫描时间监视继电器 1809。此继电器为常闭继电器。P 型机的扫描时间应不大于 100ms。当扫描周期在 100～130ms 时，这个继电器变为 ON，这时 CPU 仍然工作；当扫描周期超过 130ms 时动作，使 PLC 停止工作，此时说明控制器在某处存在故障。

（3）高速计数器复位继电器 1810。此继电器为常闭继电器。若使用高速计数指令（FUN98），当硬件置 0 信号到来时，该继电器动作（持续一个周期），使高速计数器复位。

（4）PLC 运行监视继电器 1811、1812、1814 为常闭（OFF）继电器，1813 为常开（ON）继电器。把这些继电器连接到 PLC 外面的指示器（LED）上，就能监视 PLC 的工作状态。

（5）PLC 上电复位继电器 1815。该继电器在程序启动的第一个扫描周期内接通，然后断开。

（6）时钟脉冲继电器 1900、1901、1902。它们分别提供 0.1s、0.2s 和 1s 的时钟脉冲，占空比均为 0.5。这几个时钟继电器与计数器配合使用，可以构成定时器，也可以加长定时时间，还可以构成闪烁电路。电源掉电后，这个定时器的数据可以保持。

（7）BCD 码监视继电器 1903。该继电器在算术运算结果未以 BCD 码形式输出时接通。

（8）进位标志继电器 1904。该继电器在算术运算结果有进位或借位时接通。

（9）比较标志寄存器 1905、1906、1907。执行比较指令 CMP，当比较结果是大于时，1905 接通；相等时，1906 接通；小于时，1907 接通。

5）暂存继电器（TR）

P 型机提供 8 个暂存继电器（Temporary Memory Relay，简称 TR），其编号为 0～7。对于不

能使用 IL 和 ILC 指令来编程的分支电路，可以使用暂存继电器。同一程序段内，最多只能使用 8 个暂存继电器，而且可以不按顺序分配编号，但不得重复使用同一个暂存继电器。而在不同的程序段内，同一个暂存继电器可重复多次使用。在使用暂存继电器时，必须在继电器地址编号前冠以"TR"，如 TR0、TR1 等。

6）保持继电器（HR）

保持继电器（Hold Relay，简称 HR）之所以得名，是因为当电源出现故障停电时，这些继电器能保持它掉电时刻的通/断（ON/OFF）状态，即具有掉电保护功能。如果这些电气控制对象需要保持掉电前的状态，以使 PLC 在来电恢复工作后再现这些状态，就必须使用保持继电器。

P 型机共有 160 个保持继电器，分配到 10 个通道（0～9CH），每个通道内有 16 个点，它们的地址编号为 000～915。前一位十进制数为通道号，后两位十进制数为继电器序号。使用保持继电器时必须在其地址编号前冠以 HR，它们的编号为 HR000～HR915。前一位十进制数为通道号，后两位十进制数为继电器接点编号，使用保持继电器时必须在其接点前冠以 HR，如 HR001、HR812 等。

7）定时器/计数器（TC）

P 型机中，定时器 TIM、高速定时器 TIMH、计数器 CNT、可逆计数器 CNTR、高速计数器 FUN98 共 48 个，它们的编号为 00～47。注意在同一程序段内，同一编号继电器不能同时既用作定时器又用作计数器。例如，使用了 TIM10，就不能再使用 CNT10 了。掉电时，定时器复位，计数器有掉电保护功能，其值保持不变。当使用高速计数器 FUN98 时，TIM/CNT47 分配给高速计数器存储高速计数器的当前值，而不能再用于其他用途了。

8）数据存储区（DM）

数据存储区（Data Memory Relay，简称 DM）不能以单独的接点来使用，要以通道为单位来使用。因此不是所有的指令都能使用数据存储继电器。其通道号为 00～63。数据存储区具有掉电保护功能。当使用高速计数器（FUN98）时，数据存储继电器区的 32～63 这 32 个通道专用于高速计数时上下限区域的设置，所以这个区域不能再用于其他用途，只能使用 00～31 通道作为数据存储。在使用数据存储继电器时，编号前必须冠以 DM，如 DM10、DM31 等。

11.2 西门子公司 SIMATIC S7 系列 PLC

德国西门子公司（SIEMENS）生产的可编程控制器在我国的应用也相当广泛，在冶金、化工、印刷生产线等领域都有应用。西门子公司的 PLC 产品包括 S7、M7 及 C7 等系列。西门子 SIMATIC S7 系列 PLC 体积小、速度快、标准化，具有网络通信能力，功能更强，可靠性更高。S7 系列 PLC 产品可分为微型 PLC（如 S7-200）、小规模性要求的 PLC（如 S7-300）和中高性能要求的 PLC（如 S7-400）三个子系列。

1. S7-200 系列 PLC

S7-200 系列 PLC 是超小型 PLC，它适用于各行各业，各种场合的自动检测、检测及控制等。S7-200 PLC 的强大功能使其无论单机运行还是连成网络都能实现复杂的控制功能。

S7-200 系列 PLC 可提供 4 个不同的基本型号与 8 种 CPU 供用户选择使用。

2. S7-300 系列 PLC

S7-300 系列是模块化小型 PLC 系统，能满足中等性能要求的应用。各种单独的模块之间可进行广泛组合构成不同要求的系统。与 S7-200 PLC 相比，S7-300 PLC 采用模块化结构，具备高速（$0.6\sim0.1\mu s$）的指令运算速度；用浮点数运算比较有效地实现了更为复杂的算术运算；一个带标准用户接口的软件工具方便用户给所有模块进行参数赋值；方便的人机界面服务已经集成在 S7-300 操作系统内，人机对话的编程要求大大减少。SIMATIC 人机界面（HMI）从 S7-300 中取得数据，S7-300 按用户指定的刷新速度传送这些数据。S7-300 操作系统自动地处理数据的传送；CPU 的智能化诊断系统连续监控系统的功能是否正常，记录错误和特殊系统事件（如超时、模块更换等）；多级口令保护可以使用户高度、有效地保护其技术机密，防止未经允许的复制和修改；S7-300 PLC 设有操作方式选择开关，操作方式选择开关像钥匙一样可以拔出，当钥匙拔出时，就不能改变操作方式，这样就可防止非法删除或改写用户程序。具备强大的通信功能，S7-300 PLC 可通过编程软件 STEP 7 的用户界面提供通信组态功能，这使得完成任务非常容易、简单。S7-300 具有多种不同的通信接口，并通过多种通信处理器来连接 AS-i（Actuator-Sensor-Interface）总线接口和工业以太网总线系统；串行通信处理器用来连接点到点的通信系统；多点接口（Multi Point Interface，MPI）集成在 CPU 中，用于同时连接编程器、个人计算机、人机界面系统及其 SIMATIC S7/M7/C7 等自动化控制系统。

3. S7-400 系列 PLC

S7-400 系列 PLC 是用于中、高档性能范围的可编程控制器。S7-400 PLC 系列采用模块化无风扇的设计，可靠耐用，同时可以选用多种级别（功能逐步升级）的 CPU，并配有多种通用功能的模块，这使用户能根据需要组合成不同的专用系统。当控制系统规模扩大或升级时，只要适当地增加一些模块，便能使系统升级和充分满足需要。图 11-4 所示为 S7-400 系列 PLC 外形图。

图 11-4　S7-400 系列 PLC 外形图

本节主要以 S7-200 系列为例。

11.2.1　S7-200 系列 PLC 的特点与功能

S7-200 是整体式结构的、具有很高的性能/价格比的小型可编程控制器，根据控制规模的大小（即输入/输出点数的多少），可以选择相应 CPU 的主机。除了 CPU221 主机以外，其他 CPU

主机单元可进行系统扩展。

　　PLC 通过输入/输出点与现场设备构成一个完整的 PLC 控制系统,因此要综合考虑现场设备的性质及 PLC 的输入/输出特性,才能更好地利用 PLC 的功能。

1. 输入特性

　　在 CPU22X 系列中,对数字量输入信号的电压要求均为 24V DC,"1"信号为 15~35V,"0"信号为 0~5V,经过光电耦合隔离后进入 PLC 中。其他特性如表 11-5 所示。

表 11-5　CPU22X 系列的输入特性

CPU 主机类型	输入滤波	中断输入	高速计数器输入	每组点数	电缆长度
CPU221				2/4	非屏蔽输入 300m,屏蔽输入 500m,屏蔽中断输入及高速计数器 50m
CPU222	0.2~12.8ms	I0.0~I0.3	I0.0~I0.5	4/4	
CPU224				8/6	
CPU226				13/1	

2. 输出特性

　　在 S7-200 中,输出信号有两种类型:继电器输出型和晶体管输出型,CPU22X 系列的输出特性如表 11-6 所示。

表 11-6　CPU22X 系列的输出特性

CPU	类　型	电源电压	输出电压	输出点数	每组点数	输出电流
CPU221	晶体管	24 V DC	24V DC	4	4	0.75A
	继电器	85~264V AC	24V DC 24~230V AC	4	1/3	2A
CPU222	晶体管	24V DC	24V DC	6	6	0.75A
	继电器	85~264V AC	24V DC 24~230V AC	6	3/3	2A
CPU224	晶体管	24V DC	24V DC	10	5/5	0.75A
	继电器	85~264V AC	24V DC 24~230V AC	10	4/3/3	2A
CPU226	晶体管	24V DC	24V DC	16	8/8	0.75A
	继电器	85~264V AC	24V DC 24~230V AC	16	4/5/7	2A

　　在表 11-6 中,电源电压是 PLC 的工作电压;输出电压是由用户提供的负载工作电压;每组点数是指全部输出端子可以分成几个隔离组,每个隔离组中有几个输出端子。例如,CPU226 中,4/5/7 表示有 16 个输出端子分成 3 个隔离组,每个隔离组中的输出端子数分别为 4 个、5 个、7 个,由于每个隔离组中有一个公共端,所以每个隔离组可以单独施加不同的负载工作电压。如果所有输出的负载工作电压相同,可将这些公共端连接起来。

3．快速响应功能

S7-200 的快速响应功能如下：

1）脉冲捕捉功能

利用脉冲捕捉功能，使得 PLC 可以使用普通端子捕捉到小于一个 CPU 扫描周期的短脉冲信号。

2）中断输入

利用中断输入功能，使得 PLC 可以极快的速度对信号的上升沿做出响应。

3）高速计数器

S7-200 中有 4～6 个可编程的 30kHz 高速计数器，多个独立的输入端允许进行加减计数。

4）高速脉冲输出

可利用 S7-200 的高速脉冲输出功能，驱动步进电动机或伺服电动机，实现准确定位。

5）模拟电位器

模拟电位器的功能是可用来改变某些特殊寄存器中的数值，这些特殊寄存器中的参数可以是定时器/计数器的设定值，或者是某些过程变量的控制参数。可以利用模拟电位器在程序运行时随时更改这些参数，且不占用 PLC 的输入点。

4．实时时钟

S7-200 的实时时钟用于记录机器的运行时间，或对过程进行时间控制，以及对信息加注时间标记。

11.2.2 系统配置

1．S7-200 的系统组成

同其他的 PLC 一样，S7-200 的系统基本组成也是主机单元加编程器。需要进行系统扩展时，系统组成中还可包括：数字量扩展模块、模拟量扩展模块、通信模块、网络设备、人机界面 HMI 等。

1）主机单元

S7-200 主机单元的 CPU 共有两个系列：CPU21X 及 CPU22X。CPU21X 系列包括 CPU212、CPU214、CPU215、CPU216；CPU22X 系列包括 CPU221、CPU222、CPU224、CPU226、CPU226XM。由于 CPU21X 系列属于 S7-200 的第一代产品，这里不做具体介绍。

（1）CPU221。6 输入/4 输出共 10 个数字量 I/O 点；无 I/O 扩展能力；6KB 的程序和数据存储区空间；4 个独立的 30kHz 的高速计数器；2 路独立的 20kHz 的高速脉冲输出；1 个 RS-485 的通信/编程口；符合多点接口 MPI（Multi Point Interface）通信协议；符合点对点接口 PPI（Point to Point Interface）通信协议；具有自由通信口。

（2）CPU222。8 输入/6 输出共 14 个数字量 I/O 点；可连接两个扩展模块，最大可扩展至 78 个数字量 I/O 点或 10 路模拟量 I/O；6KB 的程序和数据存储区空间；4 个独立的 30kHz 的高速计数器；2 路独立的 20kHz 的高速脉冲输出；具有 PID 控制器；1 个 RS-485 的通信/编程口；符合多点接口 MPI 通信协议；符合点对点接口 PPI 通信协议；具有自由通信口。

（3）CPU224。14 输入/10 输出共 24 个数字量 I/O 点；可连接 7 个扩展模板单元，最大可扩展至 168 个数字量 I/O 点或 35 路模拟量 I/O；13KB 的程序和数据存储区空间；6 个独立的 30kHz 的高速计数器；2 路独立的 20kHz 的高速脉冲输出；具有 PID 控制器；1 个 RS-485 的通信/编程口；符合多点接口 MPI 通信协议；符合点对点接口 PPI 通信协议；具有自由通信口；I/O 端子排可以很容易地整体拆卸。

（4）CPU226。24 输入/16 输出共 40 个数字量 I/O 点；可连接 7 个扩展模板单元，最大可扩展至 248 个数字量 I/O 点或 35 路模拟量 I/O；13KB 的程序和数据存储区空间；6 个独立的 30kHz 的高速计数器；2 路独立的 20kHz 的高速脉冲输出；具有 PID 控制器；两个 RS-485 的通信/编程口；符合多点接口 MPI 通信协议；符合点对点接口 PPI 通信协议；具有自由通信口；I/O 端子排可以很容易地整体拆卸。

（5）CPU226XM。与 CPU226 相比，除了程序和数据存储区空间由 13KB 增加到 26KB 外，其余功能不变。

S7-200 系列 PLC CPU 主机型号对照如表 11-7 所示。

表 11-7　S7-200 系列 PLC CPU 主机型号对照表

主机系列号	描　述	选型型号
CPU221	DC/DC/DC；6 点输入/4 点输出	6ES7 211-0AA23-0XB0
	AC/DC/继电器；6 点输入/4 点输出	6ES7 211-0BA23-0XB0
CPU222	DC/DC/DC；8 点输入/6 点输出	6ES7 212-1AB23-0XB0
	AC/DC/继电器；8 点输入/6 点输出	6ES7 212-1BB23-0XB0
CPU224	DC/DC/DC；14 点输入/10 点输出	6ES7 214-1AD23-0XB0
	AC/DC/继电器；14 点输入/10 点输出	6ES7 214-1BD23-0XB0
CPU224XP	DC/DC/DC；14 点输入/10 点输出；2 输入/1 输出共 3 个模拟量 I/O 点	6ES7 214-2AD23-0XB0
	AC/DC/继电器；14 点输入/10 点输出；2 输入/1 输出共 3 个模拟量 I/O 点	6ES7 214-2BD23-0XB0
CPU226	DC/DC/DC；24 点输入/16 点晶体管输出	6ES7 216-2AD23-0XB0
	AC/DC/继电器；24 点输入/16 点输出	6ES7 216-2BD23-0XB0
CPU226XM	DC/DC/DC；24 点输入/16 点晶体管输出	6ES7 216-2AF22-0XB0
	AC/DC/继电器；24 点输入/16 点输出	6ES7 216-2BF22-0XB0

注：DC/DC/DC——24V DC 电源/24V DC 输入/24V DC 输出；

　　AC/DC/继电器——100～230V AC 电源/24V DC 输入/继电器输出。

2）扩展单元

当主机单元上的 I/O 点数不够，或者涉及模拟量控制时，除了 CPU221 外，可以通过增加扩展单元的方法，对输入/输出点数进行扩展。

在进行 I/O 扩展时，要考虑以下几个因素：

- CPU 主机单元所能连接的扩展模板数。
- CPU 主机模板的映像寄存器的数量。
- CPU 主机模板在 5V DC 下所能提供的最大扩展电流。

S7-200 的 CPU22X 系列的扩展能力如表 11-8 所示。

表 11-8 CPU22X 系列的扩展能力

CPU	最多扩展模块数	映像寄存器的数量	最大扩展电流
CPU221	无	数字量：256，模拟量：无	0
CPU222	2	数字量：256，模拟量：16 入/16 出	340mA
CPU224	7	数字量：256，模拟量：32 入/32 出	660mA
CPU226	7	数字量：256，模拟量：32 入/32 出	100mA

（1）数字量扩展模块。S7-200 系列目前可以提供三大类共 9 种数字量输入、输出扩展模块。

① EM221，数字量输入（DI）扩展模块，共有 8 点 DC 输入，光电耦合器隔离。

② EM222，数字量输出（DO）扩展模块，有两种输出类型：

• 8 点 DC 24V 输出型。

• 8 点继电器输出型。

③ EM223，数字量混和输入/输出（DI/DO）扩展模块，有 6 种输出类型：

• DC 24V 输入 4 点/输出 4 点。

• DC 24V 输入 4 点/继电器输出 4 点。

• DC 24V 输入 8 点/输出 8 点。

• DC 24V 输入 8 点/继电器输出 8 点。

• DC 24V 输入 16 点/输出 16 点。

• DC 24V 输入 16 点/继电器输出 16 点。

（2）模拟量扩展模块。

① EM231，4 路 12 位模拟量输入（AI）模块。

差分输入，电压：0～10V、0～5V、±2.5V、±5V。

转换时间：<250μs。

最大输入电压 30V DC，最大输入电流 32mA。

② EM232，2 路 12 位模拟量输出（AO）模块。

输出范围：电压±10V，电流 0～20mA。

数据字格式：电压-32000～+32000，电流 0～+32000。

分辨率：电压 12 位，电流 11 位。

③ EM235，模拟量混和输入/输出（AI/AO）模块。

模拟量输入 4 路，模拟量输出 1 路。

差分输入，电压：0～10V、0～5V、0～1V、0～500mV、0～100mV、0～50mV、±10V、±5V、±2.5V、±1V、±500mV、±250mV、±100mV、±50mV、±25mV。

电流：0～20mA。

转换时间：<250μs。

稳定时间：电压 100μs，电流 2ms。

（3）智能模块。

① 通信处理器 EM227。EM277 PROFIBUS-DP 模块是专门用于 PROFIBUS-DP 协议通信的智能扩展模块。PROFIBUS-DP 是由欧洲标准 EN50170 和国际标准 IEC611158 定义的一种远程 I/O 通信协议。遵守这种标准的设备，即使是由不同公司制造的，也是兼容的。DP 表示分布式外围设备，即远程 I/O。PROFIBUS 表示过程现场总线。EM277 模块作为 PROFIBUS-DP 协议下的从站，实现通信功能。通过 EM277 PROFIBUS-DP 扩展从站模块，可将 S7-200 CPU 连接到 PROFIBUS-DP 网络。

连接方法：EM277 PROFIBUS-DP 模块上有一个 RS-485 接口与 S7-200 系列 CPU 连接。PROFIBUS 网络经过其 DP 通信端口，连接到 EM277 PROFIBUS-DP 模块。这个端口可运行于 9600bps～12Mbps 之间的任何 PROFIBUS 支持的波特率。

网络能力：站地址设定 0～99（由旋转开关设定）；每个段最多可连接的主站数为 32 个；每个网络最多可连接的站数为 126 个；共有 6 个 MPI 多点通信接口，其中两个预留（1 个为 PG，1 个为 OP）。

② 通信处理器 CP243-2。CP243-2 是 S7-200 的 AS-i（Actuator Sensor interface）主站，通过连接 AS-i 可显著地增加 S7-200 的数字量输入/输出点数。每个主站最多可连接 31 个 AS-i 从站。S7-200 同时可以处理最多两个 CP243-2，每个 CP243-2 的 AS-i 上最多有 124DI/124DO。

3）其他设备

（1）编程设备（PG）。编程器是任何一台 PLC 不可缺少的设备，一般是由制造厂专门提供的。S7-200 的编程器可以是简易的手持编程器 PG702，也可以是昂贵的图形编程器，如 PG740II、PG760II 等。为降低编程设备的成本，目前广泛采用个人计算机作为编程设备，但需配置制造厂提供的专用编程软件。S7-200 的编程软件为 STEP 7-Micro/WIN32 V3.1，通过一条 PC/PPI 电缆将用户程序送入 PLC 中。

（2）人—机操作界面 HMI（Human Machine Interface）。

① 文本显示器 TD200。TD200 是 S7-200 的操作员界面，其功能如下：

显示文本信息。通过选择项确认的方法可显示最多 80 条信息，每条信息最多包含 4 个变量。可显示中文。

设定实时时钟。

提供强制 I/O 点诊断功能。

可显示过程参数并通过输入键进行设定或修改。

具有可编程的 8 个功能键，可以替代普通的控制按钮，从而可以节省 8 个输入点。

具有密码保护功能。

TD200 不需要单独的电源，只需将它的连接电缆接到 CPU22X 的 PPI 接口上，用 STEP 7-Micro/WIN32 V3.1 软件进行编程即可。

② 触摸屏 TP070、TP170A、TP170B 及 TP7、TP27。TP070、TP170A、TP170B 为具有较强功能且价格适中的触摸屏，其特点是：在 Windows 环境下工作，可通过 MPI 及 PROFIBUS-DP 与 S7-200 连接；其光管寿命达 50000h，可连续工作 6 年；利用 STEP 7-Micro/WIN32 V3.1 和 SIMATIC ProTool/Lite V5.2 进行组态。TP7、TP27 触摸屏主要用于机床操作和监控。

2．各存储区及其功能

S7-200 的存储系统是由 RAM 和 EEPROM 组成的。在 CPU 模块内，配置了一定容量的 RAM 和 EEPROM，S7-200 的 CPU22X 的存储容量见表 11-9。

表 11-9　CPU22X 系列的存储容量

CPU 类型	用户程序存储区容量	用户数据存储区容量	用户存储器类型
CPU221	2048 字	1024 字	EEPROM
CPU222	2048 字	1024 字	EEPROM
CPU224	4096 字	2560 字	EEPROM
CPU226	4096 字	2560 字	EEPROM

当 CPU 主机单元的存储容量不够时，可通过增加 EEPROM 存储器卡的方法扩展系统的存储容量。

S7-200 PLC 的存储器大致分为三个空间，即程序空间、数据空间和参数空间。

1）程序空间

该空间主要用于存放用户应用程序，程序空间容量在不同型号的 CPU 中是不同的。

2）数据空间

该空间的主要部分用于存放工作数据，称为数据存储器，另外有一部分作为寄存器使用，称为数据对象。

（1）数据存储器。它包括变量存储器（V）、输入信号缓存区（输入映像存储器 I）、输出信号缓冲区（输出映像存储器 Q）、内部标志位存储器（M，又称内部辅助继电器）、特殊标志位存储器（SM）。除特殊标志位外，其他部分都能以位、字节和双字的格式自由读取或写入。

变量存储器（V）用于保存程序执行过程中控制逻辑操作的中间结果，所有的 V 存储器都可以存储在永久存储器区内，其内容可在 EEPROM 或编程设备间双向传送。

输入映像存储器（I）是以字节为单位的寄存器，它的每一位对应于一个开关量输入触点。在每个扫描周期开始，PLC 依次对各个输入触点采样，并把采样结果送入输入映像存储器。PLC 在执行用户程序过程中，不再理会输入触点的状态，它所处理的数据为输入映像存储器中的值。

输出映像存储器（Q）是以字节为单位的寄存器，它的每一位对应于一个开关输出量触点。PLC 在执行用户程序的过程中，并不把输出信号随时送到输出触点，而是送到输出映像存储器，只有到了每个扫描周期的末尾，才将输出映像寄存器的输出信号几乎同时送到各输出触点。使用映像寄存器的优点是：

① 同步地在扫描周期开始采样所有输入点，并在扫描的执行阶段冻结所有输入值。

② 在程序执行完后再从映像寄存器刷新所有输出点，使被控系统能获得更好的稳定性。

③ 存取映像寄存器的速度高于存取 I/O 的速度，使程序执行得更快。

④ I/O 点只能以位为单位存取，但映像寄存器则能以位、字节、双字为单位进行存取。因此，映像寄存器提供了更高的灵活性。另外，对控制系统中个别 I/O 点要求实时性较高的情况，可用立即指令直接存取输入/输出点。

内部标志位存储器（M）又称内部线圈（内部继电器等），它一般以位为单位使用，但也能以字、双字为单位使用。内部标志位存储器的容量根据 CPU 型号不同而不同。

特殊标志位存储器（SM）用来存储系统的状态变量和有关控制信息，特殊标志位存储器分为只读区和可写区，具体划分随 CPU 型号不同而不同。

（2）数据对象。数据对象包括定时器、计数器、高速计数器、累加器、模拟量输入/输出。

定时器类似于继电器电路中的时间继电器，但它的精度更高，定时精度分为 1ms、10ms 和 100ms 三种，根据精度需要由编程者选用。定时器的数量根据 CPU 型号不同而不同。

计数器的计数脉冲由外部输入，计数脉冲的有效沿是输入脉冲的上升沿或下降沿，计数的方式有累加 1 和累减 1 两种方式。计数器的个数同各 CPU 的定时器个数。

高速计数器与一般计数器的不同之处在于，计数脉冲频率更高，可达 2kHz/7kHz；计数容量大，一般计数器为 16 位，而高速计数器为 32 位；一般计数器可读可写，而高速计数器一般只能进行读操作。

在 S7-200 CPU 中有 4 个 32 位累加器，即 AC0～AC3，用它可把参数传给子程序或任何带参数的指令和指令块。此外，PLC 在响应外部或内部的中断请求而调用中断服务程序时，累加器中的数据是不会丢失的，即 PLC 会将其中的内容压入堆栈。因此，用户在中断服务程序中仍可使用这些累加器，待中断程序执行完返回时，将自动从堆栈中弹出原先的内容，以恢复中断前累加器的内容。但应注意，不能利用累加器进行主程序和中断服务子程序之间的参数传递。

3）参数空间

用于存放有关 PLC 组态参数的区域，如保护口令、PLC 站地址、停电记忆保持区、软件滤波、强制操作的设定信息等，存储器为 EEPROM。

3．S7-200 系列 PLC 的数据存储器寻址

在 S7-200 PLC 中所处理的数据有三种，即常数、数据存储器中的数据和数据对象中的数据。

1）常数及类型

在 S7-200 的指令中可以使用字节、字、双字类型的常数，常数的类型可指定为十进制、十六进制、二进制或 ASCII 字符。PLC 不支持数据类型的处理和检查，因此在有些指令隐含规定字符类型的条件下，必须注意输入数据的格式。

2）数据存储器的寻址

（1）数据地址的一般格式。数据地址一般由两部分组成，格式为：Aa1.a2。其中，A 为区域代码（I、Q、M、SM、V），a1 为字节首址，a2 为位地址（0～7）。例如，I10.1 表示该数据在 I 存储区 10 号地址的第 1 位。

（2）数据类型符的使用。在使用字节、字或双字类型的数据时，除非所用指令已隐含有规定的类型外，一般都应使用数据类型符来指明所取数据的类型。数据类型符共有三个，即 B（字节）、W（字）和 D（双字），它的位置应紧跟在数据区域地址符后面。例如，对变量存储器有 VB100、VW100、VD100。同一个地址，在使用不同的数据类型后，所取出数据占用的内存量是不同的。

3）数据对象的寻址

数据对象的地址基本格式为：An，其中 A 为该数据对象所在的区域地址。A 共有 6 种：T（定时器）、C（计数器）、HC（高速计数器）、AC（累加器）、AIW（模拟量输入）、AQW（模拟量输出）。

S7-200 CPU 存储器范围和特性如表 11-10 所示。

表 11-10 S7-200 CPU 存储器范围和特性

元件名称	代号	功能	范围
输入继电器	I	输入映像寄存器，接收来自现场的输入信号。按"字节.位"的编址方式来读取一个继电器的状态。输入继电器的状态是由现场输入信号决定的，不能通过编程方式改变	I0.0～I15.7
输出继电器	Q	输出映像寄存器，驱动现场的执行元件。采用"字节.位"的编址方式，输出继电器的状态是由程序执行的结果来决定的。输出继电器线圈一般不能直接与梯形图的逻辑母线连接，当确实不需要任何编程元件触点控制时，可借助于特殊继电器 SM0.0 的常开触点	Q0.0～Q15.7
变量寄存器	V	用于模拟量控制、数据运算、参数设置及存放程序执行过程中控制逻辑操作的中间结果。采用"位"、"字节"、"字"、"双字"编址方式	CPU221: VB0.0～VB2047.7 CPU222:VB0.0～VB2047.7 CPU224:VB0.0～VB5119.7 CPU226: VB0.0～VB5119.7

元件名称	代号	功 能	范 围
辅助继电器	M	也称内部标志位存储器，相当于中间继电器，采用"字节.位"编址方式。用于存储数据时，也可以以"字节"、"字"、"双字"为单位	256 个 M0.0～M31.7
特殊继电器	SM	用来存储系统的状态变量及有关的控制参数和信息。PLC 通过特殊继电器为用户提供一些特殊的控制功能和系统信息，也可以将对操作的特殊要求通过它通知 PLC	CPU224 编址范围 SM0.0～SM179.7，共 180 个字节。其中 SM0.0～SM29.7 的 30 个字节为只读型区域
定时器	T	相当于时间继电器	T0～T255
计数器	C	用来对输入脉冲个数进行累计	C0～C255
高速计数器	HSC	适用于高频计数	CPU221：HC0、HC3、HC4、HC5 CPU222：HC0、HC3、HC4、HC5 CPU224：HC0～HC5 CPU226：HC0～HC5
累加器	AC	是用来暂存数据的寄存器，可以向子程序传递参数，或从子程序返回参数，也可用来存放运算数据、中间数据及结果数据	AC0～AC3，共 4 个 32 位累加器。采用"字节"、"字"、"双字"的编址方式
状态继电器	S	也称顺序控制继电器，是使用步进控制指令编程时的重要编程元件，用状态继电器和相应的步进控制指令，可以在小型 PLC 上编制较复杂的控制程序	S0.0～S31.7
局部变量存储器	L	用于存储局部变量	可采用"位"、"字节"、"字"、"双字"的编址方式。可将其作为间接寻址的指针，但不能作为间接寻址的存储器区。LB0.0～LB63.7
模拟量输入寄存器	AIW	PLC 对模拟量输入寄存器只能进行读取操作	操作数据长度为 16 位，要以偶数号字节进行编址 CPU221 无 CPU222：AIW0～AIW30 CPU224：AIW0～AIW62 CPU226：AIW0～AIW62
模拟量输出寄存器	AQW	PLC 对模拟量输出寄存器只能进行写入操作	操作数据长度为 16 位，要以偶数号字节进行编址 CPU221 无 CPU222：AQW0～AQW30 CPU224：AQW0～AQW62 CPU226：AQW0～AQW62

11.3 三菱公司 FX 系列 PLC

FX 系列 PLC 是日本三菱公司继 F1、F2 系列 PLC 之后新推出的小型机。它同时具有整体式 PLC 的简单易用和模块式 PLC 的功能强大、配置灵活的优点，其机型种类较多，其中 FX2 是 1991 年推出的产品，FX0 是 FX2 之后推出的超小型 PLC，近年来又连续推出了将众多功能凝集在超小机壳内的 FX0S、FX0N、FX1N、FX2、FX2N、FX2NC 等 PLC，具有较高的性能价格比，应用广泛。它们采用整体式和模块式相结合的叠装式结构。系统配置既固定又灵活，基本上能满足各种工业控制要求。当控制要求较简单时，可选用容量较小的 FX0S 或 FX0N 机型；当控制要求较复杂时，可选用性能高、处理速度快、容量大的 FX2N 或 FX2NC 机型。图 11-5 所示为 FX2N 系列 PLC 外形图。

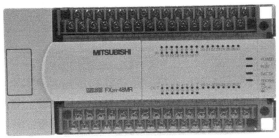

图 11-5 FX2N 系列 PLC 外形图

FX 系列 PLC 的型号含义如图 11-6 所示。

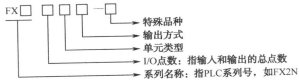

图 11-6 FX 系列 PLC 的型号含义

其中系列名称为：0、1、2、0S、1S、0N、1N、2N、2NC 等。

单元类型有以下几种：

- M 表示基本单元；
- E 表示同时扩展输入和输出点数的扩展单元；
- EX 表示只扩展输入点数的扩展模块；
- EY 表示只扩展输出点数的扩展模块。

输出方式有以下几种：

- R 表示继电器输出方式（有触点，用于交流或直流负载）；
- T 表示晶体管输出方式（无触点，用于直流负载）；
- S 表示晶闸管输出方式（无触点，用于交流负载）。

特殊品种有以下几种：

- A1 表示交流电源、交流输入或交流输出的扩展模块；
- C 表示接插口输入、输出方式；

- D 表示直流电源，直流输出；
- F 表示输入滤波时间常数为 1ms 的扩展模块；
- H 表示大电流输出扩展模块；
- L 表示 TTL 输入型扩展模块；
- S 表示独立端子（无公共端）扩展模块；
- V 表示立式端子排的扩展模块。

若"特殊品种"处无符号，则表示使用交流 100/200V 电源，直流 24V 输入，横式端子排，继电器输出时为 2A/1 点，晶体管输出时为 0.5A/1 点，晶闸管输出时为 0.3A/1 点。

例如，FX2N-32MT-D 表示 FX2N 系列，32 个 I/O 点基本单位，晶体管输出，使用直流电源，24V 直流输出型。

11.3.1 FX 系列 PLC 的特点与功能

1. FX 系列 PLC 的特点

1）系统配置灵活方便

FX 系列 PLC 的基本单元内有 CPU、I/O、存储器和供给扩展模块及传感器的标准电源，除基本单元外，还备有各种点数和各种输出类型（继电器、晶体管、晶闸管）的扩展单元和扩展模块，可与基本单元灵活配置。

2）具有在线和离线编程功能

FX 系列 PLC 除可以使用简易编程器 FX-10P-E 和 FX-20P-E 编程外，还可以使用智能编程器 A6GPPE 和 A6PHPE 进行编程。FX 系列 PLC 可以在线写入或修改程序，具有丰富的编辑和搜索功能，可实现元件监控和测试功能；使用三菱公司的编程软件 MEDOC、FX-PCS/WIN 或 GPP for Windows，可以在个人计算机上进行离线编程，方便地编写、修改、调试和打印 PLC 程序。

3）高速处理功能

FX 系列 PLC 内置多点高速计数器，可对输入脉冲进行计数而无须增加任何其他设备。利用不受扫描周期限制的直接输出功能可实现定位控制。对具有优先权和紧急情况的输入，可采用中断输入方式，使之快速响应，防止问题的发生。

4）高级应用功能

FX 系列 PLC 提供了多种应用指令以适应各种应用场合。可实现数据运算、传送、比较、移位等多种功能。

2. FX 系列 PLC 的主要性能

FX 系列 PLC 的基本单元和扩展单元的电源电压适应范围为 100～240V AC，用户程序存储容量较大，有丰富的内部软元件，功能强且多，处理速度快。在使用 FX 系列 PLC 之前，需对其主要性能指标进行认真查阅，只有选择了符合要求的产品才能达到既可靠又经济的要求。

1）FX 系列 PLC 的性能比较

虽然 FX 系列中的 FX0S、FX1N、FX2N 等在外形尺寸上相差不多，但在性能上却有较大的差别，其中，FX2N 和 FX2NC 子系列在 FX 系列 PLC 中功能最强、性能最好。FX 系列 PLC 主要产品的性能比较如表 11-11 所示。

表 11-11　FX 系列 PLC 主要产品的性能比较

型　号	I/O 点数	基本指令执行时间	功能指令	模拟模块	通　信
FX0S	10～30	1.6～3.6μs	50	无	无
FX0N	24～128	1.6～3.6μs	55	有	较强
FX1N	14～128	0.55～0.7μs	177	有	较强
FX2N	16～256	0.08μs	298	有	强

2）FX 系列 PLC 的环境指标

FX 系列 PLC 的环境指标如表 11-12 所示。

表 11-12　FX 系列 PLC 的环境指标

环境温度	使用温度 0～55℃，储存温度-20～70℃
环境湿度	使用时 35%～85%RH（无凝露）
防震性能	JISC0911 标准，10～55Hz，0.5mm（最大 2g），3 轴方向各 2 次
抗冲击性能	JISC0912 标准，10g，3 轴方向各 3 次
抗噪声能力	用噪声模拟器产生电压为 1000V、脉宽 1μs、30～100Hz 的噪声
绝缘耐压	AC1500V，1min（接地端与其他端子间）
绝缘电阻	5MΩ 以上
接地电阻	第三种接地，如接地有困难，可以不接
使用环境	无腐蚀性气味，无尘埃

3）FX 系列 PLC 的输入技术指标

FX 系列 PLC 对输入信号的技术要求如表 11-13 所示。

表 11-13　FX 系列 PLC 的输入技术指标

输入端项目	X0～X3（FX0S）	X4～X17（FX0S）、X0～X7（FX0N、FX1S、FX1N、FX2N）	X10～（FX0N、FX1S、FX1N、FX2N）	X0～X3（FX0S）	X4～X17（FX0S）
输入电压	DC 24V±10%			DC 12V±10%	
输入电流	8.5mA	7mA	5mA	9mA	10mA
输入阻抗	2.7kΩ	3.3kΩ	4.3kΩ	1kΩ	1.2kΩ
输入 ON 电流	4.5mA 以上	4.5mA 以上	3.5mA 以上	4.5mA 以上	4.5mA 以上
输入 OFF 电流	1.5mA 以下	1.5mA 以下	1.5mA 以下	1.5mA 以下	1.5mA 以下
输入响应时间	约 10ms，其中：FX0S、FX1N 的 X0～X7 和 FX0N 的 X0～X7 为 0～15ms 可变，FX2N 的 X0～X17 为 0～60ms 可变				
输入信号形式	无电压触点，或 NPN 型集电极开路晶体管				
电路隔离	光电耦合器隔离				
输入状态显示	输入 ON 时 LED 灯亮				

4）FX 系列 PLC 的输出技术指标

FX 系列 PLC 对输出信号的技术要求如表 11-14 所示。

表 11-14　FX 系列 PLC 的输出技术指标

项　目	继电器输出	晶闸管输出	晶体管输出
外部电源	AC 250V 或 DC 30V 以下	AC 85～240V	DC 5～30V
最大电阻负载	2A/1 点、8A/4 点、8A/8 点	0.3A/1 点、0.8A/4 点（1A/1 点、2A/4 点）	0.5A/1 点、0.8A/4 点（0.1A/1 点、0.4A/4 点）、（0.1A/1 点、2A/4 点）、（0.3A/1 点、1.6A/16 点）
最大感性负载	80W	15W/AC 100V、30W/AC 200V	12W/DC 24V
最大灯负载	100W	30W	1.5W/DC 24V
开路漏电流	—	1mA/AC 100V 2mA/AC 200V	0.1mA 以下
响应时间	约 10ms	ON：1ms；OFF：10ms	ON：<0.2ms，OFF：<0.2ms；大电流 OFF：<0.4ms
电路隔离	继电器隔离	光电晶闸管隔离	光电耦合器隔离
输出动作显示	输出 ON 时 LED 亮		

11.3.2　系统配置

1．系统组成

1）基本单元

以 FX2N 型号系列为例，FX2N 基本单元按输入/输出点数有 16 点、32 点、48 点、64 点、80 点与 128 点，用户存储器容量可扩展到 16K 步，FX2N 各基本单元规格见表 11-15。

表 11-15　FX2N 基本单元（AC 电源、DC 输入）

型　号			输入点数	输出点数	扩展模块可用点数
继电器输出	晶闸管输出	晶体管输出			
FX2N-16MR	FX2N-16MS	FX2N-16MT	8	8	24～32
FX2N-16MR	FX2N-32MS	FX2N-32MT	16	16	24～32
FX2N-48MR1	FX2N-48MS	FX2N-48MT	24	24	48～64
FX2N-64MR1	FX2N-64MS	FX2N-64MT	32	32	48～64
FX2N-80MR	FX2N-80MS	FX2N-80MT	40	40	48～64
FX2N-128MR		FX2N-128MT	64	64	48～64

2）FX2N 扩展配置

（1）FX2N 扩展单元。FX2N 系列还具有较为灵活的 I/O 扩展功能，其中扩展单元由内部电源及内部输入/输出接口组成，FX2N 系列扩展单元见表 11-16。

表 11-16 FX2N 系列扩展单元（AC 电源、DC 输入）

型 号			输入点数	输出点数	扩展模块可用点数
继电器输出	晶闸管输出	晶体管输出			
FX2N-32ER	FX2N-32ES	FX2N-32ET	16	16	24～32
FX2N-48ER		FX2N-48ET	24	24	48～64

（2）FX2N 扩展模块。FX2N 扩展模块仅由输入/输出接口组成，需由基本单元或扩展单元供电，其控制用电源为 DC 5V，FX2N 系列扩展模块见表 11-17。

表 11-17 FX2N 系列扩展模块（控制电源用 DC 5V）

型 号	输入点数	输出点数	输出方式
FX2N-48ET	24	24	晶体管输出
FX2N-32ER	16	16	继电器输出
FX2N-32ET	16	16	晶体管输出
FX2N-16EX	16	—	—
FX2N-16EYR	—	16	继电器输出
FX2N-16EYT		16	晶体管输出
FX2N-8ER	4	4	继电器输出
FX2N-8EX	8	—	—
FX2N-8EYR		8	继电器输出
FX2N-8EYT		8	晶体管输出

（3）FX2N 特殊扩展设备。FX2N 还有特殊功能板、特殊模块及特殊单元等特殊扩展设备可供选用，特殊扩展设备需由基本单元或扩展单元供 DC 5V 电源。

2. 数据存储区

FX2N 系列 PLC 编程元件分类用英文字母来区别。如输入继电器用"X"表示，输出继电器用"Y"表示。其中输入、输出继电器的序号为八进制，其余为十进制。

1）数据结构

十进制数（DEC：DECimal number）：常用于定时器/计数器的设定值；辅助继电器（M）、定时器（T）、计数器（C）、状态（S）等软元件的地址号；用于应用指令的数值型操作数及指令动作常数（K）。

十六进制数（HEX：HEXdecimal number）：与十进制数一样，用于指定应用指令的数值型操作数及指令动作常数（H）。

二进制数（BIN：BINary number）：PLC 内部数据类型，通过外设进行监视时，各软元件的数值自动变换为十进制数或十六进制数。

八进制数（OCT：OCTal number）：用于输入继电器和输出继电器的软元件编号。输入继电器用 X000～X007、X010～X017、X020～X027 等八进制格式进行编号；输出继电器用 Y000～Y007、Y010～Y017、Y020～Y027 等八进制格式进行编号。

BCD 码（BCD：BINary Code Decimal）：用二进制形式表示的十进制数，常采用 8421BCD 码。常用 BCD 码编码开关将 BCD 码数据送入 PLC；PLC 常以 BCD 码格式将输出数据送数码显示器显示。

浮点数据（标绘值）：二进制浮点数常用于高精度浮点运算；十进制浮点数用于实施监视。

2）输入、输出继电器

FX2N 系列输入、输出继电器总点数不能超过 256 点，如表 11-18 所示。

表 11-18　FX2N 系列输入、输出继电器

型　号	FX2N-16M	FX2N-32M	FX2N-48M	FX2N-64M	FX2N-80M	FX2N-128M	扩展时
输入	X000～X007 8 点	X000～X017 16 点	X000～X027 24 点	X000～X037 32 点	X000～X047 40 点	X000～X077 64 点	X000～X267 184 点
输出	Y000～Y007 8 点	Y000～Y017 16 点	Y000～Y027 24 点	Y000～Y037 32 点	Y000～Y047 40 点	Y000～Y077 64 点	Y000～Y267 184 点

3）辅助继电器

辅助继电器的线圈与输出继电器一样由内部软元件的触点驱动，有无数的电子常开和常闭触点，并且不能直接驱动外部负载，外部负载的驱动要通过输出继电器进行。如果在 PLC 运行过程中停电，输出继电器及一般用辅助继电器都断开。再运行时，除了输入条件为 ON（接通）的情况以外，都为断开状态。地址编号采用十进制编号。辅助继电器可分为通用辅助继电器 M0～M499（500 点）、掉电保持辅助继电器 M500～M1023（524 点）、特殊辅助继电器 M8000～M8255（256 点）。

4）状态寄存器（S）

状态寄存器是对工序步进型控制进行简易编程的内部软元件，采用十进制编号。与步进指令 STL 配合使用；状态寄存器有无数个常开触点与常闭触点，编程时可随意使用；不用于步进阶梯指令时，可作为辅助继电器使用。状态寄存器同样有通用状态和掉电保持状态，其比例分配可由外设设定。状态寄存器有五种类型：

初始状态 S0～S9 共 10 点；回零（返回原点）状态 S10～S19 共 10 点；通用状态 S20～S499 共 480 点；保持状态 S500～S899 共 400 点；报警用状态 S900～S999 共 100 点。

5）定时器（T）

定时器实际是内部脉冲计数器，可对内部 1ms、10ms 和 100ms 时钟脉冲进行加计数，当达到用户设定值时，触点动作。可以用用户程序存储器内的常数 K 或 H 作为定时常数，也可以用数据寄存器 D 的内容作为设定值。可分为普通型和累积型定时器。

普通型（即断电清零）定时器（T0～T245），100ms 定时器 T0～T199 共 200 点，设定范围为 0.1～3276.7s；10ms 定时器 T200～T245 共 46 点，设定范围为 0.01～327.67s。

累积型（即断电保持）定时器（T246～T255），1ms 定时器 T246～T249 共 4 点，设定范围为 0.001～32.767s；100ms 定时器 T250～T255 共 6 点，设定范围为 0.1～3276.7s。

6）计数器（C）

计数器可分为通用计数器和高速计数器。

16 位通用加计数器，C0～C199 共 200 点，设定值：1～32767。设定值 K0 与 K1 含义相同，即在第一次计数时，其输出触点动作。

32 位通用加/减计数器，C200～C234 共 35 点，设定值：−2147483648～+2147483647。

高速计数器 C235～C255 共 21 点，共享 PLC 上 6 个高速计数器输入（X000～X005）。高速计数器按中断原则运行。

7）数据寄存器（D）

通用数据寄存器 D0～D199 共 200 点。　特点是只要不写入其他数据，已写入的数据不会变化。但是 PLC 状态由运行变为停止时，全部数据均清零。断电保持数据寄存器 D200～D511 共312 点，只要不改写，原有数据不会丢失。特殊数据寄存器 D8000～D8255 共 256 点　这些数据寄存器供监视 PLC 中各种元件的运行方式用。文件寄存器 D1000～D2999 共 2000 点。

8）变址寄存器（V/Z）

变址寄存器的作用类似于一般微处理器中的变址寄存器（如 Z80 中的 IX、IY），通常用于修改元件的编号。V0～V7、Z0～Z7 共 16 点 16 位变址数据寄存器。进行 32 位运算时，与指定 Z0～Z7 的 V0～V7 组合，分别成为（V0、Z0），（V1、Z1），…，（V7、Z7）。

11.4　GE FANUC 公司 Series 90™ PLC 家族

11.4.1　Series 90™ PLC 家族的特点与功能

GE FANUC 公司 Series 90™ PLC 家族是由 GE FANUC 公司针对中小型 PLC 市场开发的一系列组合式 PLC。其主要组成包括 Series 90™ Micro PLC 系列、Series 90™ 90-30 PLC 系列和 Series 90™ 90-70 系列。

Series 90™ Micro PLC 系列适用于小型、低成本的控制场合，具有紧凑的物理设计、简易的安装方式、强大的控制功能和极具竞争力的价格。

Series 90™ 90-30 PLC 系列是由一系列的控制器输入/输出系统和各种专用模板构成的，适用于工业现场各种控制需求。

Series 90™ 90-70 PLC 系列适用大型复杂及高速的自动化应用场合。

图 11-7 所示为 Series 90™ PLC 外形图。

图 11-7　Series 90™ PLC 外形图

进入 21 世纪后，GE FANUC 公司基于 Series 90™ PLC 家族又开发出新一代自动控制系统 PAC（Programmable Automation Controller）Systems™，PAC 结合了 PC 的处理器、RAM 和软件的优势，以及 PLC 固有的可靠性、坚固性和分布特性。PAC 采用现有的商业化技术（COTS），非常适合于工业化环境，它具有可伸缩性、易于维护和较低的发生故障时间等特性。

作为一种多功能控制器平台，PAC 的性能相比 PLC 要广泛全面得多。用户可按照自己的意愿组合、搭配实施的技术和产品以实现功能的侧重，因为基于同一发展平台进行开发，所以采用 PAC 系统保证了控制系统各功能模块具有统一性，而不仅是一个完全无关的部件拼凑成的集合体。与 PLC 依赖于专用的硬件不同，**PAC** 的性能是基于其轻便的控制引擎，标准、通用、开放的实时操作系统，嵌入式硬件系统设计以及背板总线。**PAC** 设计了一个通用软件形式的控制引擎用于应用程序的执行，控制引擎位于实时操作系统与应用程序之间，这个控制引擎与硬件平台无关，可在不同平台的 **PAC** 系统间移植。因此对于用户来说，同样的应用程序不需要修改即可下载到不同 **PAC** 硬件系统中，用户只需根据系统功能需求和投资预算选择不同性能的 **PAC** 平台。这样，根据用户需求的迅速扩展和变化，用户系统和程序无须变化，即可无缝移植。

PAC 系统具有以下特性：

（1）克服了传统 PLC 过于封闭化、专有化而导致其技术发展缓慢的缺点。

（2）采用标准的嵌入式系统架构设计，组成模块支持热插拔。

（3）采用开放式标准背板总线 VME/PCI、成熟的多任务操作系统 VxWorks。

（4）支持高性能的 CPU 模块、大容量内在模块，适合高级编程。

（5）支持开放式通信，包括：以太网、GENIUS、PROFIBUS、DeviceNet 和串行通信。

（6）支持高密度离散量 I/O、通用模拟量（TC、RTD、应变仪、每个通道的电压电流组态）I/O、隔离模拟量 I/O、高密度模拟量 I/O、高速计数器、运动控制模块。

（7）扩展 I/O 提供更广泛的特性，如快速处理、高级诊断机制和一系列可组态的中断。可用于过程控制，尤其适用于混合型集散控制系统（Hybrid DCS）。

（8）编程语言多样化，既支持传统的梯形图、语句表，又支持 C 语言、FBD 功能块图（DCS）等高级语言，编程规则符合 IEC1131 标准。

在硬件平台方面，目前 GE FANUC 公司的 PAC Systems™ 主要包括 PAC Systems RX3i/7i 两个系列的产品。

11.4.2 型号及功能参数

1. 型号参数

表 11-19 反映了 Series 90™ PLC 家族三大系列的主要型号参数。

表 11-19 Series 90™ PLC 家族型号参数表

Micro PLC	90-30 PLC 系列	90-70 PLC 系列
按输入、输出点数分： 14 点 Micro 28 点 Micro 23 点 Micro 带 2 AI/1 AO 14 点扩展 Micro	按 CPU 类型分： CPU311、CPU313、CPU323 CPU331 CPU340、CPU341 CPU350、CPU351、CPU352 CPU360、CPU363、CPU364	按 CPU 类型分： CPU731、CPU732 CPX772、CPX782、CPX935 CPU780 CPU788 CPU789、CPU790 CPU915、CPU925 CSE784、CSE925

2. 功能参数

表 11-20、表 11-21 显示了 Micro PLC 系列 CPU 和 I/O 端口参数。表 11-22 显示了 90-30 PLC 系列主要技术参数，表 11-23 显示了 90-70 PLC 系列主要技术参数。

表 11-20 Micro PLC 系列 CPU 参数表

项　　目	14 点 Micro PLC	28 点 Micro PLC
程序执行时间	1.8ms/K	1.0ms/K
标准功能块执行时间	48μs	29μs
内存容量	3KB	6KB
内存类型	RAM、Flash、EEPROM	
数据寄存器	256	2048
内部线圈	1024	1024
计时/计数器	80	600
编程语言	梯形图	梯形图
串行口	1 个口	2 个口
	RS-422：SNP、RTU	RS-422：SNP、RTU

表 11-21 Micro PLC 系列 I/O 端口参数表

CPU 模块编号	电　源	输入点数	输入类型	输出点数	输出类型
IC693UDR001	85～265V AC	8 DI	24V DC	6	继电器
IC693UDR002	10～30V DC	8 DI	24V DC	6	继电器
IC693UDR003	85～265V AC	8 DI	85～132V AC	6	85～265V AC
IC693UDR005	85～265V AC	16 DI	24V DC	11	继电器
				1	24V DC
IC693UAL006	85～265V AC	13 DI	24V DC	9	继电器
				1	24V DC
		2 AI	Analog	1 AQ	Analog
IC693UAA007	85～265V AC	16 DI	85～132V AC	12	85～265V AC
IC693UDR010	24V DC	16 DI	24V DC	11	继电器
				1	24V DC
IC693UEX011	85～265V AC	8 DI	24V DC	6	继电器

表 11-22 90-30 PLC 系列主要技术参数

	CPU311	CPU313 CPU323	CPU331	CPU340 CPU341	CPU351 CPU352
I/O 点数	80/160	160/320	1024	1024	4096
AI/AO 点数	64In-32Out	64In-32Out	128In-64Out	1024In-256Out	2048In-256Out
寄存器字	512	1024	2048	9999	9999
用户逻辑内存	6KB	6KB	16KB	32KB/80KB	80KB
程序运行速度	18ms/K	0.6ms/K	0.4ms/K	0.3ms/K	0.22ms/K
内部线圈	1024	1024	1024	1024	4096
计时/计数器	170	340	680	>2000	>2000
高速计数器	有	有	有	有	有

	CPU311	CPU313 CPU323	CPU331	CPU340 CPU341	CPU351 CPU352
轴定位模块	有	有	有	有	有
可编程协处理器模块	没有	没有	有	有	有
浮点运算	无	无	无	无	无/有
超控	没有	没有	有	有	有
后备电池时钟	没有	没有	有	有	有
口令	有	有	有	有	有
中断	没有	没有	没有	有	有
诊断	I/O、CPU	I/O、CPU	I/O、CPU	I/O、CPU	I/O、CPU

表 11-23　90-70 PLC 系列主要技术参数

CPU	CPU 频率（MHz）	处 理 器	I/O 点数	AI/AO 点数	用户内存	浮点运算	备　注
CPU731 CPU732	8	80C186	512	8K	32K	无/有	
CPX771 CPX772	12	80C186	2048	8K	64/512K	无/有	
CPU780	16	80386DX	12K	8K	可选	有	热备冗余
CPU788	16	80386DX	352	8K	206K	无	三冗余
CPU789	16	80386DX	12K	8K	206K	无	三冗余
CPU790	64	80486DX2	12K	8K	512K	有	三冗余
CPU915 CPU925	32/64	80486DX/DX2	12K	8K	1M	有	热备冗余
CSE784	16	80386	12K	8K	512K	有	逻辑状态
CSE925	64	80486DX2	12K	8K	1M	有	逻辑状态
CSE935	96	80486DX4	12K	8K	1M,4M	有	热备冗余

表 11-24 显示了 90-30 和 90-70 两个 PLC 系列支持的功能模块组件。

表 11-24　90-30 和 90-70 系列功能模块组件表

系　列	90-30 PLC 系列	90-70 PLC 系列
功能模块	电源模块 GENIUS 模块 高数计数模块 以太网模块 PROFIBUS 模块 通信协处理器模块 可编程协处理器模块	电源模块 GENIUS 模块 高数计数模块 以太网模块 PROFIBUS 模块 VME 模块 通信协处理器模块 可编程协处理器模块
扩展通信	RS-485 串行网络、GENIUS 网络、PROFIBUS 网络、以太网、其他现场工业总线	

说明:

GENIUS 模块是一种可用于连接数字单元、模拟单元和特殊功能单元的通信模块。

PROFIBUS 模块就是一种应用于 PROFIBUS 现场总线和其他总线通信时的转换模块。

VME 模块是一种数据总线模块。

图 11-8 显示了 90-30 PLC 系列的扩展连线。其特点是无须特殊模块,使用底板上自带的扩展口。

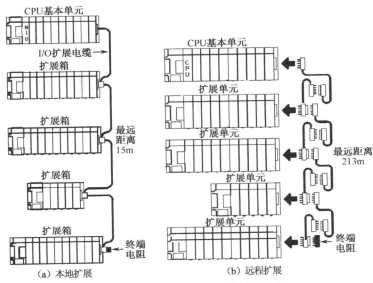

图 11-8 90-30 PLC 系列的扩展连线

图 11-9 显示了 90-70 PLC 系列的扩展连线,90-70 PLC 系列的扩展需要扩展模块,其机架不分本地机架和扩展机架,其区分依赖机架上所插的模块,插 BTM 的是主机架,插 BRM 的是扩展机架。

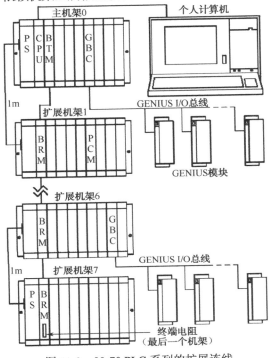

图 11-9 90-70 PLC 系列的扩展连线

思考与练习题

1. 比较本章 OMRON 的 P 系列、S7-200 系列以及 FX 系列 PLC 的基本指令，有哪些指令的功能和指令助记符都相同？哪些功能相同但助记符不同？

2. 比较本章 OMRON 的 P 系列、S7-200 系列以及 FX 系列 PLC 的地址表示及分配有什么不同。三个系列的 PLC 构成的系统，其 I/O 点数最多能有多少？其地址是如何分配的？

3. 试分别用本章 OMRON 的 P 系列、S7-200 系列以及 FX 系列 PLC 设计一个抢答器，要求：有 4 个答题人，出题人提出问题，答题人按动按钮开关，仅仅是最早按的人输出，出题人按复位按钮，引出下一个问题，试画出梯形图及 PLC 的 I/O 接线图。

第 *12* 章　PLC 控制系统综合训练

通过前几章的学习，我们对 PLC 控制系统有了大概的了解，在本章中，我们将针对具体对象，完整设计一套 PLC 控制系统。

12.1　设计任务

利用光机电一体化实训台的基础模块，设计一套针对金属和不同颜色塑料模型工件，能完成自动上料、传送、分拣工作，且具有缺料报警和自动识别功能的 PLC 控制系统。

12.2　功能分析

针对以上设计任务，进行功能分析与分解，本系统应包含供料系统、机械手搬运系统、皮带输送线、物料分拣系统、主控制系统及能源系统。

其工作原理是：

（1）接通电源后，装置进行自动复位，所有装置复位到位后，进入等待状态。

（2）按下启动按钮，由 PLC 启动送料电动机驱动放料盘旋转，物料由送料盘滑到物料检测位置，物料检测光电传感器检测；当物料检测光电传感器检测到有物料时，将给 PLC 发出信号，驱动电动机停转，等待机械手取走物料。

（3）PLC 驱动机械手臂转到物料上方后，手臂伸出，到位后手爪下降，到位后机械手抓物，然后手爪提升手臂缩回，手臂向右旋转到右限位，手臂伸出，手爪下降，将物料放到传送带上，机械手按原来位置返回，进行下一个流程。

（4）落料口的物料检测传感器检测到物料后，启动传送带输送物料，传感器按照物料的材料特性、颜色等特性进行辨别，并且发回信号给 PLC，PLC 控制相应电磁阀驱动气缸动作，对物料进行及时分拣。

（5）如果送料电动机运行一定时间，物料检测光电传感器仍未检测到物料，则说明送料机构已经无物料或故障，应停机并启动红灯报警，按下暂停键，则停机启动黄灯警示工作暂停。

12.3　方案设计

12.3.1　总体方案设计

根据设计的功能和工作原理过程，设计分拣系统的总体方案如图 12-1 所示。

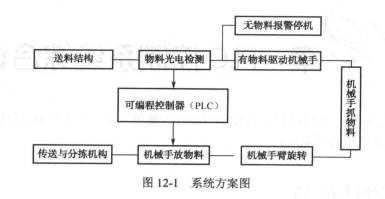

图 12-1   系统方案图

12.3.2   供料系统

供料系统由放料转盘、驱动电动机、物料支架和出料口传感器组成。

放料转盘：转盘中共放三种物料，即金属物料、白色塑料物料、黑色塑料物料。

驱动电动机：采用 24V 直流减速电动机，输出端转速 6r/min，用于驱动放料转盘旋转。

物料支架：确保物料按序排列，将物料有效定位输出，并一次一个物体。

出料口传感器：物料检测为光电漫反射型传感器，主要检查物料有无，如果运行中光电传感器没有检测若干秒，则系统自动停机并报警。

12.3.3   搬运机械手系统

搬运机械手需要完成四个自由度动作：手臂旋转、手臂伸缩、手爪上下、手爪松紧，在行程终点和原点安装磁性传感器、接近传感器或行程开关。机械手的动力源使用气泵，控制方法采用双向电控气阀控制。

磁性传感器：用于气缸的位置检测。检测气缸伸出和缩回是否到位，为此在前点和后点上各安装一个，当检测到气缸准确到位后将给 PLC 发出一个信号。

接近传感器：机械手臂正转和反转到位后，接近传感器信号输出。

手爪：抓取和松开物料由双电控气阀控制，手爪夹紧磁性传感器有信号输出，指示灯亮，在控制过程中不允许两个线圈同时得电。

旋转电动机：机械手臂由旋转电动机带动，通过继电器控制其正反转。

伸缩气缸：机械手臂伸出、缩回由电控气阀控制。气缸上装有两个磁性传感器，检测气缸伸出或缩回位置。

缓冲器：旋转气缸高速正转和反转时，起缓冲减速作用。

12.3.4   物料传送系统

物料传送系统由变频器、异步电动机、传送带和落料口传感器组成。

三相异步电动机：驱动传送带转动，由变频器控制传送速度。

落料口传感器：检测是否有物料到传送带上，并通知 PLC 驱动皮带运动，输送物料。

12.3.5　分拣机构系统

分拣机构系统由推料气缸、气动挡板和气动门、料槽和物料传感器组成。

料槽：放置分拣出的物料，根据物料种类设置多个料槽。

电感式传感器：检测金属材料，检测距离为 3～5mm。

光纤传感器：用于检测不同颜色的物料，可通过调节光纤放大器来区分不同颜色的灵敏度。

推料气缸：将物料推入料槽，由电控气阀控制。

12.4　系统硬件设计

12.4.1　硬件选型明细

根据任务要求选择相关器件，具体见表 12-1。

表 12-1　器件明细表

序号	名　　称	型号及规格	数量	单位
1	PLC 模块单元	CPM2A-40CDT-D（晶体管输出）	1	台
2	变频器模块单元	3G3JV-A4007，三相输入，功率：0.75kW	1	台
3	电源模块单元	三相电源总开关（带漏电和短路保护）1 个，熔断器 3 只，单相电源插座 2 个，安全插座 5 个	1	块
4	按钮模块单元	24V/6A、12V/2A 各一组；急停按钮 1 只，转换开关 2 只，蜂鸣器 1 只，复位按钮黄、绿、红各 1 只，自锁按钮黄、绿、红各 1 只，24V 指示灯黄、绿、红各 2 只	1	套
5	传送机部件	直流减速电动机（24 V，输出转速 6 r/min）1 台，送料盘 1 个，光电开关 1 只，送料盘支架 1 组	1	套
6	气动机械手部件	单出双杆气缸 1 只，单出杆气缸 1 只，气手爪 1 只，减速电动机 1 个，电感式接近开关 2 只，磁性开关 5 只，缓冲阀 2 只，非标螺丝 2 只，双控电磁换向阀 4 只	1	套
7	皮带输送机部件	三相减速电动机（AC 380V，输出转速 40r/min）1 台，平皮带 1355mm×49mm×2mm 1 条，输送机构 1 套	1	套
8	物件分拣部件	单出杆气缸 3 只，金属传感器 1 只，光纤传感器 2 只，光电传感器 1 只，磁性开关 6 只，物件导槽 3 个，单控电磁换向阀 3 只	1	套
9	工件	金属 5 个，尼龙黑白各 5 个	15	个
10	计算机		1	台
11	空气压缩机		1	台

12.4.2　气动机构设计

气动机构气路原理图如图 12-2 所示，主要分为两部分：

（1）气动执行元件部分有双作用单出杆气缸、双作用单出双杆气缸、旋转气缸、气动手爪。

（2）气动控制元件部分有单控电磁换向阀、双控电磁换向阀、节流阀、磁性限位传感器。

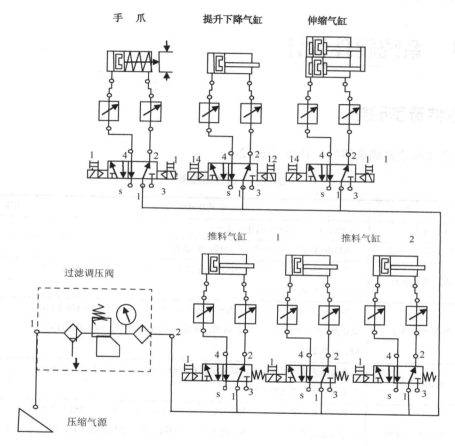

图 12-2　气路原理图

12.4.3　机械部件设计

按照系统的不同功能需求，分别设计、安装各个机械模块，图 12-3～图 12-5 分别显示供料模块、搬运模块、运送分拣模块的配置与安装情况，图 12-6 展示机械系统安装总体情况。

1—转盘；2—调节支架；3—直流电动机；4—物料；5—出料口传感器；6—物料检测支架

图 12-3　供料模块配置与安装图

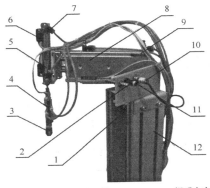

1—旋转气缸；2—非标螺丝；3—气动手爪；4—手爪磁性开关 Y59BLS；5—提升气缸；6—磁性开关 D-C73；7—节流阀；

8—伸缩气缸；9—磁性开关 D-Z73；10—左右限位传感器；11—缓冲阀；12—安装支架

图 12-4　搬运模块配置与安装图

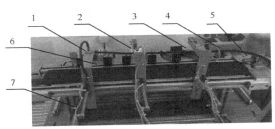

1—电感式传感器；2—白色物料传感器；3—黑色物料传感器；4—三相异步电动机；5—落料口传感器；6—料槽；7—推料气缸

图 12-5　运送分拣模块配置与安装图

图 12-6　机械系统安装总图

12.4.4　PLC 和变频器

图 12-7　CPM2A-40CDT-D 型 PLC 外形图

由于本设计采用光机电一体化实训台组成部件作为执行单元，PLC 控制对象具有工作电流小、电压低等特点，选用光机电一体化实训台配套的 OMRON 公司 CPM2A-40CDT-D 型号 PLC 模块作为控制模块，该型 PLC 可以提供输入/输出共 40 个点。图 12-7 所示为 CPM2A-40CDT-D 型 PLC 外形图。

考虑到皮带输送机部件使用了三相减速电动机（AC 380V，输出转速 40r/min），其工作电压较大，PLC 不能直接驱动，选用变频单元 3G3JV-A4007 对三相电动机进行控制。

12.4.5　PLC 端口地址分配

表 12-2 反映了系统选用的 CPM2A-40CDT-D 型号 PLC 端口（I/O）地址分配。对于绿灯与警示红灯、黄灯在硬件上互锁，保证红灯、黄灯任一亮则绿灯灭。

表 12-2　系统 PLC 的 I/O 地址分配表

序　号	PLC 地址	名称及功能说明	序　号	PLC 地址	名称及功能说明
1	0000	启动按钮	20	1000	警示红灯
2	0001	停止按钮	21	1001	警示黄灯
3	0002	复位按钮	22	1002	物料旋转
4	0003	急停	23	1003	左转电磁阀
5	0004	物料检测光电传感器	24	1004	右转电磁阀
6	0005	左转限位开关	25	1005	伸出电磁阀
7	0006	右转限位开关	26	1006	缩回电磁阀
8	0007	手臂伸出限位传感器	27	1007	上升电磁阀
9	0008	手臂缩回限位传感器	28	1100	下降电磁阀
10	0009	手爪下降限位传感器	29	1101	夹紧电磁阀
11	0010	手爪提升限位传感器	30	1102	松开电磁阀
12	0011	手爪夹紧限位传感器	31	1103	第一推出气缸
13	0100	传送物料检测	32	1104	第二推出气缸
14	0101	金属料检测	33	1105	第三推出气缸
15	0102	白塑料检测	34	1106	变频器 S1
16	0103	黑塑料检测	35		
17	0104	推料一限位开关	36		
18	0105	推料二限位开关	37		
19	0106	推料三限位开关	38		

12.4.6　硬件连线设计图

按照设计任务，连接 PLC 与控制器件，最终设计的 PLC 控制系统硬件连线见图 12-8。

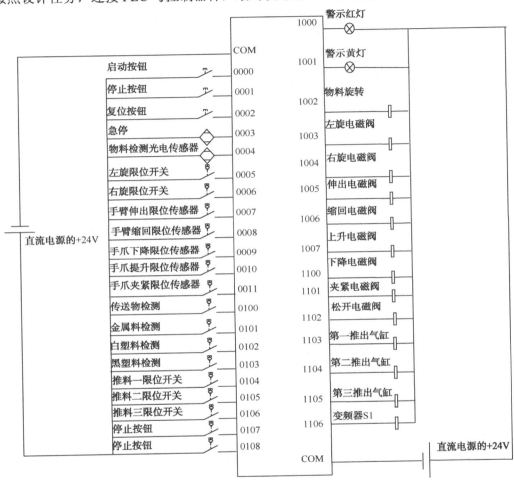

图 12-8　PLC 控制系统硬件连线图

12.5　程序设计

12.5.1　PLC 控制程序设计

根据系统配置和控制过程要求，设计总系统 PLC 控制梯形图，各个系统程序可以单独设计，然后放入总体控制程序中，这样有利于程序的分解和协作编程，最终编写智能分拣系统程序如图 12-9 所示。

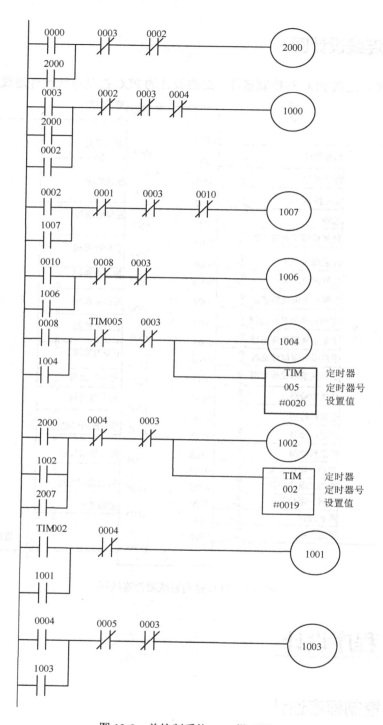

图 12-9 总控制系统 PLC 梯形图

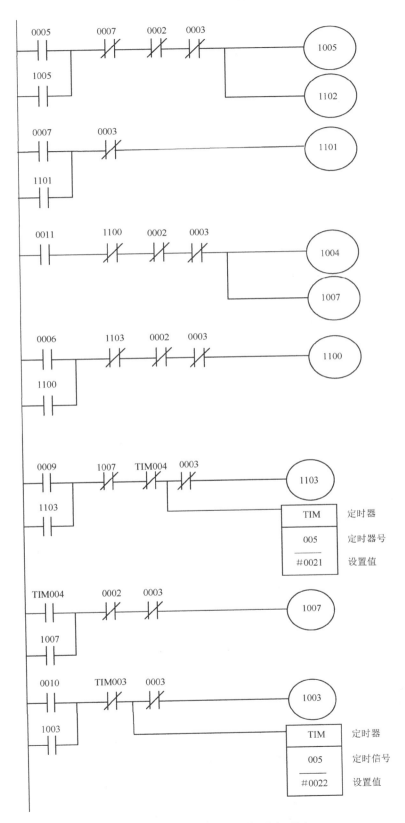

图 12-9　总控制系统 PLC 梯形图（续）

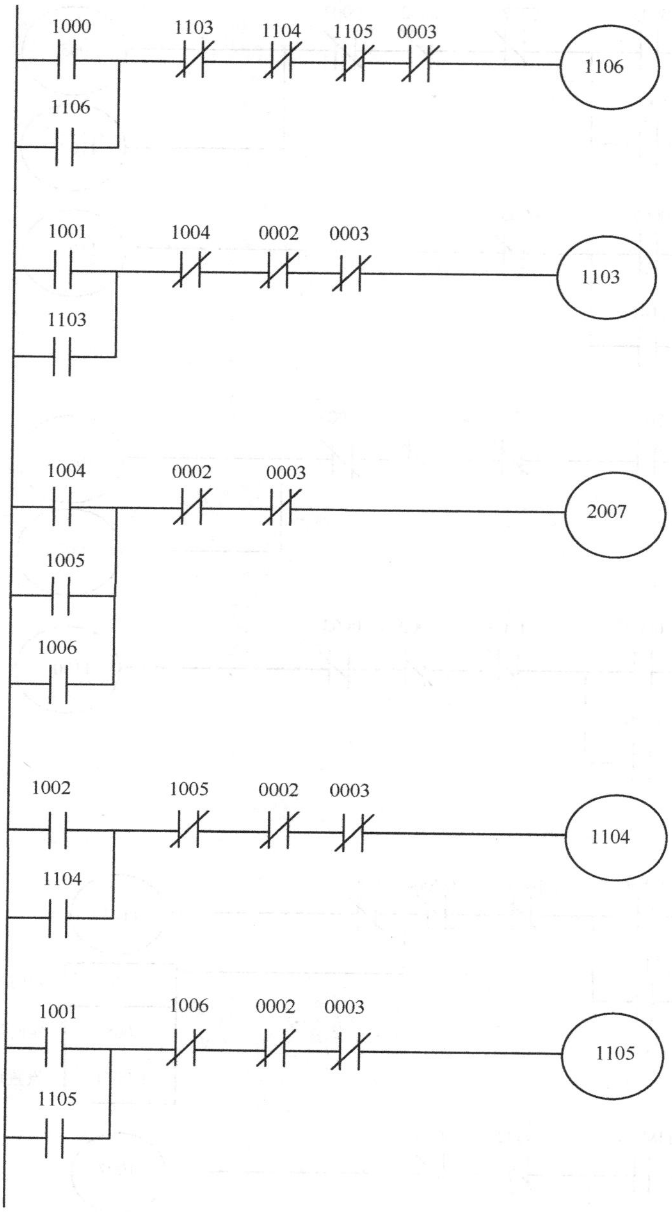

图 12-9　总控制系统 PLC 梯形图（续）

12.5.2　系统测试

　　系统测试是针对整个产品系统进行的测试，目的是验证系统是否满足了需求规格的定义，找出与需求规格不符或与之矛盾的地方，从而提出更加完善的方案。系统测试发现问题之后要经过调试找出错误原因和位置，然后进行改正。它是基于系统整体需求说明书的黑盒类测试，应覆盖系统所有联合的部件。对象不仅仅包括需测试的软件，还要包含软件所依赖的硬件、外设，甚至包括某些数据、某些支持软件及其接口等。针对可编程控制器控制系统工程，系统测试需要经过程序调试、系统试运行、满负载阶段测试、长期运行监控和后期程序升级完善等系统检测工程。本书主要针对程序进行调试和检验，程序调试一般要经过单元测试、总体联调和现场联机统调等几个步骤。

将系统程序首先分系统模块进行独立调试，调试成功后，联机进行整体系统调试，检测整个程序是否可以通过完整的系统过程，然后在试验台上搭建整体模型机构，进行现场联机统调，根据各个模块的实际位置和实际需求时间调整程序模块的延时参数和传感器的阈值，实现设计任务功能要求和系统连续性要求。

第13章　继电器–接触器控制实验

13.1　三相异步电动机单向点动及启动控制

13.1.1　实验目的

（1）了解交流接触器、热继电器和按钮的结构及其在控制电路中的应用。

（2）学习异步电动机基本控制电路的连接。

（3）学习按钮、熔断器、热继电器的使用方法。

13.1.2　实验要求

（1）认真准备，建立安全操作的概念，保证人身安全和设备安全。

（2）实验之前要预习，要熟悉各电气元件的特性。读懂实验电路图，掌握电路的工作原理。

（3）按一定的格式书写实验报告。

（4）画出实验电路图，叙述实验操作步骤。

13.1.3　实验设备及电气元件

交流接触器	1只
热继电器	1个
按钮	2个
三相异步笼型电动机	1台
熔断器	5个
三相刀开关	1个
电源	
导线	若干

13.1.4　实验原理和电路

1. 继电器–接触器控制的应用

继电器–接触器控制广泛应用于对电动机的启动、正反转、调速、制动等控制，从而使生产机械按规定的要求动作；同时，也能对电动机和生产机械进行保护。

2．三相异步电动机的单向点动控制线路

点动控制线路用按钮、接触器来控制电动机运转，是最简单的控制线路。如图 13-1 所示，按下按钮，电动机就得电运转，松开按钮，电动机就失电停转。这种控制方法常用于电动提升机和车床拖板箱快速移动的电动机控制。图中 QS 为三相开关，FU1、FU2 为熔断器，M 为三相笼型异步电动机，KM 为接触器，SB 为启动按钮。

3．三相异步电动机的单向启停控制线路

三相异步电动机的单向启停控制线路的主电路和点动控制线路的主电路相同。但在控制电路中又串联了一个停止按钮 SB2，在启动按钮 SB1 的两端并联了一常开辅助接触器 KM，如图 13-2 所示。

13.1.5　实验内容和步骤

1．三相电动机的点动

（1）将三相开关位置置于"关"位置。

（2）按图 13-1 所示接线。

接线应按照主回路、控制回路分步来接；接线次序应自上而下、从左向右来接，即遵循先主后辅、先串后并的基本原则。接线尽可能整齐、清晰，能用短线的地方就用短线连接，便于检查。在接线时通过转动插头将接插件自行锁紧，使接点牢固可靠。

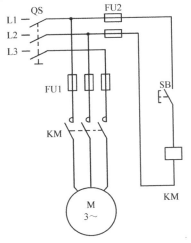

图 13-1　单向点动控制电路

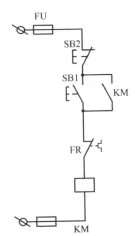

图 13-2　单向启动控制电路

（3）接线完毕，经检查确认无误后，方能接通电源。

（4）合上开关 QS，按下启动按钮 SB（注意不要按到底），观察电动机转动情况。

（5）松开按钮 SB，观察电动机转动情况。

（6）先切断电源（拉下开关 QS），再拆线，主电路仍保留。

2．三相电动机的单向启停

（1）将三相开关位置置于"关"位置。

（2）按图 13-1 所示接好主回路，并按照图 13-2 所示接好控制回路。步骤和以上相同。

（3）接线完毕，经检查确认无误后，方能接通电源。

（4）按下 SB1，电动机启动，按下 SB2，电动机停止。分别记录电动机运转情况。

（5）实验结束，先切断电源（拉下开关 QS），再拆线，并将实验器材整理好。

13.2 三相异步电动机正反转控制及行程控制

13.2.1 实验目的

（1）进一步熟悉常用的控制电路。

（2）学会三相异步电动机的正反转控制回路的接线，加深理解这种基本控制回路的工作原理。

（3）掌握行程位置控制的原理和接线方法。

13.2.2 实验要求

（1）认真阅读实验指导书，熟悉实验电路。

（2）掌握电动机正反转控制回路及工作原理。

（3）了解电动机往返工作台装置的结构、组成，阅读其使用说明书。

（4）掌握一些行程开关的使用方法。

（5）接线时，应该在断电状态下进行，并且是先主后辅，接线正确后方可通电。

（6）实验结束，切断电源，再拆线，并将实验器材整理好。

13.2.3 实验设备及电气元件

交流接触器	2 只
热继电器	1 只
按钮	3 个
三相刀开关	1 个
熔断器	5 个
三相异步笼型电动机	1 台
电源	
导线	若干
行程开关控制工作台	1 套

13.2.4 实验原理和电路

1. 三相异步电动机的正反转控制

电动机的正反转控制电路如图 13-3 所示。

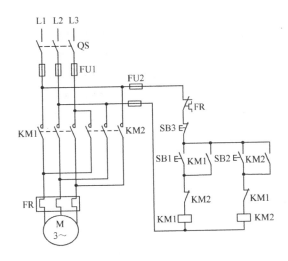

图 13-3　三相异步电动机的正反转控制电路

2. 三相异步电动机的行程控制

图 13-4（a）所示为工作台自动往返运动的示意图。图中 SQ1 为左移转右移的行程开关，SQ2 为右移转左移的行程开关。SQ3、SQ4 分别为左、右极限保护行程开关。图 13-4（b）所示为工作台自动往返行程主回路和控制回路。

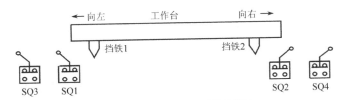

（a）工作台自动往返运动的示意图

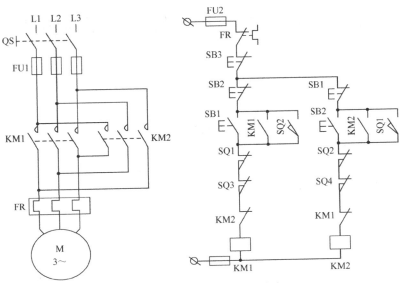

（b）工作台自动往返行程控制电路

图 13-4　工作台工作示意图和电路回路图

工作过程：按下启动按钮 SB1，KM1 得电并自锁，电动机正转，工作台向左移动，当到达左移预定位置后，挡铁 1 压下 SQ1，SQ1 常闭触点打开使 KM1 断电，SQ1 常开触点闭合使 KM2 得电，电动机由正转变为反转，工作台向右移动。当到达右移预定位置后，挡铁 2 压下 SQ2，使 KM2 断电，KM1 得电，电动机由反转变为正转，工作台向左移动。如此周而复始地自动往返工作。当按下停止按钮 SB3 时，电动机停转，工作台停止移动。若因行程开关 SQ1、SQ2 失灵，则由极限保护行程开关 SQ3、SQ4 实现保护，避免运动部件因超出极限位置而发生事故。

13.2.5 实验内容和步骤

1．电动机正反转实验

（1）将三相开关 QS 位置置于"关"位置。
（2）按图 13-4 所示接线，接线方法应按照实验 13.1 要求的方法去做。
（3）接线完毕，检查无误后方能接通电源。
（4）合上三相开关 QS，按下正转按钮 SB1，观察电动机运行情况，并记录。
（5）等电动机运行平稳后，按下 SB2，一直按到底，观察电动机运行情况。
（6）按下 SB1，电动机正转启动。再按下 SB3，电动机停止。
（7）实验结束，切断电源（断开 QS），再拆线，并将实验器材整理好。

2．行程控制实验

（1）按图 13-4 所示行程位置开关控制回路接线，经检查确认无误后，方可接通电源。
（2）按下 SB1（或 SB2），启动电动机，观察行程开关控制工作台自动往返循环控制。
（3）按下 SB3，电动机停转，工作台停止移动。
（4）实验结束，切断电源（断开 QS），再拆线，并将实验器材整理好。

▽ 13.3 三相异步电动机 Y-△降压启动控制

13.3.1 实验目的

（1）熟悉空气阻尼式时间继电器的结构、原理及使用方法。
（2）掌握异步电动机 Y-△启动电路的工作原理及接线方法。
（3）进一步熟悉电路的接线方法、故障分析及排除方法。

13.3.2 实验要求

（1）认真阅读实验指导书，熟悉实验电路。
（2）熟悉实验电路工作原理和操作步骤。
（3）掌握时间继电器的工作原理和使用注意事项。

13.3.3　实验设备及电气元件

交流接触器	3 个
热继电器	1 个
按钮	2 个
时间继电器	1 个
熔断器	3 个
三相刀开关	1 个
三相异步笼型电动机	1 台

13.3.4　实验原理和电路

直接启动电动机的方法简单、经济、可靠，但启动电流可达额定电流的 4～7 倍，过大的启动电流会导致电网电压大幅度下降，这不仅会减小电动机本身的启动转矩，而且会影响在同一电网上其他设备的正常工作。因此，较大容量的电动机需采用降压启动的方法来减小启动电流。

降压启动的实质是，启动时减小加在电动机定子绕组上的电压，以减小启动电流；启动后再将电压恢复到额定值，电动机进入正常工作状态。Y-△（星形–三角形）降压启动是指电动机启动时，把定子绕组接成星形，以降低启动电压，减小启动电流；待电动机启动后，再把定子绕组改接成三角形，使电动机全压运行。Y-△启动只能用于正常运行时为△形接法的电动机。

1．按钮、接触器控制 Y-△降压启动

图 13-5（a）所示为按钮、接触器控制 Y-△降压启动控制回路，接触器 KM1 用于引入电源，接触器 KM2 为 Y 形启动，接触器 KM3 为△形运行，SB1 为启动按钮，SB2 为 Y-△切换按钮，SB3 为停止按钮。回路的工作原理为：按下启动按钮 SB1，KM1、KM2 线圈得电吸合，KM1 自锁，电动机接成 Y 形启动，待电动机转速接近额定转速时，按下 SB2，KM2 线圈断电，KM3 线圈得电并自锁，电动机接成△形全压运行。

2．时间继电器控制 Y-△降压启动

图 13-5（b）所示为时间继电器自动控制 Y-△降压启动控制线路，该电路是在图 13-5（a）的基础上进行了改进，由时间继电器 KT 代替手动按钮 SB2 进行自动切换。电路的工作原理为：按下启动按钮 SB1，KM1、KM2 线圈得电吸合，电动机接成 Y 形启动，同时 KT 也得电，经延时后时间继电器 KT 常闭触点打开，使得 KM2 断电，常开触点闭合，使得 KM3 得电闭合并自锁，电动机由 Y 形切换成△形正常运行。

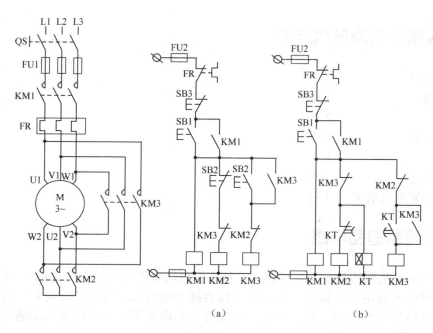

图 13-5　三相异步电动机 Y-△ 降压启动的主电路和控制电路

13.3.5　实验内容和步骤

1．按钮、接触器控制 Y-△ 降压启动

（1）检查电气元件是否良好，要弄清时间继电器的类型。

（2）将三相开关 QS 位置置于"关"位置。

（3）按图 13-5 接线，接线方法应按照实验 13.1 要求的方法去做。用粗线接好主电路，用细线接好控制电路，经检查确认无误后进行下列操作。

（4）合上 QS，按下 SB1，观察各电气元件的动作。

2．时间继电器控制 Y-△ 降压启动

主电路不变，控制电路稍做修改，按图 13-5（b）接线。具体步骤与按钮、接触器控制 Y-△ 降压启动方法相同。同时调节 KT 的延时，观察其动作时间和电动机的启动情况。

实验结束，切断电源（断开 QS），再拆线，并将实验器材整理好。

13.4　三相异步电动机制动控制

13.4.1　实验目的

（1）掌握三相异步交流电动机常用的制动方法。

（2）进一步熟悉时间继电器的使用方法。

13.4.2　实验要求

（1）熟悉并掌握工作原理和操作步骤。
（2）认真预习，接线时要注意安全。

13.4.3　实验设备及电气元件

二极管　　　　　　　　　　4 个
三相异步笼型电动机　　　　1 台
熔断器　　　　　　　　　　5 个
交流接触器　　　　　　　　2 个
热继电器　　　　　　　　　1 个
速度继电器　　　　　　　　1 个
按钮　　　　　　　　　　　2 个
滑线变阻器　　　　　　　　1 个
万用表　　　　　　　　　　1 块
直流电源　　　　　　　　　1 个
接线端子板　　　　　　　　1 组
导线　　　　　　　　　　　若干
时间继电器　　　　　　　　1 个

13.4.4　实验原理和电路

1．能耗制动控制

能耗制动是把处于电动运行状态的电动机定子绕组从三相交流电源上切除，迅速将其接入直流电源，通入直流电流，流过电动机定子绕组的直流电流在电动机气隙中产生一个静止的恒定磁场，而转子因惯性继续按原方向旋转，转子导体切割恒定磁场产生感应电动势和感应电流，转子感应电流与恒定磁场相互作用产生电磁力与电磁转矩，该电磁转矩起制动作用，使电动机转速迅速下降。

2．反接制动控制

反接制动是利用改变电动机电源的相序，使定子绕组产生相反方向的旋转磁场，从而产生制动转矩的一种制动方法。

13.4.5　实验内容和步骤

1. 能耗制动控制

（1）将三相开关位置置于"关"位置。

（2）按图 13-6 接线，接线应按照 13.1 节中要求的方法去做。

（3）实验中电动机采用 Y 形接法。

（4）经检查无误后方可通电。

（5）合上 QS 开关。

（6）将滑线变阻器调至阻值的 1/3 处，按下启动按钮 SB2，使电动机转动。按下按钮 SB1（注意按到底），观察制动效果。改变滑线变阻器大小，观察制动效果（注意变阻器值不宜过小）。

（7）实验结束，切断电源（断开 QS），再拆线，并将实验器材整理好。

注意：为避免线路复杂，在实验室做实验时一般用直流电源替代变压/整流单元。

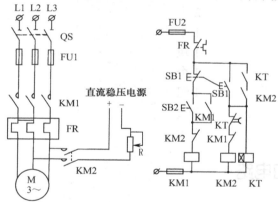

图 13-6　三相异步电动机能耗制动控制电路

2. 反接制动控制

（1）将三相开关位置置于"关"位置。

（2）按图 13-7 接线，接线应按照 13.1 节中要求的方法去做。

（3）实验中电动机采用 Y 形接法。

（4）经检查无误后方可通电。

（5）合上 QS 开关，按下启动按钮 SB2，使电动机转动。

（6）按下按钮 SB1（注意按到底），观察制动效果。重新换一组速度继电器的常开触点，再观察制动效果。

（7）实验结束，切断电源（断开 QS），再拆线，并将实验器材整理好。

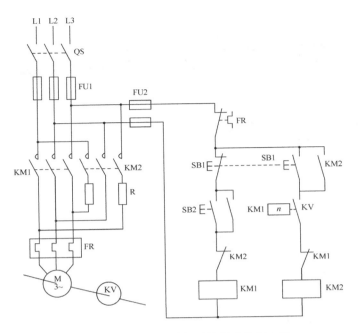

图 13-7 三相异步电动机反接制动控制电路

第 14 章　PLC 实验

14.1　PLC 演示实验

14.1.1　演示一

楼道灯控制：楼上开关、楼下开关均能控制走廊灯的亮灭。

输入信号：X0　楼上开关

　　　　　　X1　楼下开关

输出信号：Y0　楼道灯

I/O 端口地址分配如表 14-1 所示。

表 14-1　端口地址分配表

类　　别	元　　件	端　口　地　址
输入	X0	00000
	X1	00001
输出	Y0	01000

参考程序如图 14-1 所示。PLC 控制接线图如图 14-2 所示。

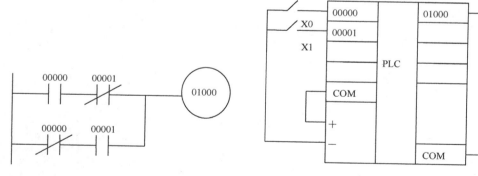

图 14-1　演示一参考程序　　　　　图 14-2　演示一 PLC 控制接线图

操作过程：按图 14-2 所示接线，并且输入程序梯形图，检查其正确无误后，操作开关 X0、X1，并记录结果。X0、X1 用实验台上开关，灯用实验台上指示灯或 LED 发光管。

实验器材：

可编程控制器实验台	1 台
计算机	1 台
编程电缆	1 根
连接导线	若干

14.1.2　演示二

楼道灯控制：控制楼上、楼下照明，需要用两盏灯、两只开关。

输入信号：X0　楼上开关

　　　　　　X1　楼下开关

输出信号：Y0　楼道灯（楼上、楼下公用输出 Y0 控制）

I/O 端口地址分配如表 14-2 所示。

表 14-2　端口地址分配表

类　　别	元　　件	端 口 地 址
输入	X0	00000
	X1	00001
输出	Y0	01000

参考程序如图 14-3 所示，PLC 控制接线图如图 14-4 所示。

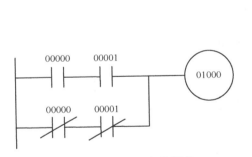

图 14-3　演示二参考程序

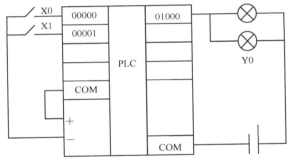

图 14-4　演示二 PLC 控制接线图

操作过程：按图 14-4 所示接线，并且输入程序梯形图，检查其正确无误后，操作开关 X0、X1，并记录结果。X0、X1 用实验台上开关，灯用实验台上指示灯或 LED 发光管。

实验器材：

可编程控制器实验台　　1 台

计算机　　　　　　　　1 台

编程电缆　　　　　　　1 根

连接导线　　　　　　　若干

14.1.3　演示三

通电延时控制：编制输入/输出信号波形图，如图 14-5 所示。

图 14-5　演示三输入/输出信号波形图

程序分析：

当 X0 接通时，定时器 TIM000 线圈通电，TIM000 开始延时；

当延时时间到后，TIM000 常开触点闭合使得 Y0 导通；

当 X0 断开时，TIM000 断开，TIM000 常开触点复位，Y0 断开。

I/O 通电端口地址分配如表 14-3 所示。

表 14-3   端口地址分配表

类 别	元 件	端 口 地 址
输入	X0	00000
输出	Y0	01000

参考程序如图 14-6 所示，PLC 控制接线图如图 14-7 所示。

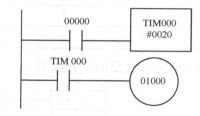

图 14-6   演示三参考程序

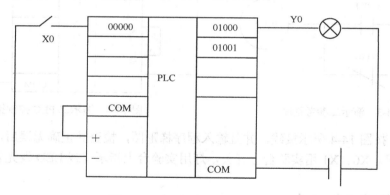

图 14-7   演示三 PLC 控制接线图

操作过程：参考图 14-7 接线，并且输入程序梯形图，检查其正确无误后，操作开关 X0，并记录结果。X0 用实验台上开关，灯用实验台上指示灯或 LED 发光管。

实验器材：

可编程控制器实验台   1 台

计算机   1 台

编程电缆   1 根

连接导线   若干

要求：试编写断电延时程序。

14.2　用 PLC 控制交流异步电动机的正反转及停止

14.2.1　实验目的

（1）学习自己设计梯形图。
（2）熟练应用 PLC 进行编程。
（3）学习用可编程控制器控制交流异步电动机正反转，并进行接线。

14.2.2　实验要求

（1）复习已学过的正反转控制线路及异步电动机顺序控制的有关内容。
（2）阅读材料中有关可编程控制器和交流异步电动机控制的有关内容。
（3）阅读有关章节，预先设计线路和梯形图。

14.2.3　实验设备及电气元件

可编程控制器实验台	1 台
计算机	1 台
编程电缆	1 根
连接导线	若干
低压接触器	2 个
启动按钮	2 个
停止按钮	1 个
热继电器	1 台
三相异步笼型电动机	1 台

14.2.4　实验内容

由异步电动机的工作原理可知，要使电动机反向旋转，需对调三根电源线中的两根以改变定子电流的相序。因此实现电动机的正反转需要两个接触器。电动机正反转的继电器控制线路如图 14-8 所示。

从图中主电路可见，若正转接触器 KM1 主触点闭合，电动机正转，若 KM1 主触点断开而反转接触器 KM2 主触点闭合，电动机接通电源的三根线中有两根对调，因而反向旋转。

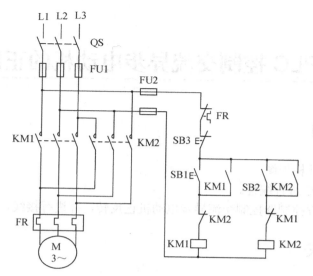

图 14-8　电动机正反转主电路和控制电路

表 14-4 所示是异步电动机正反转控制 I/O 端口地址分配表。

表 14-4　端口地址分配表

输 入 元 件	端口地址号	定 义	输出元件	端 口 号	定 义
X0	00000	正转启动按钮（常开）SB1	Y0	01000	正转接触器线圈
X1	00001	反转启动按钮（常开）SB2	Y1	01001	反转接触器线圈
X2	00002	停止按钮（常闭）SB3			
X3	00003	热继电器（常闭）FR			

用可编程控制器实现电动机正反转的接线图如图 14-9 所示。

参考程序如图 14-10 所示。

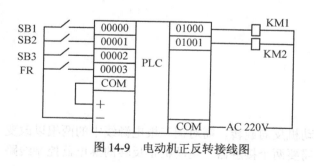

图 14-9　电动机正反转接线图

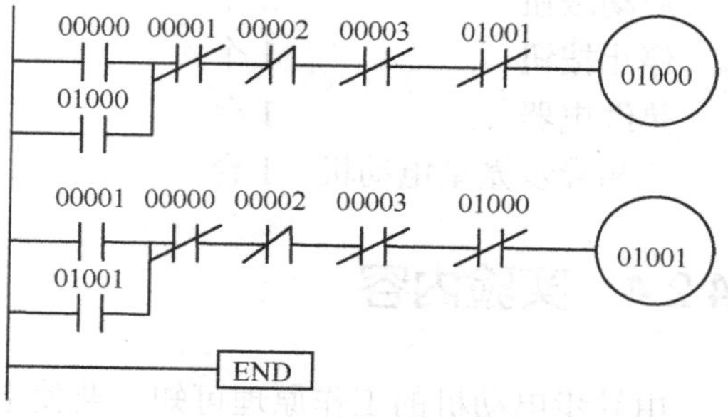

图 14-10　电动机正反转参考程序

14.2.5　实验步骤

（1）根据端口地址分配表，编写正确梯形图。

（2）将程序传送至 PLC，先进行离线调试。

（3）程序正确后，在断电状态下，按照图 14-8、图 14-10 进行接线。

14.3 用 PLC 控制交通信号灯

14.3.1 实验目的

（1）进一步熟悉 PLC 的一些指令（如定时、计数指令）、时序图。
（2）掌握 PLC 控制十字路口交通灯程序的设计方法。

14.3.2 实验要求

模拟十字路口交通灯的信号，控制车辆有次序地在东西向、南北向正常通行。本实验的要求是，红灯亮 20s，绿灯亮 15s，黄灯亮 5s，完成一个循环周期为 40s。

14.3.3 实验设备及电气元件

可编程控制器实验台　　1 台
计算机　　　　　　　　1 台
编程电缆　　　　　　　1 根
连接导线　　　　　　　若干
交通信号灯模型　　　　1 个

14.3.4 实验内容

时序图如图 14-11 所示。

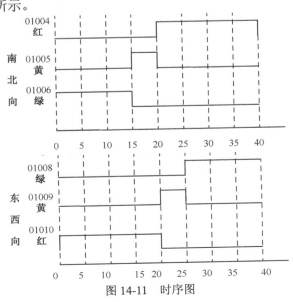

图 14-11 时序图

I/O 通电端口地址分配如表 14-5 所示。

表 14-5　端口地址分配表

类　　别	元　　件	端口地址号	作　　用
输出	Y0	01004	南北向红灯
	Y1	01005	南北向黄灯
	Y2	01006	南北向绿灯
	Y3	01008	东西向绿灯
	Y4	01009	东西向黄灯
	Y5	01010	东西向红灯

程序中采用 6 个定时器。其功能分配及设定值如表 14-6 所示。

表 14-6　定时器设定表

定　时　器	设　定　值	作　　用
TIM000	20s	南北向红灯亮时间
TIM001	5s	南北向黄灯亮时间
TIM002	15s	南北向绿灯亮时间
TIM003	20s	东西向红灯亮时间
TIM004	5s	东西向黄灯亮时间
TIM005	15s	东西向绿灯亮时间

图 14-12 反映了 PLC 输出端口与交通灯的连接关系。

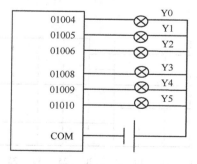

图 14-12　PLC 输出与交通灯连接图

参考程序见图 14-13。

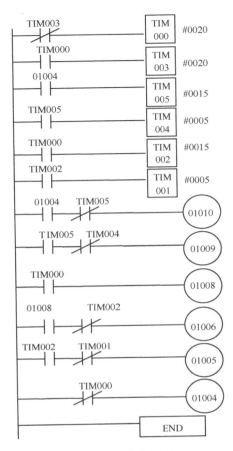

图 14-13　参考程序

14.3.5　实验步骤

（1）根据时序图及输入/输出地址，编制梯形图。

（2）根据图 14-12 正确接线。

（3）将梯形图程序传输至 PLC 并运行，观察交通灯是否正常工作。

14.4　用 PLC 控制电梯运行

14.4.1　实验目的

（1）进一步熟悉 PLC 的基本指令、应用指令的综合应用。

（2）进一步掌握 PLC 与外围电路的实际接线。

（3）掌握 PLC 控制电梯程序的设计方法。

14.4.2　实验要求

1. 电梯上行

（1）当电梯停于 1 楼或 2 楼时，3 楼呼叫，则上行到 3 楼碰行程开关后停止。
（2）当电梯停于 1 楼时，2 楼呼叫，则上行到 2 楼碰行程开关后停止。
（3）当电梯停于 1 楼时，2 楼、3 楼同时呼叫，则上行到 2 楼后停 5s，继续上行到 3 楼后停止。

2. 电梯下行

（1）当电梯停于 2 楼或 3 楼时，1 楼呼叫，则下行到 1 楼碰行程开关后停止。
（2）当电梯停于 3 楼时，2 楼呼叫，则下行到 2 楼碰行程开关后停止。
（3）当电梯停于 3 楼时，2 楼、1 楼同时呼叫，则下行到 2 楼后停 5s，继续下行到 1 楼后停止。

3. 其他

（1）各楼层之间的到达时间均应在 10s 之内，否则电梯停止。
（2）在电梯上升途中，任何反方向的下降呼叫信号无效。
（3）在电梯下降途中，任何反方向的上升呼叫信号无效。

14.4.3　实验设备及电气元件

可编程控制器实验台　　　　　1 台
计算机　　　　　　　　　　　1 台
编程电缆　　　　　　　　　　1 根
连接导线　　　　　　　　　　若干
三层电梯自动控制演示装置　　1 套

14.4.4　实验内容

I/O 通道端口地址分配如表 14-7 所示。

表 14-7　端口地址分配表

类　别	元　件	端口地址	作　用
输入	X3	00002	三楼呼叫按钮
	X2	00003	二楼呼叫按钮
	X1	00004	一楼呼叫按钮
	SQ3	00005	三楼行程开关
	SQ2	00006	二楼行程开关
	SQ1	00007	一楼行程开关

类　别	元　件	端口地址	作　用
输出	KM1	01000	电梯下降
	KM2	01001	电梯上升
	HL3	01004	三楼指示灯
	HL2	01005	二楼指示灯
	HL1	01006	一楼指示灯

PLC 控制接线图如图 14-14 所示。

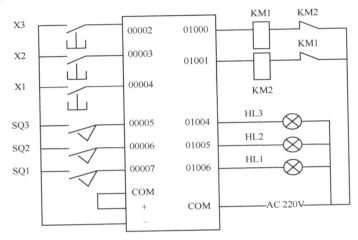

图 14-14　PLC 控制接线图

参考程序如图 14-15 所示。

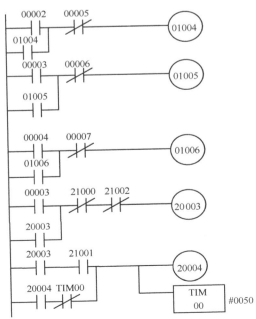

图 14-15　参考程序

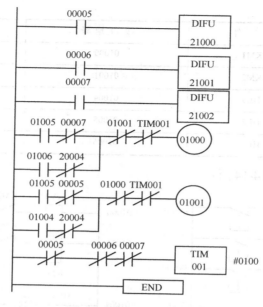

图 14-15　参考程序（续）

14.4.5　实验步骤

（1）根据时序图及输入/输出地址，编制梯形图。

（2）根据图 14-14 正确接线。

（3）将梯形图程序传输至 PLC 并运行，观察电梯是否正常工作。